CSSシークレット

47のテクニックでCSSを自在に操る

LEA VEROU 著

牧野 聡 訳

本書で使用するシステム名、製品名は、いずれも各社の商標、または登録商標です。
なお、本文中では™、®、©マークは省略している場合もあります。

CSS SECRETS

BETTER SOLUTIONS TO EVERYDAY WEB DESIGN PROBLEMS

LEA VEROU

Beijing · Boston · Farnham · Sebastopol · Tokyo

© 2016 O'Reilly Japan, Inc. Authorized Japanese translation of the English edition of "CSS Secrets".
© 2015 Lea Verou. This translation is published and sold by permission of O'Reilly Media, Inc., the owner of all rights to publish and sell the same.

本書は、株式会社オライリー・ジャパンがO'Reilly Media, Inc.の許諾に基づき翻訳したものです。日本語版についての権利は、株式会社オライリー・ジャパンが保有します。

日本語版の内容について、株式会社オライリー・ジャパンは最大限の努力をもって正確を期していますが、本書の内容に基づく運用結果については責任を負いかねますので、ご了承ください。

賞賛の声

❝ 新世代のCSSに対応した、新世代の解説書です。今日のCSSはW3Cによる80以上の仕様から成り立っており、リッチで強力かつ深く複雑な生態系です。以前のように、ブラウザごとのややこしいハックや一時しのぎと併用するシンプルな言語ではありません。この新しいCSSを正しく理解し、問題解決に役立つデザインの指針を示してくれるのは、著書Lea Verouをおいては他にはありません。私の知る限り、彼女は本当にすばらしいコード書きの1人です。❞

— **Jeffrey Zeldman**
『Designing with Web Standards』著者

❝ Lea Verouは本書で、自らが持つ随一の博識を気前よく分け与えてくれました。本書を読めば、思いつく限りすべてのことがCSSで可能になるということを理解できるでしょう。CSSについて隅々まで知っているという読者も、まだ気づいていなかったCSSの秘密にきっと出会えるはずです。❞

— **Jeremy Keith**
Shepherd of Unknown Futures、Clearleft

❝ CSSに関する魅惑的なテクニックやスマートなベストプラクティス、その他のとてもすごいことについて深く知りたいなら、本書の購入をためらってはいけません。私のお気に入りの1冊です。❞

— **Eric A. Meyer**

> Leaは抜きん出てすばらしいコード書きです。本書には、クレバーで便利なアイデアが文字どおり満載されています。CSSをよく知っているという読者にも、本書は役立つでしょう。また、本書では当たり前の常識を超えたアプローチが推奨されています。読者は日常の作業の中にも、クレバーさを実感できるようになるでしょう。"

— **Chris Coyier**
CodePen

> 『CSS Secrets』はあっという間に、定番書の地位を獲得しました。すばらしいヒントやコツの数々は、読者のUXデザインを即座に向上させてくれるはずです。"

— **Christopher Schmitt**
『CSS Cookbook』著者

> Lea Verouの『CSS Secrets』よりも多くの実践的なテクニックを紹介してくれる本は、ほとんどありません。本書には、デザイン関連のよくある課題に対して数十もの解決策が詰め込まれています。物事を速く上手にこなすためのヒントとコツの数々はとても貴重です。CSSを知りつくしているという読者にもおすすめします。"

— **Vitaly Friedman**
共同創設者兼編集長、Smashing Magazine

> Lea Verouの著作はいつも、私に新しいことを学ばせてくれます。『CSS Secrets』も例外ではありません。本書の内容は理解しやすいように短く小分けされており、それぞれに興味深い知識が詰め込まれています。将来実現するであろう事柄の解説も含まれてはいますが、今すぐ各自のプロジェクトに適用できそうなヒントが満載です。"

— **Jonathan Snook**
Webデザイナー、Web開発者

> すばらしい本です。LeaはCSSを飼い慣らし、仕様の執筆者さえも想像していなかったであろうと思われる事柄にも適用しています。読み進めてゆけば、さまざまな表示効果を複数のやり方で実現できるようになるでしょう。そして読者はきっと、Leaが紹介したテクニックが自らの業務にも完全に当てはまっていることに気づくでしょう。しかも、これらのテクニックで画像データが必要になることはほとんどありません。グラフィックは保守しやすいCSSとして記述されているためです。しかも彼女のテクニックは楽しく、実践的でありながら予想もできないようなものです。"

— **Nicole Sullivan**
プリンシパルソフトウェアエンジニア、OOCSSの考案者

> Lea Verouの『CSS Secrets』は単にCSSのヒント集として便利なだけでなく、CSSでの問題を解決するための教科書でもあります。それぞれのシークレットに至る思考のプロセスも詳しく紹介されており、CSSにまつわる問題を自ら解決できるようになるでしょう。また、イントロダクションの章も必読です。CSSでの重要なベストプラクティスが紹介されています。"

— **Elika J. Etemad（通称 fantasai）**
Invited Expert、W3C CSS作業グループ

> 世界中で開かれるWeb開発関連のイベントで、Leaのプレゼンテーションは常に必聴です。『CSS Secrets』には長年にわたる彼女の経験が凝縮されており、Webデザインに関する面倒な問題に対してCSSを使ったエレガントな解決策を示してくれます。フロントエンドに関わるすべてのデザイナーと開発者にとって、本書は間違いなく必読です。"

— **Dudley Storey**
デザイナー、開発者、著述家、Web教育のスペシャリスト

> CSSについてかなり理解していると思い込んでいましたが、Lea Verouによる本書を読んで考えが変わりました。CSSに関する知識を次のレベルに引き上げたいなら、本書は必携です。"

— **Ryan Seddon**
チームリード、Zendesk

> 『CSS Secrets』は、今までに筆者が読んできたCSS関連の書籍の中でも群を抜いてテクニカルです。LeaはCSSというシンプルな言語で、あたかも魔法のようにその能力の限界を押し広げることに成功しました。決して初心者向けではありませんが、CSSについてすべて理解したと思っているすべての人々に強くおすすめします。"

— **Hugo Giraudel**
フロントエンド開発者、Edenspiekermann

> CSSとは魔法のようだと思うことがよくあります。少しのルールを記述するだけで、味気ないページを美しく作り替えることができます。『CSS Secrets』でLeaは、この魔法をさらに新しいレベルへと引き上げてくれました。彼女はCSSの大魔法使いであり、新しい魔法の世界を我々に示しています。本書を読みながら、何度「クールだ！」と叫んだことでしょうか。本書に問題が1つだけあるとしたら、他のことに手がつかなくなって一日中CSSでいろいろ試してみたくなることぐらいです。"

— **Elisabeth Robson**
WickedlySmart.com共同創設者、『Head First JavaScript Programming』共著者

❝ すべてのWeb開発者は、『CSS Secrets』を本棚に備えるべきです。本書でのヒントやコツを活用すれば、CSSは想像もしなかったようなたくさんの表現を可能にしてくれます。私を何年もの間悩ませてきた問題の多くが、筆者のシンプルでエレガントな水平思考によって解決されました。"

— **Robin Nixon**

Web開発者、オンラインインストラクター、CSS関連の書籍を数冊著す

❝ デザイナー兼プログラマーでもあるLea Verouの本は、彼女のコードと同様に美しく思慮深いものです。CSSにまだ慣れていなくても、CSS3関連の細かい事柄に精通していても、誰もが本書から何かを得られるでしょう。"

— **Estelle Weyl**

オープンWebエバンジェリスト、『CSS: The Definitive Guide』著者

❝ この本の素晴らしいことのひとつは、美しい本のデザインがCSSで作られているということです。いわば「CSSのCSSによるCSSのための本」であり、CSSがWebのデザインとともに本のデザインにも十分使えるものであることを示してくれています。Webの標準技術であるCSSで誌面を自由にデザインできることには、これまで人類が築いてきた『活字文化』を引き継ぐという非常に重要な意味があります。この本の著者と出会えたこと、間接的ながら共同で英語版と日本語版の両方の本作りに関わることができたことに感謝します。"

— **村上 真雄(Shinyu Murakami)**

株式会社ビブリオスタイル（Vivliostyle）会長兼CTO

母であり親友でもあつた
Maria Verou (1952-2013)
との思い出に、本書を捧げます。
あなたはあまりにも早く、この世を去ってしまいました。

Table of Contents

推薦の言葉	17
はじめに	19
謝辞	21
メイキング	24
本書について	27

1章
イントロダクション　39
Web標準は敵か？味方か？	40
CSSコーディングのコツ	47

2章
背景とボーダー　61
1	半透明なボーダー	62
2	複数のボーダー	66
3	柔軟な背景の位置指定	70
4	角の内側を丸める	74
5	ストライプ模様の背景	78
6	複雑な背景のパターン	88
7	（ほぼ）ランダムな背景	100
8	1つの画像によるボーダー	106

3章
形状　113
9	さまざまな楕円形	114
10	平行四辺形	120
11	ひし形の画像	124
12	角の切り落とし	130
13	台形のタブ	142
14	シンプルな円グラフ	148

4章
視覚効果　163
15	単方向の影	164
16	不規則な形状のドロップシャドウ	168
17	色調の調整	172
18	曇りガラスの効果	178
19	角の折り返し	188

5章
タイポグラフィー　199
20	ハイフンの追加	200
21	改行の挿入	204

22	ゼブラストライプ	210
23	タブのインデント幅の調整	214
24	リガチャー	216
25	しゃれた「&」	220
26	下線のカスタマイズ	226
27	リアルなテキストの表示効果	230
28	円に沿ったテキスト	240

6章
ユーザーエクスペリエンス　247

29	適切なマウスカーソルの選択	248
30	クリック可能な範囲を広げる	254
31	チェックボックスのカスタマイズ	258
32	背景を暗くして重要度を下げる	264
33	背景をぼかして重要度を下げる	270
34	スクロールを促すヒント	274
35	インタラクティブな画像比較	280

7章
ページの構造とレイアウト　291

36	内在的なサイズ設定	292
37	テーブルの列幅を自在に指定する	296
38	兄弟要素の個数にもとづくスタイル指定	300
39	流動的な幅の背景と固定幅のコンテンツ	306
40	縦方向の中央揃え	310
41	フッターをビューポート下部に表示する	318

8章
トランジションとアニメーション　323

42	弾むような動きのトランジション	324
43	コマ送りのアニメーション	336
44	点滅	342
45	キー入力のアニメーション	348
46	アニメーションのスムーズな中断	354
47	円に沿って動くアニメーション	360

Index　373

仕様ごとのシークレット

CSS Animations
w3.org/TR/css-animations

- 39 弾むような動きのトランジション　324
- 40 コマ送りのアニメーション　336
- 41 点滅　342
- 42 キー入力のアニメーション　348
- 43 アニメーションのスムーズな中断　354
- 44 円に沿って動くアニメーション　360

CSS Backgrounds & Borders
w3.org/TR/css-backgrounds

- 1 角の内側を丸める　74
- 2 ストライプ模様の背景　78
- 3 複雑な背景のパターン　88
- 4 （ほぼ）ランダムな背景　100
- 5 1つの画像によるボーダー　106
- 6 さまざまな楕円形　114
- 9 角の切り落とし　130
- 11 シンプルな円グラフ　148
- 12 単方向の影　164
- 16 角の折り返し　188

- 19 ゼブラストライプ　210
- 23 下線のカスタマイズ　226
- 27 クリック可能な範囲を広げる　254
- 29 背景を暗くして重要度を下げる　264
- 31 スクロールを促すヒント　274
- 32 インタラクティブな画像比較　280

CSS Backgrounds & Borders Level 4
dev.w3.org/csswg/css-backgrounds-4

- 9 角の切り落とし　130

CSS Basic User Interface
w3.org/TR/css3-ui

- 1 角の内側を丸める　74
- 26 適切なマウスカーソルの選択　248
- 32 インタラクティブな画像比較　280

CSS Box Alignment
w3.org/TR/css-align

- 37 縦方向の中央揃え　310

CSS Flexible Box Layout
w3.org/TR/css-flexbox

- 37 縦方向の中央揃え　310

- 38 フッターをビューポート下部に表示する　318

CSS Fonts
w3.org/TR/css-fonts
- 21 リガチャー　216
- 22 しゃれた「&」　220

CSS Image Values
w3.org/TR/css-images
- 2 ストライプ模様の背景　78
- 3 複雑な背景のパターン　88
- 4 （ほぼ）ランダムな背景　100
- 5 1つの画像によるボーダー　106
- 9 角の切り落とし　130
- 11 シンプルな円グラフ　148
- 16 角の折り返し　188
- 19 ゼブラストライプ　210
- 23 下線のカスタマイズ　226
- 31 スクロールを促すヒント　274
- 32 インタラクティブな画像比較　280

CSS Image Values Level 4
w3.org/TR/css4-images
- 2 ストライプ模様の背景　78
- 3 複雑な背景のパターン　88
- 11 シンプルな円グラフ　148

CSS Intrinsic & Extrinsic Sizing
w3.org/TR/css3-sizing
- 33 内在的なサイズ設定　292

CSS Masking
w3.org/TR/css-masking
- 8 ひし形の画像　124

CSS Text
w3.org/TR/css-text
- 17 ハイフンの追加　200
- 20 タブのインデント幅の調整　214

CSS Text Level 4
dev.w3.org/csswg/css-text-4
- 17 ハイフンの追加　200

CSS Text Decoration
w3.org/TR/css-text-decor
- 23 下線のカスタマイズ　226
- 24 リアルなテキストの表示効果　230

CSS Transforms
w3.org/TR/css-transforms
- 7 平行四辺形　120
- 8 ひし形の画像　124
- 9 角の切り落とし　130
- 10 台形のタブ　142
- 11 シンプルな円グラフ　148
- 16 角の折り返し　188
- 32 インタラクティブな画像比較　280
- 37 縦方向の中央揃え　310
- 44 円に沿って動くアニメーション　360

CSS Transitions
w3.org/TR/css-transitions
- 8 ひし形の画像　124
- 9 角の切り落とし　130
- 14 色調の調整　172
- 30 背景をぼかして重要度を下げる　270

| 39 | 弾むような動きのトランジション | 324 |
| 35 | 兄弟要素の個数にもとづくスタイル指定 | 300 |

CSS Values & Units
w3.org/TR/css-values

29	背景を暗くして重要度を下げる	264
37	縦方向の中央揃え	310
38	フッターをビューポート下部に表示する	318
42	キー入力のアニメーション	348

Compositing and Blending
w3.org/TR/compositing

| 14 | 色調の調整 | 172 |
| 32 | インタラクティブな画像比較 | 280 |

Filter Effects
w3.org/TR/filter-effects

13	不規則な形状のドロップシャドウ	168
14	色調の調整	172
15	曇りガラスの効果	178
30	背景をぼかして重要度を下げる	270
32	インタラクティブな画像比較	280

Fullscreen API
fullscreen.spec.whatwg.org

| 29 | 背景を暗くして重要度を下げる | 264 |

Scalable Vector Graphics
w3.org/TR/SVG

3	複雑な背景のパターン	88
11	シンプルな円グラフ	148
25	円に沿ったテキスト	240

Selectors
w3.org/TR/selectors

| 28 | チェックボックスのカスタマイズ | 258 |

推薦の言葉

　古き良き時代は去りました。前の千年紀には、CSSに対応したブラウザは2つしかありませんでした。しかもこれらのブラウザは、当時は機能がかなり限られていた仕様の中の、さらにかなり限られた部分にしか対応していませんでした。どんな機能を利用でき、どれが利用できないかをすべて覚えてしまうのも容易でした。それぞれの実装にはさまざまなバグや見落としがあり、お笑いも同然のひどいものもありましたが、このような誤りについても我々は把握していました。あまりにも根本的な一部のバグのせいで、各ブラウザでのレイアウトのふるまいにはまったく互換性がありませんでした。この問題を回避するために、HTMLパーサーのバグにつけ込んだハックを大量に用意するといったことまで行われました。

　そう考えると、かつてはひどい時代だったのかもしれません。ハックは今や必要なくなりました。

　CSSについては、ここ数年の間に事態が大幅に改善しています。それぞれのブラウザは、ほとんどの領域で互換性を達成しています。非互換の機能についても、あるブラウザが対応している機能を別のブラウザは対応していないという状況であることがほとんどです。それぞれのブラウザが同じ機能を異なるやり方で実装し、ひどい状態を招くといったことはありません。かつての複雑なトリックがはるかにシンプルかつコンパクトに作りなおされたという場合も含めて、さまざまな機能が仕様に追加されています。かつてと比べて、CSSにははるかに多くの機能そして能力が備えられています。しかし誰もが知っているように、大きな力には複雑さが伴います。これは単に、意図的にもたらされる複雑さとは限りません。十分に機能する部品を組み合わせると、たとえそれぞれがどんなにシンプルなもの

であっても興味深い使い方が生まれてくるものです（このトピックについてもっと知りたいなら、映画『LEGOムービー』を見てみましょう）。

　しかし、このような意図しない複雑さのおかげで、CSSは予想あるいは期待もしていなかったような新しい機能で我々を驚かせてくれるようになりました。プロパティの組み合わせや、仕様の拡大解釈からさまざまなシークレットが生まれます。四隅にグラデーションを設定したり、要素をアニメーション表示したり、クリックできる領域を広げたり、円グラフを作成するといったことも可能です。もちろん、これだけではありません。夢見たことが何でもかなうと信じていた少年時代のように、CSSには大きな可能性があります。例えばアニメーションについても、かつては簡潔かつ人間にも読めるような形で表現できるとは想像もできませんでした。CSSはとても大きな進歩を遂げており、まだ発見されていない秘密がたくさんあると私は確信しています。読者もそのうちいくつかを発見するかもしれません。

　さし当たっては、すでに明らかになっている多数の魅力的なテクニックに目を向けてみましょう。これらを発見し全世界と共有することについて、Lea Verouの右に出る者はいません。ブログ記事やオープンソース コミュニティーへの貢献そして世界中でのダイナミックでインタラクティブな講演活動などを通じて、LeaはCSSに関する圧倒的な知識を示しています。この知識が見事な形で凝縮されたのが本書です。この分野の第一人者によって記されたガイドを通じて、読者は便利で興味深くそして驚くようなCSSのテクニックを多数得られます。Leaによる解説の1ページごとに、読者は知識を深め、歓喜し、仰天するでしょう。

　本書に書いてあることがもはやシークレット（秘密）でなくなるほどに、多くの読者が本書を読みよく学ばれることを期待します。

― Eric A. Meyer

はじめに

　ここ数年の間にCSSは、2004年ごろにJavaScriptが経験したのと同じような**変革を迎えました**。能力も限られていたきわめてシンプルなスタイル設定言語から、草案も含めると**80以上に上るW3Cの仕様**から構成される複雑なテクノロジーへと進化しました。そして独自のエコシステムが生まれ、専門のカンファレンスが開催され、固有のフレームワークやツールも開発されました。**このような長足の進歩には、仕様のすべてを1人で把握するのが事実上不可能になったという側面もあります。** CSSを定義したW3CのCSS作業グループでさえ、CSSのすべての側面に精通しているメンバーはいません。すべてをそこそこ知るということさえ困難です。ほとんどの作業グループのメンバーは特定の仕様にのみ詳しく、自身が関わらない仕様についてはほぼまったく知らないというのが実状です。

　2009年ごろまでは、言語自体への知識はCSSに関する専門性を測る指標ではありませんでした。CSSに対して真剣に取り組むなら、言語への知識は当然の前提でした。ブラウザのバグと回避策をどれだけ知っているかという点を基準にして、能力が評価されていました。しかし年月は流れ、ブラウザは標準に対応した設計を行うようになったため、浅薄なブラウザ依存のハックは今やひんしゅくを買っています。避けられないような非互換性の問題も残されてはいますが、今日ではほとんどのブラウザが自動更新の仕組みを取り入れており状況の変化がとても速くなっています。そのため、このような互換性の問題を書籍にまとめるというのは時間の無駄になりつつあります。

DRY とは Don't Repeat Yourself（同じことを繰り返すな）の略です。プログラミングの分野ではよく知られている格言で、コードを保守しやすくするために考えられました。可能な限り少ない編集（理想的には 1 回）で、関連するすべてのパラメーターを変更できるということが目指されています。本書でも、コードを DRY にするというテーマが繰り返し現れることになります。DRY の対義語は **WET** で、We Enjoy Typing（タイピング大好き）や Write Everything Twice（何でも 2 回書く）の略とされます。

　近年の CSS では、一時的なブラウザのバグへの対処が技術的課題になることはほとんどありません。真の課題は、CSS の機能を創造的に活用し、**DRY で保守しやすく柔軟で軽量**なソリューションを生み出し、かつ可能な限り**標準に準拠する**という点にあります。そして、正にこれらの点について解説したのが本書です。

　CSS に含まれる特定の機能について、隅々まで解説してくれる書籍ならたくさん出回っています。しかし幸か不幸か、本書はこのような書籍ではありません。本書の目的は、一般のリファレンス資料をひととおりマスターした後に直面するであろう知識のギャップを埋めることにあります。読者がすでに知っている機能の新しい活用法に気づいてもらうことや、あまり目立たないけれどもとても便利でもっと使われてほしい機能について知ってもらうことも目指しています。しかし最大の目的は、**CSS を使った問題解決の方法**について読者に学んでもらうことです。

　本書はレシピ集でもありません。それぞれのシークレットは、何らかの効果を得るための決まった手順を紹介するのが目的というわけではありません。すべてのテクニックについて、背後にある考え方も詳しく紹介するように努めました。解決策自体よりも、**解決策を発見するまでのプロセスを理解することのほうがはるかに価値が高い**と筆者は信じます。本書で紹介したテクニックと自分の業務との関連が薄くても、解決策に到達する方法を学ぶことには意義があります。まったく異なる分野の課題に取り組む場合でさえも、本書で学んだことが役立つでしょう。言い換えるなら、**本書ではよく知られている魚をたくさん手に入れられますが、本書の真の目的はこれらの魚の捕まえ方を知って一生暮らしていくということにあります**。

謝辞

　素晴らしい人々の助けとサポートがなければ、本書を完成させるのはきっと不可能でした。心からの感謝を捧げたい方々を紹介します。

- 筆者の仕事をサポートしてくださった皆様。あなたがたがいなければ、本書を執筆するチャンスが与えられることもなかったでしょう。筆者のブログ（`lea.verou.me`）やTwitter（`twitter.com/leaverou`）などの読者、そして筆者の処女作である本書の読者の皆様にも感謝します。筆者によるオープンソースのコード（`github.com/leaverou`）のユーザーや、コードを寄贈してくださった皆様にも感謝します。
- 今までに筆者を講演やワークショップに推薦してくれた、カンファレンスの主催者の皆様。中でも **Damian Wielgosik** と **Paweł Czerski** は、筆者を初めてカンファレンス（2010年のFront-Trends）に招待してくれました。同じく2010年に **Vasilis Vassalos** は、Athens University of Economics and BusinessでのWeb開発についての講義を筆者に任せてくれました。これらの経験は、教えるということについて多くの知識を与えてくれました。技術書も、その目的は何かを教えるということにあります。
- 筆者をInvited Expertとして指名してくれた、**CSS作業グループ**の皆様。Web技術一般そしてCSSに対する見方が、ここで変わりました。
- 本書の編集を担当した **Mary Treseler** と **Meg Foley**。出版へのプロセス全体を筆者にコントロールさせてくれただけでなく、締め切りを何度も守れなかった筆者に対して驚くほどに寛容でした。
- プロダクションエディターの **Kara Ebrahim**。レイアウト関連の問題をたびたび修正してくれたほか、本書で使われたPDF生成プログラムでのCSSの描画にまつわるバグや制約を手作業で回避するべく奮闘してくれました。

- テクニカルエディターの **Elika Etemad**、**Tab Atkins**、**Ryan Seddon**、**Elisabeth Robson**、**Ben Henick**、**Robin Nixon**、**Hugo Giraudel**。実際に誤りを正してくれただけでなく、文章のわかりやすさについて有意義なフィードバックをいただきました。
- **Eric Meyer**。本書への序文を引き受けてもらえたことが、いまだに信じられません。
- 研究面でのアドバイザー **David Karger**。本書の執筆中に、予定より大幅に遅れてマサチューセッツ工科大学を訪れた時にも、彼は理解を示してくれました。彼の辛抱強さがなかったら、本書の先行きは暗いものでした。
- 筆者の父 **Miltiades Komvoutis**。筆者が幼少の頃から、芸術と美について教えてくれました。彼がいなかったら筆者がデザインやCSSに興味を持つことはなく、本書はきっとC++やカーネルプログラミングの解説書になっていたことでしょう。
- 筆者のおじであり父代わりでもあった **Stratis Veros** と、すてきな奥様 **Maria Brere**。本書の執筆中に不機嫌になることもあった筆者を見守ってくれました。そして夫妻の娘 **Leonie** と **Phoebe** にも感謝します。世界一かわいらしいこの子たちがいなかったら、本書の執筆は1ヶ月くらい早く終わっていたかもしれませんね。
- 筆者の誇りでもある、亡き母 **Maria Verou**。本書を彼女に捧げます。ともに生きた27年の間、彼女は親友であり最大の支援者でした。彼女の人生はインスピレーションの源でした。ギリシャの女性のほとんどが大学に進学していなかった1970年代に、彼女は未知の世界へと飛び出し、マサチューセッツ工科大学の大学院で研究を始め、しかも優秀な成績で学位を取得しました。彼女は筆者に熱意や思いやり、誠実さ、自立そして広い心を教えてくれました。そして何よりも、人生をあまり深刻にとらえてはいけないということが彼女から得た最大の教訓です。彼女の不在に、さみしさが募ります。

写真の出典

　寛容な Creative Commons ライセンスの下で写真を公開している素晴らしい方々にも感謝します。彼らがいなかったら、本書に登場する画像は筆者の飼い猫だらけになっていたことでしょう（何か所かでは、実際に飼い猫に登場してもらっていますが）。本書で利用している Creative Commons ライセンスの画像と、それぞれの出典を示します。

"House Made Sausage from Prairie Grass Cafe, Northbrook," Kurman Communications, Inc.
flickr.com/kurmanphotos/7847424816

"Cats that Webchick Is Herding," Kathleen Murtagh
flickr.com/ceardach/4549876293

"Stone Art," by Josef Stuefer
flickr.com/josefstuefer/5982121

"A Field of Tulips," Roman Boed
flickr.com/romanboed/867231576

"Resting in the Sunshine," Steve Wilson
flickr.com/pokerbrit/10780890983

"Naxos Island, Greece," Chris Hutchison
flickr.com/employtheskinnyboy/3904743709

メイキング

　本書（英語版）は自己完結的に執筆されています。**クリーンな HTML5** と、O'Reilly の **HTMLBook 規格**（`oreillymedia.github.io/HTMLBook`）で定義されたいくつかの `data-` 属性を使って記述しました。つまり、本書で目にするものすべて（レイアウトや画像そして色も含む）は **CSS を使ってスタイルが指定されています**。画像についても、**SVG** を使って描画したものや SVG のデータ URI（SCSS を使って生成しました）を利用したものが多数あります。一部の数式は **LaTeX** を使って記述し、内部で **MathML** に変換しています。ページ番号や章番号、シークレットの番号は CSS のカウンターを使って生成しています。

　近年では、O'Reilly が出版する書籍の多くで同様の仕組みが取り入れられています。このシステムは「Atlas」と名づけられています（`atlas.oreilly.com`）。Atlas は O'Reilly 社内で使われるだけでなく、誰でも利用できるという特長があります。

　ただし、本書は Atlas の典型的な利用例というわけではありませんでした。筆者の知る限り他に例のないやり方で、印刷用の CSS の限界に挑んだのが本書です。Atlas や Antenna House（Atlas が内部で利用する PDF 生成プログラム）に多数のバグが発見されたほか、印刷関連の CSS の仕様自体にも問題点がたくさん見つかりました。もちろん、仕様の問題点は CSS 作業グループに報告しました。

　「Web の技術を使ってこのような本を作るには、どのくらいのコードが必要なのだろう」と思われたかもしれません。執筆段階での数値ですが、いくつか紹介します。

- **4,700 行**の SCSS からコンパイルされた **3,800 行**の CSS によって、本書のスタイルは設定されました。
- **1 万行**あまりの HTML が記述されました。

- 本書の中に図は**322個**ありますが、そのうち画像ファイル（SVG形式の画像やスクリーンショットを含む）は**140個**だけです。残りについては、単なる`div`にCSSでスタイルを指定したものです。なお、本書のCSSとSCSSのうち65％は図のために使われています。

本書ではAtlas以外にも以下のようなツールが使われています。

- バージョン管理のための**Git**
- CSSのプリプロセッサ向け言語**SCSS**
- 本書の原稿すべてを記述するのに使われたテキストエディター**Espresso**（*macrabbit.com/espresso*）
- SCSSをCSSにコンパイルする**CodeKit**
- オンラインデモや、そのスクリーンショットで使われた**Dabblet**（*dabblet.com*）
- 手作業では記述できないSVGベースの画像を作成するのに使われた**Adobe Illustrator**
- 必要に応じてスクリーンショットを修正するために使われた**Adobe Photoshop**

英語版では、見出しにRockwellフォントが使われ、本文とコードにはそれぞれFrutigerとConsolasが使われました。献辞や多くの図ではBaskervilleも使われています。

本書は13インチのMacBook Airを使って執筆されました。また、ギリシャ、ケニア、オーストラリア、ニュージーランド、フィリピン、シンガポール、チリ、ブラジル、アメリカ、フランス、スペイン、イギリス（ウェールズ）、ポーランド、カナダ、オーストラリアなどさまざまな国と地域で執筆が行われました。

日本語版について

日本語版（本書）も原書にならい、HTMLやCSS、SVGなどで組版を行いました。従来のDTPシステムを使ってレイアウトを再現することはもちろん可能でしたが、こだわり抜かれた原書のデザインと「他に例のないやり方で、印刷用のCSSの限界に挑んだ」というこの『CSS Secrets』の要となるコンセプトを外した本作りをするわけにはいかなかったからです。

そこで、**Vivliostyle**（ビブリオスタイル）社の全面協力のもと、原書のデータをもとに日本語用のCSSを作成することになりました。Atlas用に書かれたソースを再現するため、Vivliostyle社がAtlasのオープンソース

の部分を再利用して Ruby（約 600 行）で開発した **Heracles**（仮称）と PDF 生成エンジン **Vivliostyle Formatter**（*vivliostyle.com/ja/products/*）の組み合わせを、原書で使われた膨大な CSS に対応させることに成功しました。これにより本書のページレイアウト、目次や索引の相互参照、ページ番号参照、日本語組版に対応した文字組みなどが HTML+CSS で実現しています。その上、HTML+CSS であることを利用して Web サイトの形で**サンプル版**（*vivliostyle.com/ja/samples/css-secrets/*）等を出せるようにもなりました。

　また、日本語版のフォントは Web サイトでも利用できるよう、オープンソースフォントを採用しました。見出しと本文に Source Han Sans を、欧文の見出しに Rokkitt を使用しています。コードと多くの図にはそれぞれ Consolas と Baskerville を使用しています。これらはオープンソースではないため、Web 版では代わりに Source Code Pro と Libre Baskerville を使用しています。

本書について

対象とする読者

　本書の主なターゲットは、**中級から上級のCSS開発者**です。入門的な解説を省略し、最新のCSSの機能やその組み合わせの例を多数紹介します。以下のような読者を本書では**前提**としています。

- **CSS2.1に関する十分な知識**と、数年間の利用経験を持っていること。例えば、要素の位置を難なく指定できることや、冗長なマークアップや画像に頼らずに必要なコンテンツを生成してデザインを強化できることなどが求められます。このような読者なら、特定度や継承そしてカスケードについて理解しており、コード内に`!important`を散乱させるようなことはないでしょう。ボックスモデルの構成要素についても理解し、マージンの減少に惑わされることもないはずです。長さの単位やその使い分けについても理解が求められています。
- オンラインの資料や書籍を通じて、**CSS3の機能のうち主なもの**についてはすでによく理解していること。たとえ個人的なプロジェクトであっても、これらの機能を実際に試していることが望まれます。これらを深く学んだことはないという場合でも、角の丸め方や`box-shadow`の使い方、線形グラデーションの構文などについては知っているべきです。基本的な2次元トランスフォームを試してみたことがあり、トランジションやアニメーションを使ってインタラクションを拡張したこともあるとよいでしょう。
- **SVG**を目にしたことがあり、その用途を知っていること。自分でSVGを記述できることまでは求めません。
- **基本的なJavaScriptのコード**を読み、理解できること。要素の生成や属性の操作、ドキュメントへの要素の追加などに関する知識が必要です。

- **CSSのプリプロセッサ**について、用途などを知っていること。実際に利用している必要はありません。
- **ある程度の数学の知識**を持っていること。平方根、ピタゴラスの定理、サインやコサイン、対数などについて知っていることが求められます。

これらの条件をすべて満たすわけではない読者も本書を楽しめるように、一部のシークレットでは冒頭に「知っておくべきポイント」という項を設けています。下のように、対象のシークレットを理解するために必要なCSS関連の知識や既出のシークレットを示しました。なお、この項が長くなりすぎるのを防ぐために、CSS2.1関連の機能については紹介していません。

> **知っておくべきポイント**
> box-shadow、基本的なグラデーション、P.114 の「さまざまな楕円形」

こうすることによって、未知の事柄について調べてから本書に戻ってくるというのが容易になります。**ここで指示されていない限り**、それぞれのシークレットはどのような順序で読んでもかまいません。ただし、シークレットは順序を意識して執筆されています。初めから順に読めば、最も多くの効果を得られるでしょう。

先ほど、想定される読者として「CSS開発者」と述べ、デザインのスキルを求めていないのには理由があります。本書は**デザインの手引書ではありません**。やむを得ない箇所ではデザインの原則に触れ、UXの改善策を明らかにすることもありますが、本書『CSSシークレット』にとっての第一の目標は**コーディングを通じて問題を解決する**ことにあります。SVGやWebGL、OpenGL、JavaScriptのCanvas APIなどは、コードでありデザインではありません。同様にCSSも、出力は視覚的ですが実体はコードです。柔軟で正しいCSSを記述するためには、プログラミングで必要になるのと同様の論理的な思考が求められます。今日ではほとんどの人々がCSSとプリプロセッサを併用しており、変数や数式、条件分岐、ループなども記述されています。つまり、CSSは今やプログラミング言語であるとも言えます。

ただし、**デザイナーは本書を読むべきではないというわけでもありません**。CSSのコードをある程度記述したことがあるなら、誰でも本書のメリットを享受できるはずです。有能なデザイナーの中には、優れたCSSのコードを記述できる人もたくさんいます。一方、本書を読めば副次的な効

果としてWebサイトの視覚的デザインやユーザビリティを向上できるかもしれませんが、これら自体は本書の目標には含まれていません。

表記のルール

本書は**7つのトピック**に分類された**47個の「シークレット」**から構成されます。それぞれのシークレットはある程度独立しており、依存関係のないものについては好きな順番で読んでもかまいません。また、シークレットを紹介するデモのページは完全なWebサイトではなく、サイトの一部ですらありません。理解しやすいように、それぞれのデモは可能な限り小さくシンプルなものになっています。本書では、自分が実現しようとしていることについて読者は理解しているものとします。本書は読者に、デザイン上のアイデアではなく実装可能なソリューションを提供します。

すべてのシークレットは複数の節に分割されています。1つ目の節「**課題**」では、我々が解決しようとするCSSでのよくある問題を明らかにします。不適切だが広く使われている解決策(多量のマークアップが必要、値がハードコードされる、など)がここで紹介されることもあります。そして、「よりよい解決策はないのか?」という問いかけが続くことになります。

課題の紹介に続いて、1つまたは複数の解決策が示されます。本書は筆者がさまざまなカンファレンスで行ったCSS関連の講演を元にしており、可能な限りインタラクティブな形で解説を進めていきます。それぞれの解決策はいくつかの画像とともに提示され、視覚的な変化を段階的に示します。すべての画像を該当する本文に隣接して表示させるのは不可能なため、画像にはできるだけ番号をつけて参照できるようにしています。例えば、この文には**図例.1**への参照が含まれています。

本文中のコードは`monospace text`のように記述されます。 #f06 のように、色を表すコードでは小さなプレビュー表示も追加されます。コードのブロックは次のように示されます。

図 例.1

欄外の画像の例。愛猫 Sir Adam Catlace 氏を紹介します

これはメモです。追加的な情報や、初出語句の解説などが含まれます。

これは警告です。誤った仮定や、失敗をもたらしがちな事柄(筆者にはわかります)について読者に注意するのが目的です。

```
background: url("adamcatlace.jpg");
```

もう1つ例を示します。

```html
<figure>
    <img src="adamcatlace.jpg" />
    <figcaption>Sir Adam Catlace</figcaption>
</figure>
```

見てのとおり、CSS以外の言語で記述されたコードのブロックでは右上隅に言語を示しています。また、対象のコードに要素が1つしか記述されておらず、擬似クラスや擬似要素も必要ない場合には、セレクタや`{}`を省略しています。

本書でのJavaScriptのコードはすべて純粋なJavaScriptであり、フレームワークやライブラリは使用していません。ただし、ヘルパー関数として`$$()`を定義し利用しています。あるセレクタにマッチしたすべての要素に対して同じ処理を繰り返すために、この関数が使われています。定義は以下のとおりです。

```js
function $$(selector, context) {
    context = context || document;
    var elements = context.querySelectorAll(selector);
    return Array.prototype.slice.call(elements);
}
```

すべてのシークレットにはオンラインのデモが用意されており、短く覚えやすいURLとともに **play.csssecrets.io** で公開されています。例を示します。

▶ PLAY!　play.csssecrets.io/**polka**

紹介されているテクニックがわかりにくかった場合などには、ここで紹介されているデモにアクセスしてみることを強くおすすめします。

トリビア　トリビア

この「トリビア」の節は、脇道にそれた豆知識を紹介するために使われます。例えば、CSSの機能の背後にある歴史的あるいは技術的な背景を紹介します。本文で紹介する事柄の理解や利用にとって必須ではありませんが、読んで楽しいコンテンツであることをめざします。

クレジット表示です。言及されているテクニックに関する資料を最初に作成したのが筆者以外だという場合には、このようなアイコンとともに出典を示します。ここでは資料のURLも紹介されます。巻末の**参考文献リスト**は参照しにくいため、その場で参照できるようにしています。

　ほぼすべてのシークレットでは、関連する仕様のリストを末尾で紹介しています。

HAT TIP

関連仕様

- **CSS Backgrounds & Borders**
  w3.org/TR/css-backgrounds
- **Selectors**
  w3.org/TR/selectors
- **Scalable Vector Graphics**
  w3.org/TR/SVG

　ここには、シークレットの中で言及されている仕様がすべて掲載されます。ただし「知っておくべきポイント」の項と同様に、**CSS2.1**（*w3.org/TR/CSS21*）についてはすべてのシークレットで明らかに参照されているため省略します。つまり、CSS2.1の機能だけを利用している少数のシークレットでは、「関連する仕様」の項がないということになります。

FUTURE　将来の解決策

"Future"このアイコンとともに示される節では、草案段階の仕様はあるけれどまだ実装が行われていないテクニックを紹介しています。本書の出版後に実装が公開されている可能性もあるため、読者は対応状況をこまめにチェックする必要があります。まだ明確化されていないためデモを作成できないという機能については、「PLAY!」の例と同様に覚えやすいURLでテストのためのページを公開しています。対象の機能がサポートされている場合には緑色で表示され、サポートされていない場合には赤く表示されます。詳しい説明については、コードの中でコメントとして記述しています。

TEST! play.csssecrets.io/**test-conic-gradient**

はじめに　31

LIMITED SUPPORT

ブラウザの対応状況と代替案

　本書の中で最も奇妙と思われるであろう点は、**各ブラウザでの互換性を示す表がまったくない**ことです。これは意図的な判断にもとづいています。今日のブラウザはリリースの周期がとても短いため、執筆時点での最新の情報も、本書が書店に並ぶ頃には陳腐化していると考えられます。このような**不正確な情報は誤解の元**であり、何も掲載しないほうがまだましです。

　とはいえ、ほとんどのシークレットはかなりのブラウザでサポートされており、そうでない場合にも代替の表現を用意するよう心がけています。紹介されているテクニックに対応したブラウザが少ない場合には、上のように「不完全なサポート」のアイコンが表示されます。このアイコンとともに示されているテクニックを利用する際には、各ブラウザの対応状況をチェックするとともに、非対応の場合のために適切な代替表示を用意しましょう。

　各機能への最新の対応状況が掲載されたWebサイトが多数あります。その中の一部を紹介します。

- **Can I Use...?**（`caniuse.com`）
- **WebPlatform.org**
- **Mozilla Developer Network**（`developer.mozilla.org`）
- **Wikipedia「Comparison of Layout Engines (Cascading Style Sheets)」**（`en.wikipedia.org/wiki/Comparison_of_layout_engines_(Cascading_Style_Sheets)`）

　ある機能を**複数のブラウザで利用できる**けれども、**ブラウザ間でふるまいが多少異なる**というケースもあります。例えばベンダーの接頭辞が必要だったり、少しだけ構文が異なるといった場合が考えられます。本書では、**接頭辞なしの標準に準拠した構文だけ**を掲載しています。もちろん、複数の構文を併記し、どの構文が使われるかについてはカスケードの仕組みに任せてもかまいません。例えば `yellow` から `red` に変化する上下方向の線形グラデーションを記述する場合、本書では以下のように標準にもとづく構文だけを示します。

```
background: linear-gradient(90deg, yellow, red);
```

しかしかなり古いブラウザもサポートしたいなら、次のようなコードが必要になるでしょう。

```
background: -moz-linear-gradient(0deg, yellow, red);
background: -o-linear-gradient(0deg, yellow, red);
background: -webkit-linear-gradient(0deg, yellow, red);
background: linear-gradient(90deg, yellow, red);
```

ベンダーの接頭辞が存在する理由や、これらを回避するための方法を **P. 44** の「ベンダー接頭辞の物語」で紹介しています。

各ブラウザでの対応状況と同様に、ふるまいの差異も常に流動的です。以降では、これらの点について本文中で言及することはありません。CSSの機能を利用する際には、常にこれらの点に関するチェックを読者に求めたいと思います。

たとえ見苦しいものだとしても、代替案を用意して古いブラウザでも正しく表示されるようにするというのはよいことです。本書の読者はカスケードの仕組みを理解しているはずであり、ことさらに詳しく解説するということはありません。例えば上のグラデーションの例では、単色での塗りつぶしをまず記述するべきです。次のように、グラデーションで使われている色の中間色（ここでは、 rgb(255, 128, 0)）を指定するのがよいでしょう。

```
background: rgb(255, 128, 0);
background: -moz-linear-gradient(0deg, yellow, red);
background: -o-linear-gradient(0deg, yellow, red);
background: -webkit-linear-gradient(0deg, yellow, red);
background: linear-gradient(90deg, yellow, red);
```

しかし、カスケードを使っても適切な代替案を提供できないこともあります。最後の手段として、**Modernizr**（*modernizr.com*）などのツールを利用するということも考えられます。これを使うと、ルート要素（`<html>`）に `textshadow` や `no-textshadow` といったクラスが追加されます。これらのクラスを参照して、以下のように**特定の機能がサポートされている（あるいは、されていない）場合だけに適用されるスタイル**を記述できます。

```
h1 { color: gray; }
```

```css
.textshadow h1 {
    color: transparent;
    text-shadow: 0 0 .3em gray;
}
```

代替案を用意しようとしている機能が最近のものなら、**@supports** というルールを記述できます。ここでは、Modernizrと同等の機能がネイティブに提供されます。例えば上のコードは、**@supports** を使って次のように書き換えられます。

```css
h1 { color: gray; }

@supports (text-shadow: 0 0 .3em gray) {
    h1 {
        color: transparent;
        text-shadow: 0 0 .3em gray;
    }
}
```

しかし現時点では、**@supports** の利用には**注意が必要**です。上のように記述されたルールが効果を持つのは、単にテキストの影に対応したブラウザではなく、**@supports** というルールにも対応したブラウザでなければなりません。そして、この **@supports** に対応しているブラウザはまだ少数です。

どんな場合にも、数行のJavaScriptを記述して対応状況を検出するということは可能です。Modernizrと同様に、検出結果はクラスとしてルート要素に追加します。検出対象としては、任意の要素での **element.style** オブジェクトを利用できます。コードの例を示します。

```js
var root = document.documentElement; // <html>

if ('textShadow' in root.style) {
    root.classList.add('textshadow');
}
else {
```

```js
    root.classList.add('no-textshadow');
}
```

複数のプロパティについて調べる必要があるなら、以下のような関数を用意してもよいでしょう。

```js
function testProperty(property) {
    var root = document.documentElement;

    if (property in root.style) {
        root.classList.add(property.toLowerCase());
        return true;
    }

    root.classList.add('no-' + property.toLowerCase());
    return false;
}
```

特定のプロパティの値に対応しているかどうか調べるには、実際に値をセットし、その後で同じ値が保持されているかをチェックします。ここでは特定の値への対応を調べたいだけであり、実際にスタイルを設定したいわけではありません。そこで、下のようにダミーの要素を使うのがよいでしょう。

```js
var dummy = document.createElement('p');
dummy.style.backgroundImage = 'linear-gradient(red,tan)';

if (dummy.style.backgroundImage) {
    root.classList.add('lineargradients');
}
else {
    root.classList.add('no-lineargradients');
}
```

このコードも、下のように関数にできます。

```js
function testValue(id, value, property) {
    var dummy = document.createElement('p');
    dummy.style[property] = value;

    if (dummy.style[property]) {
        root.classList.add(id);
        return true;
    }

    root.classList.add('no-' + id);
    return false;
}
```

　個々のセレクタや@ルールへの対応状況をチェックするのはもう少し面倒ですが、基本的な方針は共通です。先ほどと同様に、ブラウザは自らが理解できないものをすべて破棄するという性質を利用します。**チェックしたい機能を動的に適用し、その値が破棄されずに残っていれば**対象の機能がサポートされていると判断できます。ただし、ブラウザがある値を解釈できるからといって、**その機能が正しく実装されている（あるいは、そもそも実装されている）**とは限りません。

意見と質問

　本書（日本語翻訳版）の内容は最大限の努力をして検証・確認していますが、誤り、不正確な点、バグ、誤解や混乱を招くような表現、単純な誤植などに気が付かれることもあるかもしれません。本書を読んでいて気付いたことは、今後の版で改善できるように私たちに知らせてください。将来の改訂に関する提案なども歓迎します。連絡先は以下に示します。

　　株式会社オライリー・ジャパン
　　電子メール　　japan@oreilly.com

　本書についての正誤表や追加情報などは、次のサイトを参照してください。

　　http://www.oreilly.co.jp/books/9784873117669/（和書）
　　http://shop.oreilly.com/product/0636920031123.do（原著）
　　http://lea.verou.me/（著者）

　オライリーに関するその他の情報については、次のオライリーのWebサイトを参照してください。

　　http://www.oreilly.co.jp/
　　http://www.oreilly.com/（英語）

Webサンプル版について

　Webブラウザから読める本書のサンプルページをご用意しました。書籍版同様のページレイアウト、目次や索引の相互参照、ページ番号参照、日本語組版に対応した文字組みなどをWebブラウザ上でご確認いただくことが可能です。

　　http://vivliostyle.com/ja/samples/css-secrets/

イントロダクション

Web 標準は敵か？味方か？

標準化のプロセス

　一般的な思い込みとは異なり、**W3C（World Wide Web Consortium）は標準を「作って」いるわけではありません**。W3C は利害関係者が集まるフォーラムであり、実際の活動は W3C の作業グループで行われます。もちろん、W3C は単なる傍観者ではなく、基本的なルールを定めるとともに標準化のプロセスを監督しています。ただし、**（主に）仕様を執筆しているのは W3C のスタッフではありません**。

　CSS の仕様は、CSS 作業グループ（CSS Working Group ＝ CSS WG と略されることもよくあります）のメンバーによって作成されています。本書執筆時点では、CSS 作業グループには 98 名が参加しており、その内訳は以下のとおりです。

- **86名**（88％）……W3C の会員である企業からのメンバー
- **7名**（7％）……Invited Expert（筆者も含む）
- **5名**（5％）……W3C のスタッフ

　作業グループのメンバーのうち 88％ という大多数が、W3C に加入している企業によって占められています。これらの企業には、ブラウザベンダーや著名な Web サイト、研究機関、その他一般のテクノロジー企業などが含まれており、それぞれが Web 標準の普及に関して利害関係を持っています。W3C にとっての収入の大部分は各企業が納める年会費であり、仕様は**無料**かつ**オープン**に公開されています。一方、このような収入源を持たない他の標準化団体では、仕様が有償で公開されることもあります。

図 1.1
「Web 標準とかけてソーセージ と 解く。その心は、作っている現場は見ないほうがよい」──匿名の W3C 作業グループメンバー

Invited Expertとは、標準化プロセスへの参加を要請されたWeb開発者です。議論に参加するための幅広い知識と、貢献の表明が求められます。

　そしてW3Cのスタッフは実際にW3Cに勤務しており、作業グループとW3Cの調整を受け持ちます。

　Web開発者の間に広まっている誤解のひとつに「W3Cは見下すように標準を定義し、弱い立場のブラウザベンダーは否応なしに追従しなければならない」という話があります。これはまったく事実ではありません。仕様に何を盛り込むかという点について、**ブラウザベンダーはW3Cよりもはるかに多くの発言権を持っています**。先ほどの数値を見れば、このことは明らかです。

　標準は密室の中で作られるというのも誤解です。CSS作業グループは透明性を重視しており、すべてのコミュニケーションは公開されています。そして以下のように、さまざまな手段でのレビューや関与が促されています。

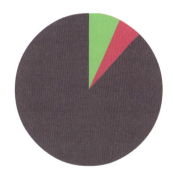

図 **1.2**
CSS作業グループの構成。
■ 企業のメンバー
■ Invited Experts
■ W3Cのスタッフ

- ほとんどの議論はメーリングリスト「**www-style**（`lists.w3.org/Archives/Public/www-style`）」上で行われます。アーカイブは公開されており、参加も自由です。

- 週に1度、1時間の**電話会議**が開催されます。作業グループのメンバー以外は参加できませんが、リアルタイムに議事録が作成されて**W3CのIRCサーバー**（`irc.w3.org/`）の**#css**チャネルで公開されています。この議事録は清書され、数日後にメーリングリストに投稿されます。

- **四半期ごと**に、対面で行う会議も開かれます。電話会議の場合と同じ要領で議事録も公開されます。作業グループの議長から許可を得れば、**傍聴**も可能です。

　このようなプロセスはすべてW3Cで定義されており、意思決定の基礎になります。一方、意思決定の結果を実際の仕様として表現するのはSpec Editorの役割です。Spec EditorはW3Cのスタッフかもしれず、ブラウザベンダーやInvited Expertかもしれません。公共の利益をめざして標準化プロセスを前進させようと、企業に勤めながら専任で執筆を行うようなメンバー企業の従業員もいます。

　仕様は複数の段階を経て、誕生から完成へと向かいます。

1. **Editor's Draft（ED）**：この段階では、Spec Editorが単にアイデアをまとめただけであり、とても乱雑な状態です。この段階の仕様には、満たすべき要件はまだありません。また、作業グループは仕様の内容について何も保証しません。しかし、すべてのバージョンに先立つのがこのEditor's Draftです。すべての変更はまずEditor's Draftとして作成され、そして公開されます。

このトピックに興味があるなら、Elika Etemad（通称fantasai）によるCSS作業グループの仕組みについての**一連の記事**（`fantasai.inkedblade.net/weblog/2011/inside-csswg`）を読むとよいでしょう。とてもおすすめです。

2. **First Public Working Draft（FPWD）**：作業グループによるレビューが可能な状態になり、初めて公開されたバージョンの仕様です。
3. **Working Draft（WD）**：作業グループやより広いコミュニティーからフィードバックを得て、少しずつ改善を繰り返しながら何度もこのWorking Draftが公開されます。この段階で初めて実装が作成されることが多いのですが、より早い時点から試験的な実装が行われることもなくはありません。
4. **Candidate Recommendation（CR）**：かなり安定したバージョンです。実装やテストに適した状態です。完全なテストと、2つ以上の独立した実装が用意されるまでは次の段階に進めません。
5. **Proposed Recommendation（PR）**：W3Cメンバーの企業が仕様への反対を表明するには、この段階が最後のチャンスです。しかしこの段階まで到達していれば、反対はほとんど見られません。次の段階への到達は、単に時間の問題です。
6. **Recommendation（REC）**：W3Cによる仕様としての最終段階です。

作業グループのメンバーのうち1人または2人が議長を務めます。議長は会議の運営や電話会議の調整、時間の管理、その他さまざまな点で進行役として機能します。議長というのは多くの時間と体力を消耗する役職で、あたかも猫の群れを引率するかのようです。もちろん、標準化に関わる人々はみな、このようなたとえは不適切だということを知っています。実際には、**猫の引率のほうがずっと楽**です。

図 1.3
作業グループでの議長の仕事は、大勢の猫を先導するのに似ている

CSS3、CSS4、そしてその他の創造物たち

CSS1はとても短くシンプルな仕様でした。1996年に、Håkon Wium LieとBert Bosによって執筆されました。仕様全体が1つのHTMLページに収まっており、A4の紙に印刷してもわずか68ページでした。

1998年に公開された**CSS2**（CSS Level 2）では、より厳密な定義が行われました。Chris LilleyとIan Jacobsという2名のSpec Editorが加わり、強力な仕様になりました。この時点で、仕様書を印刷すると480ページにも上り、1人でそのすべてを記憶するのは困難でした。

このCSSという言語は大きくなりすぎ、1つの仕様書に収めるのは困難だという結論がCSS2の公開後に導き出されました。巨大な仕様は理解するのも執筆するのも難しいだけでなく、CSS自体の進歩も妨げています。仕様が最後の段階に進むためには、**仕様に含まれるすべての機能について2つ以上の独立した実装と完全なテストが必要**だというルールを思い出してください。この条件を満たすことは、もはや非現実的でした。そこで、

CSSを複数の仕様つまりモジュールに分割し、それぞれに独自のバージョン番号が付与され改訂されていくということになりました。CSS2.1で定義されている機能を拡張したものについては、3というレベル（バージョン）番号が与えられました。主なモジュールは以下のとおりです。

- **CSS Syntax**（w3.org/TR/css-syntax-3）
- **CSS Cascading and Inheritance**（w3.org/TR/css-cascade-3）
- **CSS Color**（w3.org/TR/css3-color）
- **Selectors**（w3.org/TR/selectors）
- **CSS Backgrounds & Borders**（w3.org/TR/css3-background）
- **CSS Values and Units**（w3.org/TR/css-values-3）
- **CSS Text**（w3.org/TR/css-text-3）
- **CSS Text Decoration**（w3.org/TR/css-text-decor-3）
- **CSS Fonts**（w3.org/TR/css3-fonts）
- **CSS Basic User Interface**（w3.org/TR/css3-ui）

一方、まったく新しい概念を表すモジュールには1というレベル番号が与えられました。例えば以下のようなモジュールが定義されています。

- **CSS Transforms**（w3.org/TR/css-transforms-1）
- **Compositing and Blending**（w3.org/TR/compositing-1）
- **Filter Effects**（w3.org/TR/filter-effects-1）
- **CSS Masking**（w3.org/TR/css-masking-1）
- **CSS Flexible Box Layout**（w3.org/TR/css-flexbox-1）
- **CSS Grid Layout**（w3.org/TR/css-grid-1）

CSS 3という言葉は流行していますが、CSS3そのものを定義した仕様はどこにもありません。この点は、CSS2.1やそれ以前の仕様とは異なります。ほとんどの場合、レベル3の仕様の一部といくつかのレベル1の仕様をまとめたものがCSS3と呼ばれています。どの仕様を「CSS3」に含めるかについては、合意が形成されつつあります。しかし、それぞれのモジュールが異なるペースで進歩していくということを考慮すると、CSS3やCSS4などといった言葉を定義して意味を広く理解してもらうのはますます困難になっていくでしょう。

ベンダー接頭辞の物語

標準化プロセスには常に、大きなジレンマが伴います。実際の開発でのニーズを反映した仕様を作成するために、作業グループは開発者からの意見を求めています。しかし、一般的なWeb開発者は実運用環境で利用できない機能には興味を示しません。そこで、実験的な機能を実運用環境で広く利用できるようにしてしまうと今度はこの実験的なバージョンを保持することを迫られます。仕様を変更すると、この仕様を利用している既存のWebサイトが機能しなくなってしまうためです。初期段階の標準を試用できるというメリットが、帳消しになってしまいます。

この矛盾した状況に対する解決策は多数考えられてきましたが、いずれも完全なものではありません。誰もが忌み嫌うベンダーごとの接頭辞も、解決策の1つです。ここでの考え方は、機能の名前にベンダーごとの接頭辞（ベンダープレフィックス）をつければ、実験的な機能を（あるいはプロプライエタリな機能でさえも）実装してかまわないというものです。Firefoxでは `-moz-` 、IEでは `-ms-` 、Operaでは `-o-` 、SafariやChromeでは `-webkit-` という接頭辞が使われています。開発者はこのような接頭辞つきの機能を自由に利用でき、その結果を作業グループにフィードバックできます。このフィードバックは仕様に反映され、機能の設計は少しずつ向上するでしょう。また、最終的な標準では接頭辞なしの名前が使われるため、接頭辞つきの機能を使い続けても競合が発生することはありません。

この説明だけを聞くととてもすばらしい仕組みのように思えますが、現実は理想からかけ離れています。接頭辞つきの実験的な機能を使い始めた開発者は、以前なら込み入った一時しのぎのマークアップが必要だった機能を簡単に実現できることを知り、至る所でこのような機能を使い始めました。そして接頭辞つきの機能は、あっという間にCSSでの主流になってしまいました。チュートリアルが執筆され、StackOverflowに質問と回答が投稿され、ほぼすべての著名なCSS開発者もそこかしこで接頭辞つきの機能を使うようになりました。

既知の接頭辞つきの機能だけを使っていると、他のブラウザが同じ機能を実装するたびに宣言を追加しなければならないということに開発者たちは気づきはじめました。しかも、どの機能にどの接頭辞が必要かを常に把握しておくというのはきわめて困難です。そこで、当初からすべての接頭辞を加えた機能を記述し、保険として最後に接頭辞なしの機能も追加するということが横行するようになりました。具体的には次のようなコードが使われます。

```
-moz-border-radius: 10px;
-ms-border-radius: 10px;
-o-border-radius: 10px;
-webkit-border-radius: 10px;
border-radius: 10px;
```

この例では、 -ms-border-radius と -o-border-radius の2つは完全に無駄です。IE と Opera は初めから border-radius を接頭辞なしで実装しており、接頭辞つきのものはまったく存在しません。

すべての機能を最大5回も繰り返し記述しなければならないというのは面倒であり、保守も困難です。そこで当然のように、こういった記述を自動化できるツールが生まれました。いくつか例を紹介します。

- **CSS3, Please!**（*css3please.com*）や **pleeease**（*pleeease.io/playground.html*）などのWebサイトを利用すると、接頭辞なしのコードを元にしてすべての接頭辞を含むコードを生成できます。接頭辞を自動的に加えるための手法としてはごく初期のものです。他の方法と比べて負荷がとても高いため、現在ではあまり使われていません。

- **Autoprefixer**（*github.com/ai/autoprefixer*）は、**Can I Use…**（*caniuse.com*）のデータベースを利用して必要な接頭辞だけを追加します。プリプロセッサのように、追加はローカルで行われます。

- 筆者が作成した **-prefix-free**（*leaverou.github.io/prefixfree*）は、ブラウザ上で対象の機能の有無をチェックし、どのような接頭辞が必要かを判断します。必要な情報（プロパティのリストなども含む）はすべてブラウザから取得するため、アップデートがほとんど必要ないというメリットがあります。

- **LESS**（*lesscss.org*）や **Sass**（*sass-lang.com*）などのプリプロセッサは、デフォルトでは接頭辞の追加は行えません。しかし、頻繁に接頭辞が追加される機能については多数のミックスインが作成されており、このようなミックスインを集めたライブラリも公開されています。

LESS は「Leaner CSS」、Sass は「Syntactically Awesome Stylesheets」の略語です。

将来にわたって機能を利用し続けられるようにするために、開発者は接頭辞なしの機能を利用しがちです。しかしそうすると、一度定義された機能は変更がほぼ不可能になります。我々は中途半端な未完成の仕様に縛られ、限られた範囲の変更しか許されない状況に陥っています。**ベンダーの接頭辞という仕組みが壮大な失敗に終わった**ことは、間もなく誰の目にも明らかになるでしょう。

最近では、試験的な実装のためにベンダーの接頭辞が使われることはあまりありません。代わりに、ブラウザ上で設定を変更しないと試験的な機能を利用できないようになってきています。**ユーザーに対してブラウザの設定変更を求めるのは現実的ではない**ため、試験的な機能を実運用環境で利用することは事実上不可能になりました。これには試験的な機能が使われにくくなる側面もありますが、依然として十分な（かつ、おそらく質の高い）フィードバックを得ることができ、接頭辞にまつわる問題からは解放されます。ただし、接頭辞によって引き起こされた問題が完全に収束するには長い時間がかかるでしょう。

CSSコーディングのコツ

重複を最小限に抑える

　コードをDRYで保守しやすい状態に保つことは、ソフトウェア開発での最大の課題の1つです。これはCSSにも当てはまります。保守の容易なコンポーネントが1つだけあれば、**変更が必要になった場合に修正しなければならない箇所の数を最小にできます**。例えばあるボタンの大きさを変える際に複数のルールで10箇所も変更が必要だとしたら、変更し忘れた箇所が残ってしまう可能性があります。もしそれが他人によるコードなら、変更忘れの可能性はさらに高まります。たとえ変更点が明確だったとしても、あるいは最終的にはすべての変更点を発見できたとしても、他のことのために利用できたかもしれない時間が浪費されることになります。

　しかも、このような手間は修正の際にだけ発生するわけではありません。柔軟なCSSは一度作成すれば、ほんの少しの変更を加えるだけでさまざまなバリエーションを作成できます。上書きしなければならない値の数がとても少ないためです。例を見てみましょう。

　図1.4のボタンでは、次のCSSがスタイル指定に使われています。

```
padding: 6px 16px;
border: 1px solid #446d88;
background: #58a linear-gradient(#77a0bb, #58a);
border-radius: 4px;
box-shadow: 0 1px 5px gray;
color: white;
text-shadow: 0 -1px 1px #335166;
```

図 1.4
この節での説明の例として利用するボタン

```
font-size: 20px;
line-height: 30px;
```

　このコードには、保守のしやすさに関して修正するべき点がいくつかあります。最初に直すべきなのは、フォントに関する指定です。例えばより重要な意味を持ったボタンを作成するために、フォントサイズを変えたくなったとしましょう。この場合、行の高さも合わせて変更しなければなりません。両者がともに絶対的な値として指定されているためです。また、行の高さにはフォントサイズとの関係がありません。つまり、フォントサイズを変えたら適切な行の高さを計算しなおさなければなりません。このように、**相互依存している値については、コードの中で両者の関係を表す**ようにしましょう。上のコードでは、行の高さはフォントサイズの1.5倍です。したがって、次のようにすれば保守性を大幅に向上できます。

```
font-size: 20px;
line-height: 1.5;
```

　さて、フォントサイズについても絶対指定する必要はないことに気づかれたでしょうか。絶対指定の値は記述が容易ですが、変更が必要になるたびに代償を払わされることになります。例えば親要素でのフォントサイズを大きくしたい場合、フォント関連のルールのうち値が絶対指定されているものをすべて変更しなければなりません。パーセンテージ（下記コード参照）または em を使えば、この問題を回避できます。

図 1.5
フォントサイズを大きくしたら、値が絶対指定されている他の効果（角の丸めなど）が崩れた

```
font-size: 125%;  /* 親要素でのフォントサイズが16pxの場合 */
line-height: 1.5;
```

　こうすれば、親要素のフォントサイズが変更された場合にボタンも自動的に追従します。しかし、現状のボタンは**図1.5**のように外見が大きく変わってしまっています。いくつかの表示効果が小さいボタン向けにデザインされており、拡大されなかったためです。これらについても長さを em 単位で指定すれば、フォントサイズに合わせて伸縮するようになります。つまり、ボタンのサイズ関連のすべての値を1か所で変更できます。

```
padding: .3em .8em;
border: 1px solid #446d88;
background: #58a linear-gradient(#77a0bb, #58a);
border-radius: .2em;
box-shadow: 0 .05em .25em gray;
color: white;
text-shadow: 0 -.05em .05em #335166;
font-size: 125%;
line-height: 1.5;
```

ここではフォントサイズやその他の値を親要素でのフォントサイズに対する相対値として指定するために、**em**を指定しています。一方、ルート要素（`<html>`）でのフォントサイズに対する相対値として指定を行いたい場合も考えられます。このような場合、**em**を使って指定しようとすると面倒な計算が必要になることがあります。ここで**rem**という単位を代わりに使うと、ルート要素に対する相対値を記述できます。CSSでの相対指定の機能は便利ですが、**何に対する相対値なのか**という点については注意する必要があります。

こうすれば、ボタンは元のものを拡大したのと同じように表示されます（図 1.6）。なお、上のコードでは一部に絶対指定の値が残っています。これは、**どの長さをボタンに合わせて伸縮し、どれを固定値のまま保つべきかという判断の結果**です。具体的には、ボーダーの太さはボタンの大きさに関わらず**1px**のままであるべきと判断しました。

ただし、変更の可能性があるのはボタンの大きさだけではありません。色も変更の対象として重要です。例えば、緑色のOKボタンや赤いキャンセルボタンを作る場合について考えてみましょう。このためには、ボタンで使われる各種の色（メインの色である ■**#58a**と、これを明るくあるいは暗くしたバリエーション）を適切に変更するのに加えて、現状のコードの中で4か所（`border-color`、`background`、`box-shadow`、`text-shadow`に修正が必要です。また、白以外の背景にボタンを配置する場合についても考慮しなければなりません。■**gray**で指定した影の色が意図したとおりに表示されるのは、背景が白の場合だけです。

このような色の値の再計算は、簡単に回避できます。半透明の白または黒をメインの色に重ねることによって、より明るいまたはより暗い色を表現できます。

図 1.6
ボタンの大きさに連動して、表示効果も適切に伸縮した

TIP 半透明の白は、RGBAではなくHSLAを使って記述しています。文字数や入力の手間を減らすためです。

```
padding: .3em .8em;
border: 1px solid rgba(0,0,0,.1);
background: #58a linear-gradient(hsla(0,0%,100%,.2),
                                 transparent);
border-radius: .2em;
box-shadow: 0 .05em .25em rgba(0,0,0,.5);
color: white;
text-shadow: 0 -.05em .05em rgba(0,0,0,.5);
```

```
    font-size: 125%;
    line-height: 1.5;
```

こうすれば、下のように`background-color`を上書きするだけで別のボタンを作成できます（**図 1.7**）。

```
button.cancel {
    background-color: #c00;
}

button.ok {
    background-color: #6b0;
}
```

図 1.7
背景色を変更するだけで、さまざまなボタンを作成できる

現状でも、ボタンのコードはかなり柔軟です。しかし、コードをDRYな状態に保つために可能なことはまだあります。以下の節で、ヒントをいくつか紹介します。

保守の容易さと簡潔さの両立

保守性と簡潔さが相容れない関係になることがあります。 先ほどの例でも、最終的なコードは当初のものより大きくなりました。別の例として、左側以外に幅**10px**の太いボーダーを描画するための下のコードを見てみましょう。

```
border-width: 10px 10px 10px 0;
```

ここには宣言は1つしか記述されていません。しかし、ボーダーの太さを変更するためには3か所に修正が必要です。下のように宣言を2つに分けたほうが修正しやすく、読みやすさも向上します。

```
border-width: 10px;
border-left-width: 0;
```

currentColor

CSS Color Level 3（`w3.org/TR/css3-color`）では、例えば`lightgoldenrodyellow`のように色を表すキーワードが多数追加されましたが、これらにはあまり使い道はありません。しかし同時に、SVGが起源の`currentColor`という新しいキーワードも定義されています。これは特定の色を静的に表すのではなく、現在の`color`プロパティの値を表します。実質的に、この`currentColor`はCSSでの初めての変数です。用途はとても限られていますが、れっきとした変数です。

例として、横の区切り線（`<hr>`要素）がすべてテキストと同じ色になるようにしてみましょう。`currentColor`を使うと、次のように表現できます。

```
hr {
    height: .5em;
    background: currentColor;
}
```

最初の変数は`currentColor`ではなく、`font-size`の値を表す`em`だという意見もあります。この意味では、（面白みはありませんが）パーセンテージで表された値も変数と言えるでしょう。

既存のプロパティの多くでも、同様の効果が適用されていることに気づかれたかもしれません。例えば色を指定せずにボーダーを表示させた場合、自動的にテキストと同じ色が適用されます。実は、色に関する多くのプロパティ（`border-color`、`text-shadow`や`box-shadow`の色、`outline-color`など）でデフォルト値として`currentColor`が設定されています。

将来的に、CSSの中でネイティブに色を操作する関数が用意されたなら、`currentColor`にもバリエーションが生まれてさらに便利になるでしょう。

継承

ほとんどの開発者は`inherit`というキーワードを知っているはずですが、しばしば忘れ去られています。このキーワードはCSSのすべてのプロパティで利用でき、親要素（擬似要素では、適用対象の要素）で実際に算出された値を表します。例えばフォームの要素をページ内の他の要素と同じフォントにしたい場合、このフォントの設定を繰り返し記述する必要はありません。以下のように、`inherit`を使って記述できます。

```
input, select, button { font: inherit; }
```

同様に、ハイパーリンクのテキストの色を他の部分と揃えたい場合には次のようにします。

```
a { color: inherit; }
```

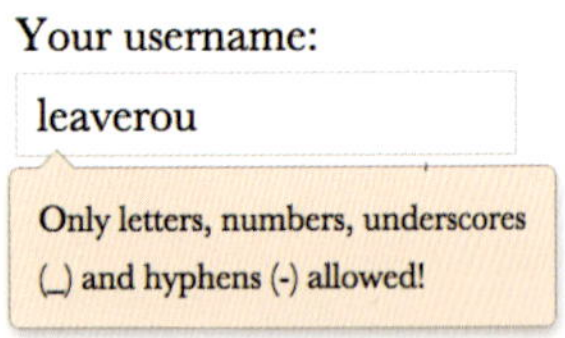

`inherit`キーワードは背景へのスタイル設定でも効果的です。例えば、（図 1.8）のような吹き出しで、突き出た部分の背景とボーダーの設定を吹き出し本体から継承できます。

図 1.8
吹き出し。突き出た部分が親要素から背景色とボーダーのスタイルを継承している

```
.callout { position: relative; }

.callout::before {
    content: "";
    position: absolute;
    top: -.4em; left: 1em;
    padding: .35em;
    background: inherit;
    border: inherit;
    border-right: 0;
    border-bottom: 0;
    transform: rotate(45deg);
}
```

図 1.9
左側の図では、茶色の四角形は正確に縦方向の中央に配置されているが、そうは見えない。一方右側では、中央よりも少し上に茶色の四角形が配置されているが、人間の眼にとってはより中央に近いものとして認識される

数字ではなく自分の眼に頼る

人間の眼は、入力装置としてはとても不完全です。正確に値を指定しても不正確な見た目になってしまうことがあり、この点を踏まえたデザインが求められます。例えば、我々の眼は縦方向の中央に配置したものをずれて認識してしまうことがよく知られています。中央にあると認識させるためには、計算上の中央よりも少し上に対象を配置する必要があります。図 1.9を自分の眼で見て、確かめてみましょう。

タイポグラフィーの世界でも、同様の錯覚が知られています。丸い形状は実際よりも小さく認識されがちであるため、Oなどの字は角張った字よりもわずかに大きく表現する必要があります。実例を図 1.10 に示します。

このような錯覚は、視覚的デザインの分野ではしばしば見られます。我々には**錯覚を考慮に入れたデザイン**が求められます。例えば、テキストを含むコンテナでのパディングはとても頻繁に使われています。ここでの問題は、テキストの量（単語1つかもしれず、複数の段落かもしれません）にかかわらず発生する点です。4つの辺で同じパディングの幅を指定すると、図 1.11のように不釣り合いな表示になってしまいます。アルファベットの横線より縦線のほうが長いため、上下のスペースが余分なパディングとして知覚されています。したがって、等しい幅に見せるためには上下のパディングを若干少なくする必要があります（図 1.12）。

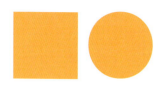

図 1.10
円は小さく見えるが、外周のボックスは左側の四角形とまったく同じ大きさである

レスポンシブWebデザイン

レスポンシブWebデザイン：RWD (Responsive Web Design)はここ数年の間に熱狂的な話題になっています。しかし、Webサイトを「レスポンシブ」にすることだけが重視され、本当のレスポンシブWebデザインとは何なのかという点に対する検討は軽んじられています。

一般的には、さまざまな解像度の下でWebサイトを表示させ、問題が生じたらメディアクエリを使って解決を試みる方式がとられています。しかし、**メディアクエリが増えると**、後でCSSに変更が必要になった場合の手間も増大します。安易にメディアクエリを追加するべきではありません。CSSを変更する場合には、すべてのメディアクエリについても必要に応じて修正を加えなければなりません。メディアクエリへのチェックは忘れられがちで、しばしばレイアウトが崩れることになります。メディアクエリを追加するたびに、CSSのコードは不安定さを増します。

ただし、メディアクエリが悪いものだというわけではありません。**正しく使えば、欠かせないツールとして役立つ**でしょう。しかし、他のすべての試みが失敗した場合や、ビューポートの状態に応じて完全にデザインを切り替えたい（例えば、サイドバーを横長に表示するなど）場合のための最終手段としてメディアクエリを位置づけるべきです。なぜなら、メディアクエリは問題の全体を解決してくれるわけではありません。メディアクエリは特定の境界値（ブレークポイント）の範囲内にしか関心がありません。コードに柔軟性がないなら、メディアクエリを使っても特定の解像度での表示が修正されるだけで、本質的な問題が覆い隠されてしまいます。

図 1.11
コンテナの四辺で同じ幅のパディング（ここでは`.5em`）を指定しても、上下のパディングは大きく感じられる

図 1.12
左右のパディングを増やす（ここでは`.3em .7em`）と、均等に見える表示を得られる

> **TIP!** メディアクエリではピクセル数の代わりに`em`を使いましょう。こうすれば、テキストの表示倍率に応じてレイアウトを変更できます。

　もちろん、**メディアクエリでの境界値は特定のデバイスではなくデザインそのものにもとづいて決定するべき**です。デバイスの種類が多すぎて（今後もさらに増えるでしょう）これらのすべてに対応するのが難しいだけでなく、デスクトップ上では任意のサイズのウィンドウでWebサイトが表示される問題もあります。そもそも、どんなサイズのビューポートでも正しく表示されるようなデザインでは、特定のデバイスが持つ特定のサイズを気にすることはないでしょう。

　P. 47の「重複を最小限に抑える」で紹介した原則も役立つでしょう。メディアクエリの中で上書きされる宣言の数を減らせば、負荷の上昇を防ぐことにもつながります。

　不必要なメディアクエリを回避するためのヒントをいくつか紹介します。

- 幅は固定値ではなくパーセンテージで指定しましょう。これが不可能な場合は、ビューポートに対する相対値を表す単位（`vw`、`vh`、`vmin`、`vmax`）を使いましょう。これらを使うと、ビューポートの幅や高さに対する比率を表現できます。
- 高い解像度のデバイス上では固定幅の表示にしたい場合、`width`の代わりに`max-width`を使いましょう。メディアクエリを使わなくても、小さな画面に対応できます。
- 置換要素（replaced element）。`img`、`object`、`video`、`iframe`など）では、`max-width`として忘れずに`100%`を指定しましょう。
- 背景画像がコンテナ全体を覆う必要がある場合、`background-size: cover`と指定するとコンテナのサイズを記述する必要がなくなります。ただし、ネットワークの帯域幅には限度があります。モバイル向けのデザインでは、CSSを使って大きな画像を縮小するのが正しいとは限りません。
- グリッドのセルの中に画像やその他の要素を配置する際には、ビューポートの幅に従って列の数が増減するようにしましょう。具体的には、Flexbox（Flexible Box Layout）や`display: inline-block;`あるいは通常のテキストの折り返しを利用します。
- 段組みを使ってテキストを配置する場合、小さな画面では1段組みで表示するようにしましょう。`column-count`ではなく`column-width`を指定します。

　大まかに言うと、**メディアクエリでのブレークポイントの前後で相対的なサイズ設定を保ち、リキッド（流動的）なレイアウトを実現しよう**というのがここでの考え方です。デザインが柔軟なら、2つか3つの簡単なメディアクエリを追加するだけでレイアウトをレスポンシブにできるでしょ

う。プロジェクト管理ソフトウェアBasecampのデザイナーは、まさにこのトピックについて2010年末に次のように語っています。

> 「多様なデバイスでレイアウトを機能させるには、完成したデザインに対してメディアクエリをいくつか追加するだけでよいのです。このためには、あらかじめレイアウトをリキッドなものにしておくことが重要です。そうすれば、小さな画面への対応が容易になります。例えば余白を削ったり、サイドバーを表示できるだけの幅がない場合にレイアウトを修正したりできます。」
>
> — **Experimenting with responsive design in Iterations** (signalvnoise.com/posts/2661-experimenting-with-responsive-design-in-iterations)

小さな（あるいは、大きな）画面への適応のために大量のメディアクエリが必要になってしまった場合には、1歩戻ってコードの構造を見直してみましょう。レスポンシブ性の欠如以外にも、きっと別の問題が見つかるでしょう。

短縮記法を賢く使う

もう知っている読者もいるかと思いますが、次の2つのコードは等価ではありません。

```
background: rebeccapurple;
```

```
background-color: rebeccapurple;
```

上のコードは短縮記法であり、必ず rebeccapurple の背景色が表示されます。一方下のコードでは、表示されるのはピンクのグラデーションかもしれず、猫の画像かもしれません。対象の要素に指定されている **background-image** の値が、引き続き有効であるためです。短縮記法を使わない場合には、この点に注意が必要です。リセットされずに残るプロパティのせいで、期待した効果が得られないことがあります。

短縮記法を一切使わずに、**すべてのプロパティを毎回記述**してもかまいません。しかしそうすると、漏れが生じる可能性があります。また、CSS作業グループが新しいプロパティを定義した場合、短縮記法を使っていない既存のコードはこの新しいプロパティをリセットできません。したがっ

て、短縮記法の利用をためらうべきではありません。特定のプロパティだけを意図的に変更したい場合（P. 47 の「重複を最小限に抑える」でのボタンの色の例を参照）を除いて、**短縮記法は安全策として優れており、今後の変化にも対応が容易**です。

　短縮ではない記法を短縮記法の補助として使うのも便利です。**background** のようにカンマ区切りのリストを指定できるプロパティで、記述をより DRY にできます。例を見てみましょう。

```
background: url(tr.png) no-repeat top right    / 2em 2em,
            url(br.png) no-repeat bottom right / 2em 2em,
            url(bl.png) no-repeat bottom left  / 2em 2em;
```

　background-size と **background-repeat** について、同じ値がそれぞれ 3 回も繰り返されています。CSS のリストでは、**1 つしか値が指定されていない場合にはその値が必要な回数だけ繰り返されます**。この仕組みを利用して、下のように繰り返される値だけを短縮ではない記法で指定します。

トリビア　変わった短縮記法の構文

先ほどの例で、短縮記法の **background** の中で **background-size** を指定する場合の記述に奇妙な点がありました。デフォルト値から変更しない場合でも **background-position** を合わせて指定しなければならず、両者の間にはスラッシュ（/）を記述する必要があります。なぜ、このような奇妙な構文が採用されたのでしょうか。

このような構文は、あいまいさを解消するために使われることがほとんどです。上のコードでは明らかに、**top right** は **background-position** を指し、**2em 2em** は **background-size** を指しています。たとえ順序が逆でも、両者は確実に識別できます。しかし、**50% 50%** と指定されていた場合はどうでしょう。これは **background-size** かもしれず、**background-position** かもしれません。ここで短縮でない記法を使えば、CSS パーサー（解析器）に意図を正しく伝えられます。一方短縮記法では、プロパティ名という手がかりなしに **50% 50%** という値の意図を解釈しなければなりません。そこで、スラッシュが必要になるのです。

ほとんどの短縮記法のプロパティでは、このようなあいまいさの問題は発生せず、任意の順序で値を記述できます。しかし、予期しない結果を招かないように、正しい構文について知っておくことは重要です。正規表現や構文解析に詳しい読者は、仕様を読んで正確な構文を調べるのがよいでしょう。順序について知るには、これが一番の方法です。

```
background: url(tr.png) top right,
            url(br.png) bottom right,
            url(bl.png) bottom left;
background-size: 2em 2em;
background-repeat: no-repeat;
```

こうすれば、`background-size` や `background-repeat` を変更したい場合に1か所を修正するだけで済みます。同様のテクニックは、本書全体を通じて何度も使われることになります。

プリプロセッサを使うべきか

LESS（*lesscss.org*）や **Sass**（*sass-lang.com*）あるいは **Stylus**（*stylus-lang.com/*）などのプリプロセッサについて聞いたことがある読者も多いでしょう。これらは、CSSを記述するための便利な機能を提供しています。例えば変数、ミックスイン、関数、入れ子構造のルール、色の操作などの機能を利用できます。

CSS単体では大規模プロジェクトでコードの柔軟性を保つのは困難ですが、プリプロセッサを適切に利用すればこれが可能になります。頑健で柔軟かつDRYなCSSを記述しようとしても、CSSの仕様自体に努力を妨げられることがあります。ただし、プリプロセッサも以下のような問題を抱えています。

- CSSの**ファイルサイズや複雑さ**をコントロールできなくなります。簡潔に記述された小さなコードが、巨大なCSSへとコンパイルされてブラウザに送りつけられるようになるかもしれません。

- ブラウザ上で解釈されたり開発者ツールに表示されたりするCSSは開発者自身が書いたものではないため、**デバッグが難しくなります**。ただし、多くのデバッガでSourceMapsがサポートされるようになれば、この問題は解消に向かうでしょう。SourceMapsとは、プリプロセッサによる処理前のCSSと処理後のCSSとの対応関係を行単位で示してくれるテクノロジーです。

- 開発のプロセスが多少**遅延**することになります。コードをCSSにコンパイルするのは高速ですが、数秒間は待たなければなりません。

- どんな種類の抽象化にも、作業を始めるための苦労が伴います。共同作業が必要になったら、利用しているプリプロセッサに習熟している人を選ぶ

か、プリプロセッサの使い方を教えてあげなければなりません。**共同作業の相手が限られるのも、トレーニングにコストを費やすのも、最適な状態ではありません。**

- 不完全な抽象化の法則（Law of Leaky Abstractions）に注意が必要です。これは、「すべての抽象化には不完全さが伴う」というものです。プリプロセッサも作成したのは人間であり、**人間が作成してきたすべてのプログラムと同様にバグはつきもの**です。CSSに関して問題が発生した場合、プリプロセッサのバグも疑わなければならないのは非常に面倒です。

これらの問題に加えて、開発者が特定のプリプロセッサに依存するようになってしまう問題もあります。たとえ小規模なプロジェクトでも、同じプリプロセッサの利用が恒常化するでしょう。主な機能がネイティブなCSSに取り込まれても、プリプロセッサが使われ続けるかもしれません。実際に、**プリプロセッサに影響を受けた機能がCSS本体に多く採用**されています。例を紹介します。

図 **1.13**
実験的なプリプロセッサ「Myth」（`myth.io`）では、プロプライエタリな構文を使わずにCSSの新しい機能を擬似的に再現できる。実質的にCSSのポリフィルとして機能する

- 変数と同様の性質を持ったカスタムプロパティが検討されており、仕様の草案が **CSS Custom Properties for Cascading Variables**（`w3.org/TR/css-variables-1`）としてすでに公開されています。

- **CSS Values & Units Level 3**（`w3.org/TR/css-values-3`）で定義されている`calc()`関数は、とても強力な計算の機能を提供します。しかも、幅広いブラウザですでに利用可能です。
- **CSS Color Level 4**（`dev.w3.org/csswg/css-color`）では、色の操作のための`color()`関数が定義されています。
- ルールの入れ子に関する真剣な議論がCSS作業グループの中で何度か行われており、Editor's Draft（ED）が作成されたこともあります。

　この種の機能がネイティブに取り入れられた場合、動的であるために**プリプロセッサによって提供される機能よりも大幅に強力**なことがよくあります。例えば、プリプロセッサには**100% - 50px**の値がいくつになるかわかりません。パーセンテージの値が実際にどの程度になるかは、ページを描画してみないとわからないためです。一方CSSのネイティブな`calc()`は、問題なくこのような数式を計算できます。また、下のように変数を利用するのもプリプロセッサには不可能です。

> このようなCSSの新しい機能は、スクリプトを使っても実現できます。例えば、JavaScriptのコードの中で変数に値を指定できます。

```
ul { --accent-color: purple; }
ol { --accent-color: rebeccapurple; }
li { background: var(--accent-color); }
```

　このコードでは、番号なしの箇条書きの背景色を■`purple`にし、番号つきの箇条書きでは背景色を■`rebeccapurple`にすることを意図しています。プリプロセッサでは、このような動的に値が決まる形式の指定は行えません。もちろん、子孫セレクタを使えば上のような指定は必要ありませんが、ここでは動的な変数の例として紹介しました。

　ここまでに述べたCSSのネイティブな機能の中には、まだ十分にサポートされていないものも多くあります。したがって、保守の容易さが求められる場合にはプリプロセッサの利用は避けられず、むしろ積極的に利用するべきです。どんなプロジェクトでもまずは純粋なCSSを使い、DRYな状態を保てなくなってきたらプリプロセッサに切り替えるという方針をおすすめします。過度にプリプロセッサに依存したり、不必要な箇所にもプリプロセッサを利用するのは避けるべきです。**プリプロセッサの導入には慎重な検討が必要**であり、単に採用すればよいというものではありません。

　万が一「メイキング」を読んでいない読者のために繰り返すと、**本書でのスタイルはSCSS言語を使って記述されています**。しかし、当初はCSSだけを使って記述されており、保守していけないほど複雑になってきた時点でSCSSに移行しました。CSSやプリプロセッサは出版にも活用できるのです。

背景とボーダー

2

1 半透明なボーダー

知っておくべきポイント
RGBAとHSLAを使った色指定

課題

　`rgba()`や`hsla()`を使って、CSSで半透明色を試してみたことがある読者も多いでしょう。これらは2009年に定義され、大きな変革をもたらしました。以前も半透明色は不可能ではありませんでしたが、一時しのぎの代替案やシム（shim）あるいはIEのフィルターを使った格好悪いハックなどが必要でした。なお、半透明色は背景色として指定されることがほとんどでした。これにはいくつか理由があります。

- いち早く半透明色を利用した開発者は、その形式が ■`#ff0066` や ■`orange` などの通常の色と同じだことを認識していませんでした。そのため、半透明色を画像と同様に扱い、もっぱら背景に利用していました。
- 他のプロパティと比べて、背景色は代替案を用意するのがとても簡単でした。例えば、大きさが`1px`の半透明の画像を用意すれば、半透明の背景色を代替できます。他のプロパティでは、不透明な色で塗りつぶすくらいしか代替案がありませんでした。
- 他のプロパティ（ボーダーなど）で半透明色を指定するのが困難な場合がありました。詳しくは後ほど解説します。

図 2.1

24ways.orgは2008年の時点で、いち早くデザインに半透明色を取り入れていた。ただし、半透明色はもっぱら背景で利用された。デザイン：Tim Van Damme

　白の背景色が設定されたコンテナ要素に対して、半透明の白のボーダーを指定し、本文の背景が透けて見えるようにしてみましょう。まずは下のようなコードを作成した読者もいるのではないでしょうか。

```
border: 10px solid hsla(0,0%,100%,.5);
background: white;
```

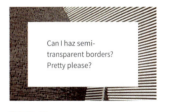

図 2.2

半透明のボーダーを作成する最初の試み

　背景とボーダーについてよく理解していない読者は、このコードの表示結果（図 2.2）に納得がいかないことでしょう。ボーダーに半透明色を指定したら、半透明のボーダーが表示されるべきです。ボーダーはどこに行ってしまったのでしょうか。

解決策

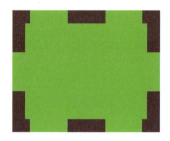

図 2.3
デフォルトでは、背景はボーダーの領域に入り込む

表示されていないようにも見えますが、ボーダーはきちんと存在します。デフォルトでは、背景にはボーダーの領域も含まれます。背景が指定されている要素に対して、昔ながらの破線のボーダーを指定すれば、このことがよくわかります（図 2.3）。不透明な単色のボーダーでは問題にはなりませんが、今回のような例ではデザインが大きく変化してしまいます。本文の素敵な背景を見せるために半透明のボーダーを指定したのですが、実際には白いコンテナの背景に重ねて半透明の白でボーダーが描画されてしまいました。不透明な白でボーダーを表示するのとほとんど変わりありません。

CSS 2.1 では、背景の仕組みはまさにこのとおりで、我々は仕様を受け入れ仕様に沿って開発するしかありませんでした。しかし Backgrounds & Borders Level 3（`w3.org/TR/css3-background`）では、必要に応じてふるまいを変更できるようになりました。ここでは `background-clip` プロパティが使われます。初期値は `border-box` で、要素のボーダーまでが背景になります。背景とボーダーが重ならないようにするには、このプロパティに `padding-box` という値を指定します。例えば下のようにすると、背景はボーダーの内周までになります。

図 2.4
`background-clip` による、期待どおりの表示

```
border: 10px solid hsla(0,0%,100%,.5);
background: white;
background-clip: padding-box;
```

図 2.4 のように、意図したとおりの表示が行われます。

▶ PLAY! play.csssecrets.io/translucent-borders

■ CSS Backgrounds & Borders
w3.org/TR/css-backgrounds

関連仕様

複数のボーダー

知っておくべきポイント
基本的な **box-shadow** の使い方

課題

　Backgrounds & Borders Level 3（*w3.org/TR/css3-background*）がまだ草案だった頃に、CSS作業グループでは背景画像と同じように複数のボーダーを認めるかどうかについて議論が続いていました。しかし当時の結論は、十分な数のユースケースがまだないというものでした。そして開発者は、**border-image** を使って同じ効果を得るように強いられていました。開発者はCSSのコードの中でボーダーを調整できることを望んでいましたが、CSS作業グループはこの点を軽視していました。その結果、複数の要素を使って複数のボーダーを擬似的に再現するといったみにくいハックが横行しました。ただし、このように無駄な要素に頼ってマークアップを汚さなくても、同等の効果を得る方法があります。

box-shadow を使った解決策

　ほとんどの読者は、**box-shadow** を利用（あるいは多用）して影を表示したことがあるでしょう。しかし、このプロパティに4つ目のパラメーターを記述して「拡散半径」を指定できることはほとんど知られていません。正の値を指定すると影が広がり、負の値では影も狭まります。オ

フセットとぼかしの半径をゼロにし、拡散半径として正の値を指定すると、影ではあるけれども実線のボーダーのように見える表示を得られます（**図 2.5**）。

```
background: yellowgreen;
box-shadow: 0 0 0 10px #655;
```

border プロパティを使っても同等のボーダーを表示できるため、上のコード自体にはさほど意味はありません。しかし、**box-shadow** には**値をカンマ区切りで何個でも指定できる**というメリットがあります。例えば次のように、2つ目の ■ **deeppink** の「ボーダー」を簡単に追加できます。

```
background: yellowgreen;
box-shadow: 0 0 0 10px #655, 0 0 0 15px deeppink;
```

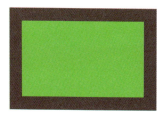

図 2.5
box-shadow を使ってアウトラインを再現する

このように複数の値を指定する場合、それぞれの影は重なって表示され、最初に指定されたものが最も手前に表示されるという点に注意が必要です。つまり、拡散半径の値は重なりを意識して指定しなければなりません。上のコードでは、外側のボーダーの幅を **5px** にしたかったので、内側のボーダーの幅つまり **10px** に **5px** を加えた **15px** を拡散半径として指定しました。必要なら、これらのボーダーに続けて通常の影を指定することもできます。例えば次のようにします。

```
background: yellowgreen;
box-shadow: 0 0 0 10px #655,
            0 0 0 15px deeppink,
            0 2px 5px 15px rgba(0,0,0,.6);
```

図 2.6
box-shadow を使って2つのボーダーを再現する

図 2.7
ボーダーに続けて通常の影を追加する

このように **box-shadow** を使った解決策はほとんどの場合でうまく機能しますが、いくつか問題点もあります。

- 影は完全にボーダーと同じというわけではありません。例えば、影はレイアウトに影響を与えず、**box-sizing** プロパティの設定は無視されます。ただし、パディングやマージン（どちらを使うかは、影が内側と外側のどちらに表示されるかによります）を適切に指定すれば、ほぼボーダーと同様に影を表示できます。

- 以上のコードでは、**要素の外側**に擬似的なボーダーを表示しているにすぎません。このボーダーの部分では、ホバーやクリックなどのマウスイベントは発生しません。イベントを発生させたい場合には、`inset`キーワードを指定して影が**要素の内側**に描かれるようにします。なお、適切な余白を得るためには追加のパディングが必要です。

▶ PLAY!　play.csssecrets.io/multiple-borders

アウトラインを使った解決策

　ボーダーが2本だけ必要という場合には、通常のボーダーと`outline`プロパティによるアウトライン（こちらが外側に表示されます）を組み合わせるという方法もあります。`box-shadow`を使う場合は実線のボーダーしか表示できませんでしたが、アウトラインを使えばより柔軟にスタイルを指定でき、破線も表示できます。図2.6のボーダーは、`outline`を使うと次のように記述できます。

図2.8
`outline-offset`に負の値を指定して破線のアウトラインを表示すると、簡単な縫い目のような表示を得られる

```
background: yellowgreen;
border: 10px solid #655;
outline: 15px solid deeppink;
```

　アウトラインには、`outline-offset`を使って要素からの距離を指定できるというメリットもあります。負の距離も指定できます。これを活用すると、さまざまな表現が可能になります。例えば図2.8では、縫い目のようなボーダーが表示されています。

　ただし、アウトラインにも制約はあります。

図2.9
`outline`プロパティを使って表示したボーダーでは、角丸が考慮されない。ただし、今後この挙動が変更される可能性もある

- 先ほどにも述べたように、ボーダーは2つまでしか表示できません。`outline`では複数の値は指定できません。3つ以上のボーダーが必要な場合は、`box-shadow`以外に方法はありません。
- アウトラインでは角丸（`border-radius`）が考慮されません。図2.9のように、丸めが指定されていてもアウトラインは直角の四角形として描画されます。ただし、このふるまいはCSS作業グループもバグとして認識しており、将来的には正しく`border-radius`を参照するようになるでしょう。
- **CSS User Interface Level 3 specification**（`w3.org/TR/css3-ui`）では、アウトラインの表示は四角形とは限らないとされています。ほとんど

の場合には四角形が表示されると思われますが、アウトラインを使う場合には各種のブラウザで十分にテストを行うようにしましょう。

- **CSS Backgrounds & Borders**
  w3.org/TR/css-backgrounds
- **CSS Basic User Interface**
  w3.org/TR/css3-ui

関連仕様

3 柔軟な背景の位置指定

図 2.10
画像は端から間隔を空けずに配置されるため、**background-position: bottom right;** による表示は美しくないことがある

課題

背景画像を配置する際に、左上以外の隅（例えば右下など）からのオフセットを指定したいことがよくあります。CSS2.1では、左上からのオフセットか、その他の隅を表すキーワードしか指定できませんでした（**図 2.10**）。のような表示を避けるために、左上以外の隅についてもパディングのような余白を指定できることが望まれていました。

コンテナ要素の大きさが固定の場合、面倒ですが回避策はあります。望む位置に画像を配置した場合の左上からのオフセットを、自分で計算して指定するという方法があります。ただし、中にコンテンツが含まれるなどの理由で大きさを決定できないコンテナ要素では、この方法は利用できません。そこで、100%よりも少し小さい値（95%など）が **background-position** としてしばしば指定されています。近年のCSSには、よりよい方法が用意されています。

background-position 拡張を使った解決策

CSS Backgrounds & Borders Level 3（*w3.org/TR/css3-background*）では **background-position** プロパティが拡張され、**すべての隅からのオフセットを指定できる**ようになりました。ここではキーワードに続けてオフセットを記述します。例えば、右端から **20px** 下端から **10px** の位置に背景画像を表示させたい場合には、次のように指定します。

```
background: url(code-pirate.svg) no-repeat #58a;
background-position: right 20px bottom 10px;
```

表示は**図 2.11**のようになります。ただし、適切な代替案も用意する必要があります。現状では、この拡張された構文をサポートしていないブラウザを使うと、上のように指定された背景画像は左上隅に表示されます。期待する結果を得られないだけでなく、**図 2.12**のようにテキストが読めなくなってしまうこともあります。ここでの代替案とは、短縮記法である`background`プロパティの中で従来からの`bottom right`を指定するという方法です。具体的には次のように記述します。

```
background: url(code-pirate.svg)
            no-repeat bottom right #58a;
background-position: right 20px bottom 10px;
```

図 2.11

左上以外の隅からのオフセットを指定した表示。オフセットの効果を示すために、背景画像の周囲に破線を表示した

▶ **PLAY!** play.csssecrets.io/**extended-bg-position**

図 2.12

古いブラウザでこのような表示になってしまうのを避けるために、代替案も合わせて提供する必要がある

background-originを使った解決策

コンテンツのパディングに合わせて背景画像も表示したいというのが、隅からのオフセットが必要とされる主な理由です。拡張された`background-position`の構文を使うと、コードは次のようになります。

```
padding: 10px;
background: url(code-pirate.svg) no-repeat #58a;
background-position: right 10px bottom 10px;
```

図 2.13

背景画像のオフセットとして、パディングと同じ値を指定する

図 2.13がその表示結果です。確かに期待どおりの表示ですが、あまりDRYとは言えません。パディングの値を変更しようと思ったら、3か所も修正して同じ値を指定しなければなりません。しかし、この問題へのシン

プルな解決策が用意されています。オフセットの値を繰り返し指定しなくても、パディングの値に追従した表示が自動的に行われるようになります。

あなたは今までに、`background-position: top left;`のようなコードを何度も記述してきたことでしょう。その際に、「左上隅とはどこのことか？」と疑問に思ったことはないでしょうか。すでに知っている読者もいると思いますが、すべての要素にはボーダーボックス、パディングボックスそしてコンテンツボックスという3つのボックスがあります（**図 2.14**）。`background-position`の基点は、どのボックスの隅でしょうか。

図 2.14
ボックスモデル

デフォルトでは、`background-position`はパディングボックスの隅を原点として指定されます。そのため、ボーダーが背景画像の上に重なってしまうことはありません。一方、**Backgrounds & Borders Level 3**（`w3.org/TR/css3-background`）ではこのふるまいを変えるために`background-origin`というプロパティが導入されました。もちろん、デフォルト値は`padding-box`です。これを下のように`content-box`に変更すると、位置を表すキーワードがコンテンツボックスの各辺を意味するようになります。その結果、背景画像にパディングと同じ幅のオフセットが設定されたような表示になります。

```
padding: 10px;
background: url("code-pirate.svg") no-repeat #58a
            bottom right; /* または100% 100% */
background-origin: content-box;
```

こうすることによって、**図 2.13**と同等の表示をDRYなコードで記述できました。`background-origin`と`background-position`を組み合わせるというのも可能です。つまり、パディングの値を基準としてさらにオフセットを指定できます。

▶ PLAY!　play.csssecrets.io/background-origin

calc()を使った解決策

当初の課題は、右から**20px**下から**10px**の位置に背景画像を配置することでした。これを左上からのオフセットとして解釈すると、左から**100% - 20px**で上からは**100% - 10px**と表せます。**calc()**関数にはこのような数式を指定でき、下のように**background-position**との組み合わせも可能です。

```
background: url("code-pirate.svg") no-repeat;
background-position: calc(100% - 20px) calc(100% - 10px);
```

> **!** **calc()**では、**+**と**-**の演算子の前後に必ず空白文字を記述する必要があります。こうしないと、正しい数式として解釈されません。この一見奇妙な約束事は、将来的な互換性のために定められました。今後の仕様では、**calc()**の中でハイフン（**-**）を含むキーワードを指定できるようになるかもしれないためです。

▶ **PLAY!** play.csssecrets.io/background-position-calc

関連仕様
- CSS Backgrounds & Borders
  w3.org/TR/css-backgrounds
- CSS Values & Units
  w3.org/TR/css-values

4 角の内側を丸める

知っておくべきポイント
box-shadow, outline, P. 66 の「複数のボーダー」

図 2.15
角の内側だけが丸められたアウトラインを持つコンテナ要素

課題

図 **2.15** のように、ボーダーやアウトラインの外側は直角のままで、内側だけを丸めたいというケースが考えられます。これは興味深い表示で、まだあまり使われていません。次のように要素を 2 つ追加すれば、望む表示を得られます。

```html
<div class="something-meaningful"><div>
    I have a nice subtle inner rounding,
    don't I look pretty?
</div></div>
```

```css
.something-meaningful {
    background: #655;
    padding: .8em;
}
```

2章：背景とボーダー

```css
.something-meaningful > div {
    background: tan;
    border-radius: .8em;
    padding: 1em;
}
```

これでも確かにうまく表示されますが、本質的に要素は1つあれば十分なのに2つ目の要素が必要になってしまいます。1つの要素だけで同じ表示を得られないでしょうか。

解決策

上のコードには、背景関連の機能をフルに活用できるというメリットがあります。例えば、「ボーダー」を単色ではなくざらざらしたテクスチャーとともに表示したいといった場合にも簡単に適応できます。しかし、単色でよいという場合には（ハックじみていますが）1つの要素だけで済む方法があります。

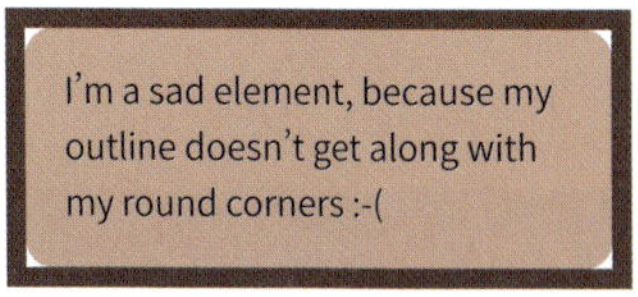

図 2.16
丸められた outline 要素

```css
background: tan;
border-radius: .8em;
padding: 1em;
box-shadow: 0 0 0 .6em #655;
outline: .6em solid #655;
```

これだけで、図 2.15 と同じ表示を得られます。ここでは、アウトラインは要素の丸めを無視する（つまり、直角に表示される）けれども box-shadow では無視されないという性質が活用されています。両者をともに指定すると、アウトラインだけを表示した場合（図 2.16）のすき間が box-shadow（図 2.17）によって埋められ、角の内側だけを丸めたような表示効果が発生します。説明のため、box-shadow の色を変えたものを図 2.18 に示します。

!「ハックじみている」と述べたのには理由があります。**アウトラインでは角の丸めが行われないという性質**が、今後も継続するとは限らないためです。現在の仕様では、アウトラインの描画に関してブラウザにかなりの自由が与えられています。しかし、**丸めの指定を尊重した描画を推奨するべきだという議論が最近のCSS作業グループで行われています**。ブラウザがこの方針に従うかどうかは、今後明らかになるでしょう。

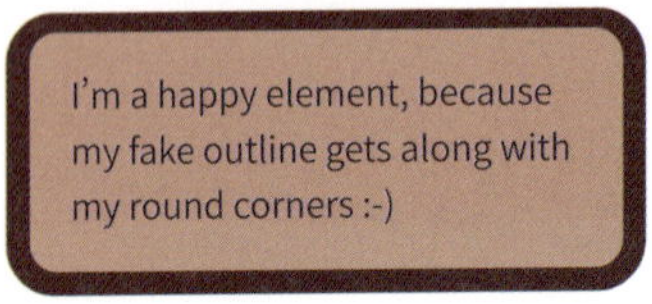

`box-shadow`の広がりをアウトラインの幅と一致させる必要はありません。図 2.16で示されたすき間を埋められれば十分です。実際、両者の値が等しい場合に一部のブラウザで描画上の問題が発生することがあります。`box-shadow`の広がりはアウトラインの幅よりも少し小さい値にすることをおすすめします。**すき間を埋めるために必要な最小の値はどの程度になるか**、考えてみましょう。

ここで必要になるのは、読者も習ったはずのピタゴラスの定理です。この定理は直角三角形の辺の長さを求めるために使われます。直角をはさむ2辺の長さを a と b であるとすると、もう1つの辺つまり斜辺の長さは $\sqrt{a^2 + b^2}$ になります。今回の例では a と b が等しいため、斜辺の長さは $\sqrt{2a^2}$ つまり $a\sqrt{2}$ です。

中学生の数学と角の丸めに何の関係があるのかと思われたかもしれません。その答えは図 2.19にあります。ここでの斜辺の長さと円の半径（直角をはさむ辺）の差が、影の広がりの最小値を表しています。先ほどのコードで`border-radius`は`.8em`と指定されているため、この最小値は $0.8\sqrt{2} - 0.8 = 0.8(\sqrt{2} - 1) \approx 0.33137085$ となります。つまり、この値の端数を切り上げた`.34em`を指定すればすき間を埋められます。毎回このような計算をするのは面倒だという読者は、単純に丸めの半径を0.5倍した値を指定してもよいでしょう。$\sqrt{2} - 1 < 0.5$ であるため、すき間は必ず埋まります。

以上の数式から、**今回の手法でのもう1つの制約**が明らかになります。`border-radius`の値を r とすると、影の広がりは $(\sqrt{2} - 1)r$ 以上かつアウトラインの幅以下でなければなりません。つまり、アウトラインの幅が $(\sqrt{2} - 1)r$ より小さい場合には、ここで紹介した手法は適用できません。

▶ **PLAY!** play.csssecrets.io/inner-rounding

図 **2.17**
丸められた要素に対して、オフセットもぼかしもない影を指定する

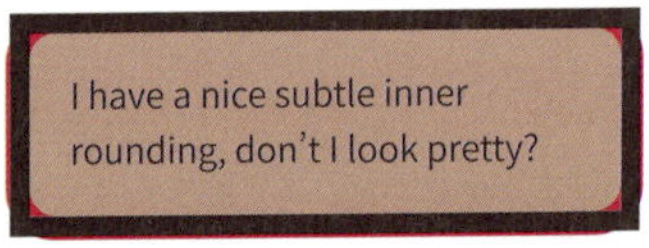

図 **2.18**
描画内容をわかりやすくするために、影の色を`magenta`に変えた場合の表示。アウトラインが手前側に描画されている

図 **2.19**
`border-radius`を r とすると、円の中心からアウトラインの内側の隅までの距離は $r\sqrt{2}$ である。つまり、影の広がりとして $r\sqrt{2} - r = (\sqrt{2} - 1)r$ 以上の値を指定すればすき間は埋まる

- **CSS Backgrounds & Borders**
  w3.org/TR/css-backgrounds
- **CSS Basic User Interface**
  w3.org/TR/css3-ui

関連仕様

5 ストライプ模様の背景

> **知っておくべきポイント**
> 線形グラデーション、background-size

課題

Webに限らずどんな視覚的デザインでも、さまざまなサイズや色そして傾きを持ったストライプ模様が見られます。雑誌から壁紙に至るまで、ストライプは幅広く使われています。しかし、Web上でストライプを実現するための方法は理想からは程遠いものです。通常はビットマップ画像が使われ、変更のたびに画像編集ソフトウェアが必要になります。ビットマップの代わりにSVGが使われることもありますが、これも別個のファイルとして記述する必要があり、構文も非常に複雑です。CSSだけを使ってストライプを記述できたら、非常に便利です。このための方法を知った読者はきっと驚くでしょう。

図 2.20
作業の基礎となるグラデーション

解決策

図 2.20 のように、■ #fb3 から ■ #58a へと変化する縦方向のシンプルな線形グラデーションをまず用意します。コードは以下のとおりです。

```
background: linear-gradient(#fb3, #58a);
```

次に、下のようにカラーストップの位置を少し近づけます（図 2.21）

```
background: linear-gradient(#fb3 20%, #58a 80%);
```

ここで、コンテナ要素のうち上から 20 ％は ■ #fb3 の単色で表示され、下から 20 ％は ■ #58a の単色になります。残る 60 ％の領域で、グラデーションが表示されます。カラーストップの位置をさらに近づけると、グラデーションの範囲はさらに狭くなります。それぞれ 40 ％と 60 ％を指定した場合の表示が図 2.22 です。さて、下のように 2 つのカラーストップがまったく同じ位置に指定された場合はどう表示されるでしょうか。

```
background: linear-gradient(#fb3 50%, #58a 50%);
```

> 複数のカラーストップが同じ位置に指定された場合、最初に指定された色から最後に指定された色への極小幅のグラデーションが生成されます。つまり実質的には、2 つの色はスムーズに変化するのではなく急に変化するように表示されます。
>
> — **CSS Image Values Level 3** (*w3.org/TR/css3-images*)

図 2.23 に示すように、この表示はもはやグラデーションではありません。2 つの単色表示が背景の半分ずつを占めています。これは横方向の大きなストライプと言えます。

このグラデーションは背景画像と同等に扱えます。例えば `background-size` を使ってサイズの変更が可能です。

```
background: linear-gradient(#fb3 50%, #58a 50%);
background-size: 100% 30px;
```

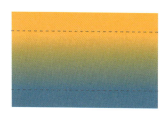

図 2.21
グラデーションは全体の 60 ％になり、残りの部分は単色で表示される。破線はカラーストップの位置を表す

図 2.22
グラデーションの表示は 20 ％だけになり、残りはすべて単色で表示される。破線はカラーストップの位置を表す

図 2.23
2 つのカラーストップをともに 50 ％の位置に指定した場合の表示

図 2.24
高さを指定して生成された背景（繰り返しなし）

上のように指定すると、それぞれのストライプの幅が**15px**になります（**図 2.24**）。背景画像は繰り返し表示されるため、**図 2.25**のようにコンテナ要素全体にストライプが表示されます。

カラーストップの位置を変えると、幅の異なるストライプを生成できます（**図 2.26**）。

```
background: linear-gradient(#fb3 30%, #58a 30%);
background-size: 100% 30px;
```

図 2.25
横方向のストライプの完成

同じカラーストップの値を繰り返し記述する必要はありません。仕様では次のように定義されています。

> あるカラーストップの位置の値が以前のカラーストップよりも小さい場合、以前のカラーストップの中で最も大きい値が指定されていると見なされます。
>
> — CSS Images Level 3 (w3.org/TR/css3-images)

つまり、2つ目の色のカラーストップをゼロに指定すると、1つ目と一致するように位置が調整され、結果として望む表示を得られます。このふるまいを利用して、下のようにコードを記述すると**図 2.26**と同じ表示になり、しかもDRY度が増します。

```
background: linear-gradient(#fb3 30%, #58a 0);
background-size: 100% 30px;
```

図 2.26
色ごとに幅が異なるストライプ

3色以上のストライプも、次のコードのように簡単に作成できます（**図 2.27**）。

```
background: linear-gradient(#fb3 33.3%,
            #58a 0, #58a 66.6%, yellowgreen 0);
background-size: 100% 45px;
```

図 2.27
3色のストライプ

▶ **PLAY!** play.csssecrets.io/horizontal-stripes

縦のストライプ

　横のストライプは記述が簡単ですが、世の中のストライプはこれだけではありません。図 2.28 のように縦のストライプもあり、最も広く使われており視覚的に興味深い斜めのストライプもあります。CSSはこれらのストライプも生成できます。難易度はそれぞれ異なります。

　縦のストライプのためのコードは先ほどとほとんど同じですが、グラデーションの方向を表すパラメーター（**to right** というキーワード）が1つ追加されています。横のストライプでも方向（**to bottom**）を指定できますが、デフォルト値なのであえて指定する必要はありません。もちろん、**background-size** の値も適切に変更する必要があります。

```
background: linear-gradient(to right, /* or 90deg */
            #fb3 50%, #58a 0);
background-size: 30px 100%;
```

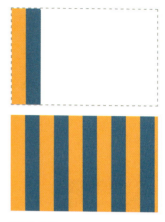

図 2.28
縦のストライプ
上：繰り返しなし
下：繰り返しあり

▶ **PLAY!** play.csssecrets.io/vertical-stripes

斜めのストライプ

　横と縦のストライプを生成できたので、次は斜め（45度）のストライプに取り組んでみましょう。次のように、**background-size** とグラデーションの方向を指定すればよいと思われたかもしれません。

```
background: linear-gradient(45deg,
            #fb3 50%, #58a 0);
background-size: 30px 30px;
```

図 2.29
誤った斜めのストライプ

　しかし、上のコードは図 2.29 のように表示されてしまい、うまく機能しません。失敗の理由は、グラデーションの単位となるタイルを個別に回転しており、背景全体が回転しているわけではないという点にあります。通常のストライプ（図 2.30）がどのようになっているか思い出してみましょう。タイルが連続して表示されるようにするには、1つのタイルの中に4つのストライプを指定しなければなりません。CSSを使ってこのようなストライプを表現するには、かなり多くのカラーストップが必要です。

図 2.30
見慣れた斜めのストライプ。タイルがシームレスにつながっている

シークレット5：ストライプ模様の背景

図 2.31
45度のストライプ。破線は1つのタイルを表す

```
background: linear-gradient(45deg,
            #fb3 25%, #58a 0, #58a 50%,
            #fb3 0, #fb3 75%, #58a 0);
background-size: 30px 30px;
```

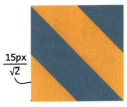

図 2.32
background-size が 30px の場合、ストライプの幅は
$\frac{15}{\sqrt{2}} px \approx 10.606601718$ px になる

このコードは**図 2.31**のように表示されます。確かに斜めのストライプになっていますが、横や縦の場合よりも細いストライプです。この理由を理解するには、直角三角形の辺の長さを求めるのに使われるピタゴラスの定理を思い出す必要があります。直角三角形の斜辺（最も長い辺）の長さは、他の2つの辺を a と b とした場合に $\sqrt{a^2 + b^2}$ です。直角二等辺三角形では a と b が等しいため、斜辺の長さは $\sqrt{2a^2} = a\sqrt{2}$ になります。上の例に当てはめると、**background-size** は斜辺の長さに対応しますが、ストライプの幅は直角をはさむ辺に対応します。図に表すと**図 2.32**のようになります。

つまり、ストライプの幅を **15px** にしたい場合、**background-size** は $2 \times 15\sqrt{2} \approx 42.426406871$ を指定すればよいという結論になります。CSSは以下のとおりです。

```
background: linear-gradient(45deg,
            #fb3 25%, #58a 0, #58a 50%,
            #fb3 0, #fb3 75%, #58a 0);
background-size: 42.426406871px 42.426406871px;
```

図 2.33
最終的な 45度のストライプ。縦や横のストライプと同じ幅になっている

最終的な表示は**図 2.33**のようになります。ただし、銃を持ったギャングに「幅がぴったり **15px** のストライプを作らないと命はないぞ」と脅されているのでもない限り、半端な数字は切り捨てて **42.4px** またはシンプルに **42px** にすることを強くおすすめします。ちなみに $\sqrt{2}$ は有限小数ではないため、CSS上でこの値を正確に表現するのは不可能です。したがって、このような要求を受けた読者はいずれにせよ殺されることになると思われます。

▶ **PLAY!** play.csssecrets.io/diagonal-stripes

よりよい斜めのストライプ

　上に示した斜めのストライプは、実はあまり柔軟ではありません。例えば、45度ではなく60度や30度あるいは3.1415926535度傾いたストライプが必要とします。グラデーションの角度だけを変更すると、**図 2.34**（60度の場合）のようにひどい結果になってしまいます。

　実は、斜めのストライプを生成するためのよりよい方法があります。`linear-gradient()` や `radial-gradient()` にも、繰り返し表示するための `repeating-linear-gradient()` と `repeating-radial-gradient()` というバージョンがあるというこはあまり知られていません。これらを使うと、端に到達するまでカラーストップが繰り返されます。つまり、下の2つのコードはともに**図 2.35**のように表示されます。

図 2.34

60度のストライプを作ろうという安直な試み。失敗

```
background: repeating-linear-gradient(45deg,
            #fb3, #58a 30px);
```

```
background: linear-gradient(45deg,
            #fb3, #58a 30px,
            #fb3 30px, #58a 60px,
            #fb3 60px, #58a 90px,
            #fb3 90px, #58a 120px,
            #fb3 120px, #58a 150px, ...);
```

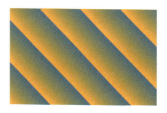

図 2.35

繰り返しの線形グラデーション

　繰り返しの線形グラデーションは、ストライプにぴったりです。何度でも繰り返されるため、背景全体を簡単にストライプにできます。タイルについて考える必要もありません。

　例えば、**図 2.33**で作成したストライプは、繰り返しのグラデーションを使って次のように記述できます。

```
background: repeating-linear-gradient(45deg,
            #fb3, #fb3 15px, #58a 0, #58a 30px);
```

　このコードには、カラーストップの数を減らせるという明らかなメリットがあります。色を変更したくなった場合に、修正が必要な箇所が3つから2つになりました。また、ストライプの幅が `background-size` ではなくカラーストップの位置として表現されています。`background-size` に

相当するのは最初のカラーストップまでの距離で、つまりグラデーションの幅を表します。しかも、この長さはグラデーションの方向（ストライプと直交します）に沿っています。したがって、ストライプの幅をカラーストップの位置として直接指定すればよく、面倒な$\sqrt{2}$を使った計算が不要になります。

さらに大きなメリットもあります。任意の角度を指定でき、どうやってタイルを連続させるか悩む必要もありません。下のコードと図 2.36 は 60 度のストライプの例です。

図 2.36
60度のストライプ

```
background: repeating-linear-gradient(60deg,
            #fb3, #fb3 15px, #58a 0, #58a 30px);
```

先ほどのコードとの違いは角度だけです。どんな角度でも、4つのカラーストップを指定するだけで2色のストライプを表現できます。横または縦のストライプでは linear-gradient を使い、斜めのストライプでは repeating-linear-gradient を使うのがよいでしょう。45度の場合は、下のように両者のアプローチを組み合わせることによってカラーストップを減らせます。

FUTURE　2つの位置を持つカラーストップ

CSS Image Values Level 4 (w3.org/TR/css4-images) に採用が予定されているシンプルな変更の中に、1つのカラーストップに複数の位置を指定できるようにするという項目が含まれています。グラデーションを使ったパターンでは、位置は異なるけれども同じ色のカラーストップを2つ続けて指定することがよくあります。このような**カラーストップのための短縮記法**として、今回の変更が提案されています。例えば、斜めのストライプを表す図 2.36 のコードは次のように書き換えられます。

```
background: repeating-linear-gradient(60deg, #fb3 0 15px, #58a 0 30px);
```

このコードは、とても簡潔でしかも DRY です。それぞれの色を重複して指定する必要がなくなり、変更したい場合に1か所修正するだけで済みます。ただし、本書執筆時点ではこの記法に対応したブラウザはありません。

TEST!　play.csssecrets.io/test-color-stop-2positions

```
background: repeating-linear-gradient(45deg,
            #fb3 0, #fb3 25%, #58a 0, #58a 50%);
background-size: 42.426406871px 42.426406871px;
```

> ▶ **PLAY!** play.csssecrets.io/diagonal-stripes-60deg

似た色のストライプを柔軟に指定する

まったく異なる色のストライプもありますが、同じ色で明るさだけが異なるというストライプも見られます。例えば、次のようなストライプについて考えてみましょう。

```
background: repeating-linear-gradient(30deg,
            #79b, #79b 15px, #58a 0, #58a 30px);
```

表示結果は図 2.37 のようになります。■ **#58a** という1つの色と、これを少し明るくした色とのストライプになっています。しかし、コードを見ただけではどちらがどの色かを理解するのは簡単ではありません。また、元の色を変更すると（2つの色の対応関係を保つためには）合計4か所の変更が必要になります。

これらの問題を解決する方法はあります。ストライプの中でそれぞれの色を指定する代わりに、暗いほうの色を背景色にし、これに半透明の白のストライプを重ねます。

図 **2.37**
明るさだけが異なる2色のストライプ

```
background: #58a;
background-image: repeating-linear-gradient(30deg,
                  hsla(0,0%,100%,.1),
                  hsla(0,0%,100%,.1) 15px,
                  transparent 0, transparent 30px);
```

こうすると図 2.37 とまったく同じように表示され、しかも色の変更は1か所だけで済みます。また、CSSグラデーションに対応していないブラウザでは背景色だけが代替として表示されます。次のシークレットでは、

透明色を含むストライプを重ね合わせることによってさらに複雑なパターンを生成します。

▶ PLAY! play.csssecrets.io/subtle-stripes

関連仕様

- **CSS Image Values**
  w3.org/TR/css-images
- **CSS Backgrounds & Borders**
  w3.org/TR/css-backgrounds
- **CSS Image Values Level 4**
  w3.org/TR/css4-images

# 複雑な背景のパターン

知っておくべきポイント
CSSグラデーション、P. 78の「ストライプ模様の背景」

課題

P. 78の「ストライプ模様の背景」では、CSSグラデーションを使ってさまざまなストライプを作成しました。しかし、背景のパターンはストライプだけではなく、幾何学的なパターンにもさまざまなものがあります。例えば格子、水玉、市松模様などがよく使われます。

CSSグラデーションを使うと、これらの多くを生成できます。あまり**実用的ではないものもありますが、ほとんどの幾何学的なパターンはCSSグラデーションを使って実現**できます。ただし、不注意に作成すると、保守の困難なコードが大量に生まれてしまうこともあります。複雑さが増すたびに、コードのDRYさは減少します。CSSを使ってパターンを生成する際には、**Sass**(*sass-lang.com*) などのプリプロセッサを使い、繰り返しの回数を減らすのがよいでしょう。

このシークレットでは、比較的作りやすく利用頻度も高いと思われるものをいくつか紹介します。

図 **2.38**

筆者による **CSS3 Patterns Gallery**（`lea.verou.me/css3patterns`）では、2011年の時点でのCSSグラデーションを使って実現できたデザインを多数紹介している。その後2012年にかけて、CSSグラデーションに関するほぼすべての記事や書籍、講演などでこのサイトが紹介された。一部のブラウザベンダーも、自らのCSSグラデーションの実装を微調整するためにこのサイトでの例を利用した。ただし、ここで紹介されているパターンの中には実運用に適さないものもある。CSSグラデーションを使えば可能であることを示すだけのために、極端に長く繰り返しの多いコードが使われることもある。これらについては、SVGを使って実現することが望ましい。SVGでのパターンについては、いわばCSS Patterns Gallery の SVG 版 である、**SVG Patterns Gallery**（`philbit.com/svgpatterns`）を参照するとよいだろう

格子模様

1つのグラデーションを使うだけでは、さほど多くのパターンは作れません。複数のグラデーションを組み合わせると、グラデーションは魔法のような力を発揮し始めます。グラデーションには透明な部分があり、ここを通じて他のグラデーションと重ね合わされます。最もシンプルな組み合わせによるパターンは、縦と横のストライプを使ってさまざまな格子模様を作るという方法です。例えば図 2.39 は、テーブルクロスのようなパターン（ギンガムチェック）を表しています。コードは以下のとおりです。

図 2.39
テーブルクロス風あるいはギンガムチェックのパターン。上と中央はパターンを構成するグラデーションを表す。慣習に従い、グレーの格子模様は透明に対応する

```
background: white;
background-image: linear-gradient(90deg,
                    rgba(200,0,0,.5) 50%, transparent 0),
                  linear-gradient(
                    rgba(200,0,0,.5) 50%, transparent 0);
background-size: 30px 30px;
```

格子のサイズが変わっても、線の幅は一定に保ちたいというケースがあります。例えば、格子をます目として利用したい場合などです。このような場合には、カラーストップの位置として**パーセンテージではなく長さを指定**しましょう。長さによる指定はこのようなケースで役立ちます。

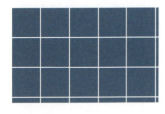

図 2.40
青写真風の基本的な格子のパターン。線の幅は常に **1px** である

```
background: #58a;
background-image:
    linear-gradient(white 1px, transparent 0),
    linear-gradient(90deg, white 1px, transparent 0);
background-size: 30px 30px;
```

図 2.40 は、サイズが **30px** の格子と幅が **1px** の白い線からなる格子です。P. 85 の「似た色のストライプを柔軟に指定する」と同様に、ベースの背景色は非対応のブラウザでの代替としても機能します。

この格子は次のような性質を持っています。完全に DRY とは言えませんが、保守はかなり容易です。

- 格子のサイズや線の幅あるいは色に変更が必要な場合にも、修正するべき箇所を簡単に把握できます。

- 修正箇所が大量になることはなく、1か所か2か所の変更だけで対応できます。
- コードはとても短く、5行そして170バイト足らずです。SVGではこのように短くはできません。

TIP! CSSのコードのサイズを調べたい場合には、bytesizematters.comにアクセスしてコードをペーストしてみましょう。

異なる幅や色の線を組み合わせると、よりリアルな格子を作成できます（図 2.41）。コードは次のようになります。

```css
background: #58a;
background-image:
    linear-gradient(white 2px, transparent 0),
    linear-gradient(90deg, white 2px, transparent 0),
    linear-gradient(hsla(0,0%,100%,.3) 1px,
        transparent 0),
    linear-gradient(90deg, hsla(0,0%,100%,.3) 1px,
        transparent 0);
background-size: 75px 75px, 75px 75px,
                 15px 15px, 15px 15px;
```

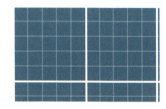

図 2.41
2種のパラメーターからなる、より複雑な青写真風の格子

▶ **PLAY!** play.csssecrets.io/blueprint

水玉模様

ここまでの例では、線形グラデーションだけを使ってパターンを生成してきました。円形グラデーションも、円や楕円あるいはこれらの一部を生成でき便利です。円形グラデーションを使った最もシンプルなパターンは、図 2.42のように縦横に並んだドットです。コードは下記のとおりです。

図 2.42
縦横に並んだドット。破線で囲まれた部分は1つのタイルを表す

```css
background: #655;
background-image: radial-gradient(tan 30%, transparent 0);
background-size: 30px 30px;
```

シークレット6：複雑な背景のパターン

図 2.43
水玉模様。破線で囲まれた部分はそれぞれのタイルを表す

これだけではあまり美しいとは言えません。しかし、下のように同じグラデーションを2つ組み合わせ、位置（**background-position**）を変えて表示すると、きれいな水玉模様が表示されます（**図 2.43**）。

```
background: #655;
background-image: radial-gradient(tan 30%, transparent 0),
                  radial-gradient(tan 30%, transparent 0);
background-size: 30px 30px;
background-position: 0 0, 15px 15px;
```

▶ PLAY!   play.csssecrets.io/**polka**

　正しく表示されるためには、2つ目のグラデーションの **background-position** はタイルのサイズの半分にする必要があります。つまり、サイズを変える場合には合計4か所も修正しなければなりません。一線を越えてしまったかどうかについては議論の余地がありますが、かなり保守しにくいコードになりました。プリプロセッサを使っているなら、以下のようにミックスインへと書き換えてもよいでしょう。

```scss
@mixin polka($size, $dot, $base, $accent) {
    background: $base;
    background-image:
        radial-gradient($accent $dot, transparent 0),
        radial-gradient($accent $dot, transparent 0);
    background-size: $size $size;
    background-position: 0 0, $size/2 $size/2;
}
```

　そして水玉模様が必要な箇所で、次のようにミックスインを呼び出します。

```scss
@include polka(30px, 30%, #655, tan);
```

市松模様

市松模様はさまざまなケースで利用できます。例えば、似た色の市松模様を単色の背景の代わりに指定すれば、ユーザーの目を引くでしょう。また、グレーと白の市松模様は透明を表すデファクトスタンダードであり、多くのUIで採用されています。CSSを使って市松模様を生成するのは可能ですが、その方法は大方の想像を超えてトリッキーです。

市松模様を生成するためのタイルでは一般的に、図2.44で示したように2色の四角形が2つずつ含まれます。これを見て、`background-position`をずらして2つの四角形を配置するだけでよいと思われたかもしれません。しかし、実際にはそうではありません。技術的にはCSSグラデーションを使って四角形を生成することは可能ですが、周囲に余白がないため単色の塗りつぶしになってしまいます。1つのグラデーションだけでは、余白のある四角形は作成できません。信じられないという読者は、図2.45のような模様を作れるかどうか試してみてください。

そこで、直角三角形を組み合わせて四角形を表示するという方針をとります。直角三角形の作り方については、図2.29（ストライプとしては失敗作ですが）などで解説しています。コードは以下のようなものでした。色や透明度については、今回の例に合わせて変更しています。

図 2.44

透明を意味する、グレーと白の市松模様。画像の繰り返しとして表現するなら、それぞれのタイルは破線部分のようになる

図 2.45

周りにスペースがある四角形の繰り返し。破線はタイルを表す

```
background: #eee;
background-image:
    linear-gradient(45deg, #bbb 50%, transparent 0);
background-size: 30px 30px;
```

これが何の役に立つのかと思われたことでしょう。図2.29のような三角形を組み合わせて四角形を作っても、やはり塗りつぶしにしかなりません。しかし、ここで三角形の辺の長さを半分にしてみましょう。タイルの面積の中で三角形が占める割合は、$\frac{1}{2}$から$\frac{1}{8}$になります。このためには、カラーストップの位置を50%から25%にします。表示は図2.46のようになります。

カラーストップの位置を反転させると、図2.47のように表示されます。

図 2.46

余白の多い直角三角形

```
background: #eee;
background-image:
```

```
            linear-gradient(45deg, transparent 75%, #bbb 0);
background-size: 30px 30px;
```

2つのグラデーションを組み合わせてみましょう。コードは次のようになります。

```
background: #eee;
background-image:
    linear-gradient(45deg, #bbb 25%, transparent 0),
```

FUTURE 円錐形グラデーション

将来的には、に三角形を注意して組み合わせなくても市松模様を生成できるようになるでしょう。**CSS Image Values Level 4**（w3.org/TR/css4-images）では、円錐形グラデーション（conical gradient）を生成するための関数が定義されています。円錐を上から見ているかのように表示されることから、この名前がつけられました。角度つきグラデーション（angle gradient）とも呼ばれることもあります。直線を用意し、その端を中心として回転させながら線の色を徐々に変化させていくと円錐形グラデーションが生成されます。例えば、ここに表示した色相環は次のようにして生成できます。

```
background: conic-gradient(red, yellow, lime, aqua, blue, fuchsia, red);
```

円錐形グラデーションは色相環以外にもさまざまな活用が可能です。例えば星形の爆発、ヘアライン加工の金属や（もちろん）市松模様などの背景を生成できます。**図 2.44**のタイルを、以下のように１つのグラデーションだけで生成できます。

```
background: repeating-conic-gradient(#bbb 0, #bbb 25%, #eee 0, #eee 50%);
background-size: 30px 30px;
```

本書執筆時点では円錐形グラデーションに対応しているブラウザはありませんが、同等の機能を持つポリフィルが下記のWebサイトで公開されています。

TEST! play.csssecrets.io/**test-conic-gradient**

```
  linear-gradient(45deg, transparent 75%, #bbb 0);
background-size: 30px 30px;
```

すると**図 2.48**のように表示されます。まだ、市松模様には見えません。ここで下のように、**2つ目のグラデーションをタイルのサイズの半分だけずらし**、それぞれの三角形を組み合わせて四角形にします。

```
background: #eee;
background-image:
    linear-gradient(45deg, #bbb 25%, transparent 0),
    linear-gradient(45deg, transparent 75%, #bbb 0);
background-position: 0 0, 15px 15px;
background-size: 30px 30px;
```

図 2.47
反対向きの直角三角形。カラーストップの位置は反転している

このコードは**図 2.49**のように表示されます。これはまさに、先ほど作成しようとしてできなかった形状です。ただし、これはまだ市松模様の半分です。完全な市松模様にするには、上のグラデーションをもう1組用意し、位置をずらして表示します。先ほど紹介した水玉模様と同様のテクニックが、2回適用されることになります。

```
background: #eee;
background-image:
    linear-gradient(45deg, #bbb 25%, transparent 0),
    linear-gradient(45deg, transparent 75%, #bbb 0),
    linear-gradient(45deg, #bbb 25%, transparent 0),
    linear-gradient(45deg, transparent 75%, #bbb 0);
background-position: 0 0, 15px 15px,
                     15px 15px, 30px 30px;
background-size: 30px 30px;
```

図 2.48
2つの三角形の組み合わせ

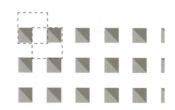

図 2.49
三角形を組み合わせることによって、周囲にスペースのある四角形が生成された。破線はそれぞれのタイルを表す。説明のため、2つ目のグラデーションは少し暗い色で示している

これで、**図 2.44**とまったく同じ表示を得られました。このコードをもう少し改善してみましょう。反対向きの2つの三角形（1つ目と4つ目、2つ目と3つ目）をそれぞれ1つの`linear-gradient`にまとめるとともに、色をグレーから半透明の黒に変更します。こうすることによって、背景色を変えた場合に四角形の色も追従して適切に変化します。

シークレット6：複雑な背景のパターン 95

図 2.50
グラデーションを2つに減らせたが、とても複雑で理解しにくいコードになってしまった。このような場合、1つのグラデーションあるいは1つのカラーストップに別の色を指定すると、パターンの構造を理解しやすくなることがある。ここでは、1つ目のグラデーションの色を半透明の黒から ■rebeccapurple に変えている。破線はタイルを表す.

「WET」は We Enjoy Typing や Write Everything Twice の略で、DRYの対義語です。同じ値やコードが繰り返され、保守しにくい状態を指します。

```css
background: #eee;
background-image:
    linear-gradient(45deg,
        rgba(0,0,0,.25) 25%, transparent 0,
        transparent 75%, rgba(0,0,0,.25) 0),
    linear-gradient(45deg,
        rgba(0,0,0,.25) 25%, transparent 0,
        transparent 75%, rgba(0,0,0,.25) 0);
background-position: 0 0, 15px 15px;
background-size: 30px 30px;
```

これでグラデーションを4つから2つに減らせましたが、WETさはほとんど変わっていません。四角形の色や大きさを変更するには、それぞれ4か所もの修正が必要です。このようなコードでは、プリプロセッサのミックスインを使って重複を減らすのがよいでしょう。例えばSCSSを使う場合、コードは次のようになります。

```scss
@mixin checkerboard($size, $base,
                    $accent: rgba(0,0,0,.25)) {
    background: $base;
    background-image:
        linear-gradient(45deg,
            $accent 25%, transparent 0,
            transparent 75%, $accent 0),
        linear-gradient(45deg,
            $accent 25%, transparent 0,
            transparent 75%, $accent 0);
    background-position: 0 0, $size $size,
    background-size: 2*$size 2*$size;
}

/* 利用例 */
@include checkerboard(15px, #58a, tan);
```

これでも十分に長いコードなので、実際にはSVGの利用をおすすめします。図2.44のタイルは、SVGを使うと下のようにとてもシンプルに記述できます。

```svg
<svg xmlns="http://www.w3.org/2000/svg"
     width="100" height="100" fill-opacity=".25" >
    <rect x="50" width="50" height="50" />
    <rect y="50" width="50" height="50" />
</svg>
```

　CSSを使えばHTTPリクエストの数を減らせるという反論もありそうですが、これはCSSを使うメリットにはなりません。近年のブラウザでは、SVGのマークアップをデータURIとしてスタイルシートに埋め込めます。ほとんどの場合、Base64形式への変換やURLエンコードも必要ありません。例えば次のように指定できます。

> **TIP!** CSSでの文字列は、複数行に分割して読みやすくできます。最終行以外の行末にバックスラッシュまたは円記号（\）を記述すると、改行文字がエスケープされ、次行以降に文字列が継続します。

```css
background: #eee url('data:image/svg+xml,\
            <svg xmlns="http://www.w3.org/2000/svg" \
                width="100" height="100" \
                fill-opacity=".25">\
            <rect x="50" width="50" height="50" /> \
            <rect y="50" width="50" height="50" /> \
            </svg>');
background-size: 30px 30px;
```

　このSVG版は約40文字短いだけでなく、繰り返しがとても少ないコードになっています。1か所修正するだけで色を変更でき、大きさも2か所修正すれば変更できます。

▶ **PLAY!** play.csssecrets.io/checkerboard-svg

関連仕様

- **CSS Image Values**
  w3.org/TR/css-images

- **CSS Backgrounds & Borders**
  w3.org/TR/css-backgrounds

- **Scalable Vector Graphics**
  w3.org/TR/SVG

- **CSS Image Values Level 4**
  w3.org/TR/css4-images

図 2.51
Bennett Feely によるパターンのギャラリー（*bennettfeely.com/gradients*）。ここまでに紹介したテクニックは、**ブレンドモード**（*w3.org/TR/compositing-1*）と組み合わせ可能である。グラデーションを生成したレイヤーの一部（またはすべて）に対して、`background-blend-mode` で `normal` 以外の値を指定すると、とても面白い表示を得られる。ここでのほとんどのパターンでは `multiply` というブレンドモードが使われているが、`overlay` や `screen` あるいは `difference` を指定するのも興味深い

7 （ほぼ）ランダムな背景

> ### 知っておくべきポイント
> CSSグラデーション、P.78の「ストライプ模様の背景」、P.88の「複雑な背景のパターン」

図 2.52
自然界にはタイルのような繰り返しは見られない

課題

幾何学的なパターンの繰り返しは美しいのですが、やや退屈です。**自然界では、まったく同じパターンが繰り返されるはほぼありません**。繰り返しの中にも、何らかの変化や無作為が見られるものです。例えば花畑では、均一さがもたらす美しさとランダムさによる面白みが共存しています。まったく同じ花は1つもありません。我々にとっての背景のパターンも同様に、自然さを追求し、かつ繰り返されるタイルの継ぎ目に気づかれにくいようにしています。しかしこれらの目標は、ファイルサイズを減らしたいという願望とは相容れません。

> 固有の特徴（例えば木目の中の節など）が等間隔に何度も現れたとしたら、それは自然界のランダムさに反しており、ユーザーが抱く幻想は崩されてしまいます。
> — Alex Walker, **The Cicada Principle and Why It Matters to Web Designers**
> (sitepoint.com/the-cicada-principle-and-why-it-matters-to-web-designers)

CSSには乱数の機能が用意されていないため、ランダムさを表現するのは簡単ではありません。例えば、色（ここでは4色とします）や幅がさまざまに異なる縦方向のストライプを作成し、タイルの間には目に見えるすき間が生じないようにしてみましょう。まず思いつくのは、以下のように4色からなる1つのグラ

デーションを作るという方法です。

```
background: linear-gradient(90deg,
            #fb3 15%, #655 0, #655 40%,
            #ab4 0, #ab4 65%, hsl(20, 40%, 90%) 0);
background-size: 80px 100%;
```

図 2.53
ランダムなストライプを生成しようとする最初の試み。それぞれの色が線形グラデーションを使って繰り返し現れる

しかし、これでは**図 2.53**のように繰り返されていることが明白です。**background-size**で指定された**80px**ごとに、同じ色が何度も現れています。よりよい方法はないでしょうか。

解決策

ランダム性を高めるために、ストライプを色ごとのレイヤーに分割してみましょう。ベースとなる色による塗りつぶしのレイヤーと、それぞれ太さが異なる3つのストライプのレイヤーを用意します。ストライプの幅はピクセル単位で指定し、間隔は**background-size**を通じて指定します。例えば次のようにコードを記述します。

```
background: hsl(20, 40%, 90%);
background-image:
    linear-gradient(90deg, #fb3 10px, transparent 0),
    linear-gradient(90deg, #ab4 20px, transparent 0),
    linear-gradient(90deg, #655 20px, transparent 0);
background-size: 80px 100%, 60px 100%, 40px 100%;
```

シークレット7：（ほぼ）ランダムな背景

図 2.54
2回目の試み。複数のグラデーションを、`background-size` を変えながら指定した。表示上の「タイル」を破線で表す

最も手前に表示されるストライプ（この例では #fb3）は他の色に覆い隠されることがないため、**スペースの部分の幅を他よりも広くする**のがよいでしょう。

図 2.54 に示すように、ランダムさがかなり高まりました。しかしよく見ると、**240px** ごとに同じ「タイル」が繰り返されていることがわかります。すべての `linear-gradient` の終点が重なると、以降は同じパターンが繰り返されます。この「タイル」の幅は、それぞれの `background-size` の最小公倍数です。算数の授業で習ったことを思い出してみましょう。いくつかの整数に対して、これらすべての整数倍になっている値のうち最も小さいものが最小公倍数です。そして、40 と 60 と 80 の最小公倍数は 240 です。

表示上のランダムさを高めるには、「タイル」の幅を広げる必要があります。数学の知識を使えば、このための方法について思い悩む必要はありません。最小公倍数の値を増やすには、それぞれの値を「**互いに素**」*にすればよいのです。互いに素な整数の最小公倍数は、それぞれの積になります。例えば 3 と 4 と 5 は互いに素であり、最小公倍数は $3 \times 4 \times 5 = 60$ です。素数は他のすべての整数に対して互いに素であるため、「タイル」の幅を広げるのに適しています。Web 上で検索すれば素数のリストはたくさん見つかるでしょう。

そこで、それぞれの数値として素数を指定してみましょう。

ここでの「タイル」という言葉は広い意味で使っています。個々の `linear-gradient` が表す背景ではなく、これらの組み合わせによって視覚的に表現される背景を意味しています。言い換えると、1 つの画像として同じパターンを表現した場合の画像の幅を表します。

```
background: hsl(20, 40%, 90%);
background-image:
    linear-gradient(90deg, #fb3 11px, transparent 0),
```

---

* 「素数」とは、**1 とその数自身以外では割り切れない整数**のことです。小さいものから順に素数を 10 個挙げると、2、3、5、7、11、13、17、19、23、29 です。一方、「互いに素」とは 1 つの数が持つ性質ではなく、**複数の数の間にある関係**を表します。共通の約数がない場合に、それらの数は互いに素であると定義されます。この際、それぞれの数は素数でなくてもかまいません。例えば 10 と 27 は互いに素ですが、いずれにも多くの約数があります。もちろん、素数は他のすべての整数との間で互いに素です。

```
                linear-gradient(90deg, #ab4 23px, transparent 0),
                linear-gradient(90deg, #655 41px, transparent 0);
background-size: 41px 100%, 61px 100%, 83px 100%;
```

図 2.55
完成したストライプ。素数を使い、表示上のランダムさを増やしている

あまり美しくないコードではあるのですが、**図 2.55** のような繰り返しのないストライプを生成できました。ここでの「タイル」の幅は、$41 \times 61 \times 83 = 207{,}583$ px です。どんなに解像度の高い画面でも、「タイル」の繰り返しは確認できないでしょう。

Alex Walker はこのテクニックを The Cicada Principle、つまり「セミの原理」と名づけました。素数を使って表示上のランダムさを向上させるというアイデアを考案したのは彼です。このテクニックが役立つのは背景だけではなく、繰り返されるすべてのものについて有効です。例えば次のような適用例が考えられます。

- フォトギャラリーに表示される画像をランダムに切り替えます。複数の `:nth-child(an)` セレクタを用意し、*a* には互いに素な値を指定します。
- 二度と同じ繰り返しのないようなアニメーションを生成します。複数の動きについて、互いに素な継続時間を指定します。例を **play.csssecrets.io/cicanimation** で紹介しています。

▶ **PLAY!**　play.csssecrets.io/cicada-stripes

HAT TIP

このシークレットは、Alex Walker による記事「**The Cicada Principle and Why It Matters to Web Designers**」（`sitepoint.com/the-cicada-principle-and-why-it-matters-to-web-designers`）から着想を得ています。また、**Eric Meyer**（`meyerweb.com`）はこのテクニックを CSS グラデーションに適用する「**Cicadients**」（`meyerweb.com/eric/thoughts/2012/06/22/cicadients`）というアイデアを発表しています。Dudley Storey も、同じコンセプトにもとづいた**有益な記事**（`demosthenes.info/blog/840/Brood-X-Visualizing-The-Cicada-Principle-In-CSS`）を執筆しています。

> ■ **CSS Image Values**
> `w3.org/TR/css-images`
>
> ■ **CSS Backgrounds & Borders**
> `w3.org/TR/css-backgrounds`
>
> 関連仕様

8 1つの画像によるボーダー

> **知っておくべきポイント**
>
> CSSグラデーション、基本的な**border-image**、P. 78の「ストライプ模様の背景」、基本的なCSSアニメーション

課題

パターンや画像を、背景ではなくボーダーとして表示させたいことがあります。例えば**図 2.57**では、画像を切り抜いた装飾的なボーダーが表示されています。また、対象の要素のサイズに合わせて画像は伸縮することが望まれます。このようなボーダーは、CSSを使って生成できるでしょうか。

「**border-image**を使えばいいに決まっているじゃないか。問題なんて起こるはずがない」と思われるかもしれませんが、早まってはいけません。**border-image**の仕組みを思い出してみましょう。**図 2.58**のように、**border-image**では画像は9つに分割され、それぞれがボーダーの辺や角に当てはめられます。

画像を分割して、**図 2.57**のようなボーダーは作れるでしょうか。要素の大きさとボーダーの幅が決まっているなら、それに合わせて注意深く分割することも可能です。しかし、その分割位置の設定は別の要素ではうまく適用できません。ここで問題になっているのは、画像の中でどの部分がボーダーの角に位置するのか決まっていないという点です。要素の大きさ

図 2.56
ストーンアートの画像。ボーダーの素材として利用する

やボーダーの幅に応じて、角の位置に表示される画像は異なります。自分で試してみれば、`border-image`では可変サイズの要素に対応できないことがわかるでしょう。そうだとしたら、我々はどうするべきでしょうか。

最も簡単な方法は、HTMLの要素を2つ用意するという方法です。以下のコードのように、1つでは背景画像を表示し、もう1つではコンテンツのために白い背景を指定して背景画像を覆い隠します。

```html
<div class="something-meaningful"><div>
    I have a nice stone art border,
    don't I look pretty?
</div></div>
```

図 **2.57**
高さの異なる要素に対して、画像をボーダーとして適用した結果

```
.something-meaningful {
    background: url(stone-art.jpg);
    background-size: cover;
    padding: 1em;
}

.something-meaningful > div {
    background: white;
    padding: 1em;
}
```

こうすれば**図 2.57**のような「ボーダー」を正しく表示できますが、余分な要素が必要になるという問題があります。これは望ましい状態ではありません。マークアップとスタイル設定が混在してしまっています。また、何らかの事情でHTMLは変更できないという場合も考えられます。要素を追加せずに、同じ効果を実現しましょう。

解決策

Backgrounds & Borders Level 3（`w3.org/TR/css3-background`）では、CSSグラデーションや背景に関して拡張が行われています。これを活用すると、要素を1つしか使わずに同じ効果を得られます。具体的には、

2つ目の背景として白の塗りつぶしを用意し、**画像を覆い隠します**。画像全体を覆い隠してしまわないように、2つの背景には異なる`background-clip`の値を指定します。また、背景色は最後に指定されるレイヤーにしか指定できないため、白から白へのCSSグラデーションを使って塗りつぶしを表現します。

まずは次のようなコードを書いてみましょう。

```
padding: 1em;
border: 1em solid transparent;
background: linear-gradient(white, white),
            url(stone-art.jpg);
background-size: cover;
background-clip: padding-box, border-box;
```

図 2.58
`border-image` の仕組み。
上：ボーダーとして使われる画像。破線の位置で分割される。
中：`border-image: 33.34% url(…) stretch;` を指定した場合。
下：`border-image: 33.34% url(…) round;` を指定した場合。
コードは **play.csssecrets.io/border-image** で実際に試せる

すると図 2.59 のように、期待したものにかなり近い表示を得られます。しかし、奇妙な繰り返しが発生してしまっています。`background-origin` のデフォルト値が `padding-box` のため、画像はパディングボックスに合わせてサイズが変更され、パディングボックスの左上隅を基準にして配置されます。そして、空いている部分には同じ画像が繰り返されます。この問題を修正するには、下のように `background-origin` にも `border-box` を指定します。

```
padding: 1em;
border: 1em solid transparent;
background: linear-gradient(white, white),
            url(stone-art.jpg);
background-size: cover;
background-clip: padding-box, border-box;
background-origin: border-box;
```

図 2.59
最初の試み。かなり期待に近い表示

ここで利用している新しいプロパティの値は、短縮記法の `background` プロパティの中でも指定できます。以下のように、コードを大幅に短くできます。

```
padding: 1em;
border: 1em solid transparent;
```

```
background:
    linear-gradient(white, white) padding-box,
    url(stone-art.jpg) border-box 0 / cover;
```

▶ **PLAY!** play.csssecrets.io/**continuous-image-borders**

グラデーションを使ったパターンに対しても、もちろん同じテクニックを適用できます。例えば次のコードでは、エアメールの封筒のようなボーダーが生成されます。

図 2.60
エアメールの封筒

```
padding: 1em;
border: 1em solid transparent;
background: linear-gradient(white, white) padding-box,
            repeating-linear-gradient(-45deg,
                red 0, red 12.5%,
                transparent 0, transparent 25%,
                #58a 0, #58a 37.5%,
                transparent 0, transparent 50%)
            0 / 5em 5em;
```

表示は**図 2.61**のようになります。ストライプの幅は`background-size`を通じて変更でき、ボーダーの幅は`border`で指定します。先ほどの画像によるボーダーと異なり、上の効果は`border-image`にも適用できます。次のようなコードを記述できます。

> **TIP!** 実際にボーダーの調整を試してみたい読者は、**play.csssecrets.io/vintage-envelope-border-image**にアクセスしてください。パラメーターの値の変更も可能です。

```
padding: 1em;
border: 16px solid transparent;
border-image: 16 repeating-linear-gradient(-45deg,
                  red 0, red 1em,
                  transparent 0, transparent 2em,
                  #58a 0, #58a 3em,
                  transparent 0, transparent 4em);
```

ただし、`border-image`を使ったアプローチには注意点もあります。

図 2.61
エアメールの封筒のようなボーダー

シークレット8：1つの画像によるボーダー

- **border-width**を変更するたびに、**border-image-slice**も合わせて変更しなければなりません。
- **border-image-slice**では単位として**em**を指定できないため、ボーダーの幅はピクセル単位で指定する必要があります。
- ストライプの幅はカラーストップの位置として表現されるため、変更の際には4か所の修正が必要です。

▶ **PLAY!** play.csssecrets.io/vintage-envelope

図 2.62

marching ants borderの例。Adobe Photoshopでの選択範囲の表示

このテクニックは、marching ants border（アリの行列状ボーダー）の作成にも適用できます。marching ants borderとは、破線のそれぞれの点がアリの行列のように並んでスクロールして見えるボーダーのことです。GUIでもよく使われており、特に画像編集ソフトウェアでは選択範囲を表す際にほぼ必ず使われます（**図 2.62**）。

marching ants borderを作成するには、先ほど封筒の例で利用したテクニックの変種が必要です。ストライプの色を黒と白の2色にし、ボーダーの幅を**1px**にするとストライプが破線になります。**background-size**の値は適切に変更します。そして、アニメーションを使って**background-position**を**100%**へと変化させ、スクロールの表示効果を追加します。具体的には次のようなコードが使われます。

```css
@keyframes ants { to { background-position: 100% } }

.marching-ants {
    padding: 1em;
    border: 1px solid transparent;
    background:
        linear-gradient(white, white) padding-box,
        repeating-linear-gradient(-45deg,
            black 0, black 25%, white 0, white 50%
        ) 0 / .6em .6em;
    animation: ants 12s linear infinite;
}
```

すると図 2.63 のような表示を得られます。このテクニックは、marching ants borderだけでなくさまざまな種類の破線のボーダーに適用できます。破線の色や、点の間隔を変えてみましょう。

`border-image`を使って同等の効果を得るには、現状の仕様では`border-image-source`に対してアニメーションGIFを指定する以外には方法がありません（chrisdanford.com/blog/2014/04/28/marching-ants-animated-selection-rectangle-in-css）。ブラウザがグラデーションの補間に対応するようになったら、グラデーションも実現方法の選択肢に加わるでしょう。ただし、コードは乱雑でWETなものになると思われます。

図 2.63
残念ながら、紙面上ではアリの行列は表現できず、単なる破線にしか見えない。オンラインデモの利用を強くおすすめする

▶ PLAY!　play.csssecrets.io/marching-ants

¹ This is a footnote.

図 2.64
上辺のボーダーを途中まで表示し、脚注の区切り線を表す

しかし、依然として`border-image`はとても強力で、グラデーションと組み合わせても大きな効果を発揮します。例えば、脚注などでは上辺に途中までのボーダーがよく表示されます。ここで必要になるのは、`border-image`と横方向のグラデーションだけです。表示されるボーダーの長さはハードコードされます。ボーダーの幅は、その名のとおり`border-width`を通じて指定します。コードは以下のとおりです。

```
border-top: .2em solid transparent;
border-image: 100% 0 0 linear-gradient(90deg,
                      currentColor 4em,
                      transparent 0);
padding-top: 1em;
```

すると図 2.64 のような表示を得られます。数値をすべて`em`単位で指定しているため、フォントサイズを変えるとボーダーの表示も追従します。また、`currentColor`を使っているため常にテキストと同じ色でボーダーも表示されます。

▶ PLAY!　play.csssecrets.io/footnote

シークレット8：1つの画像によるボーダー

> 関連仕様
>
> ■ **CSS Backgrounds & Borders**
> *w3.org/TR/css-backgrounds*
>
> ■ **CSS Image Values**
> *w3.org/TR/css-images*

形状

3

さまざまな楕円形

知っておくべきポイント
基本的な border-radius プロパティ

課題

どんな四角形の要素も、十分に大きな値を **border-radius** に指定すれば円形になることに気づいた読者も多いでしょう。例えば次のような CSS を使って表現されます。

図 3.1
サイズが固定の要素から生成された円。サイズの半分の値が **border-radius** に指定されている

```
background: #fb3;
width: 200px;
height: 200px;
border-radius: 100px; /* >= 辺の長さの半分 */
```

ここで **100px** 以上の値を **border-radius** に指定しても、表示は変わらず円形のままです。その理由は、仕様の中で説明されています。

> 隣接するボーダーの半径の和がボーダーボックスのサイズを上回る場合、ユーザーエージェントはボーダーの重なりがなくなるまですべてのボーダーの半径を縮小します。
>
> — CSS Backgrounds & Borders Level 3 (w3.org/TR/css3-background/#corner-overlap)

しかし、コンテンツの大きさが事前にわからないことも多く、ここで具体的な値を指定できないことがよくあります。すべてのコンテンツがあらかじめ用意されている静的なWebサイトでも、後で変更が生じたり、形状の異なる代替のフォントで表示されたりする可能性もあります。また、縦横の長さが等しい場合には円を表示し、異なる場合には楕円を表示することが望まれます。しかし、上のコードではこうはなりません。例えば幅が高さより大きい場合、表示は**図 3.2**のようになります。柔軟なサイズ指定も、楕円の表示も`border-width`では無理なのでしょうか。

図 3.2
横長の要素に先ほどのコードを適用した結果。破線は`border-radius`による円を表す

解決策

あまり知られていないのですが、`border-radius`では**縦方向と横方向とで異なる半径の値を指定**できます。2つの値を、スラッシュ（`/`）で区切って記述します。こうすると、**図 3.3**のようにそれぞれの角を楕円形に丸められます。例えば幅**200px**×高さ**150px**の要素では、それぞれの長さの半分を`border-radius`として指定すると楕円を表示できます。

```
border-radius: 100px / 75px;
```

上のコードは**図 3.4**のように表示されます。

しかし、ここには大きな問題点があります。要素のサイズが変わったら、それに合わせて`border-radius`も調整しなければなりません。例えば上のコードを幅**200px**×高さ**300px**の要素に適用すると、表示は**図 3.5**のようになります。コンテンツによって要素のサイズが変わる場合には、上のコードは適していません。

しかし解決策はあります。これもあまり知られていないのですが、`border-radius`では**長さの代わりにパーセンテージを指定**してもかまいません。このパーセンテージは対象の要素のサイズに対して計算されます。要素の幅は横方向の半径の算出に使われ、高さは縦方向の半径の算出に使われます。つまり、**縦方向と横方向で同じパーセンテージを指定しても同じ半径になるとは限りません**。要素のサイズに合わせた楕円形を表示するには、次のように両者をともに**50%**と指定します。

図 3.3
縦方向と横方向で値が異なる`border-radius`。指定された値に従って、楕円形の丸め（破線で示す）が行われる

図 3.4
`border-radius`を使った楕円形

```
border-radius: 50% / 50%;
```

図 3.5
要素のサイズが変わると、楕円形の表示は崩れる。円柱を表示したい場合には好都合かもしれない

幅が高さの2倍（楕円を左右に分割するなら、高さが幅の2倍）になっている場合、半楕円形は半円形になります。

スラッシュの前後で同じ値が指定されているため、下のようなシンプルな記述も可能です。実際の半径は異なっていてもかまいません。

```
border-radius: 50%;
```

CSSを1行追加するだけで、要素のサイズにかかわらず正しく表示される楕円形を表示できるようになりました。

▶ PLAY!　play.csssecrets.io/**ellipse**

半楕円形

CSSだけで柔軟な楕円形を生成できるようになったら、他の形状も作りたいと思うのも当然です。図 3.6のような半楕円形について考えてみましょう。

この形状は左右対称ですが、上下対称ではありません。**border-radius**として指定するべき実際の値がわからなくても（たとえわかるとしても）、角ごとに値が異なるのは明らかです。ただし、これまでの例ではすべての角に同じ半径の値を指定しています。

好都合なことに、**border-radius**の構文は柔軟です。このプロパティは、実は短縮記法なのです。2つの方法を使って、角ごとに異なる半径を指定できます。1つ目の方法では、短縮記法ではない以下の4つのプロパティを使います。

図 3.6
半楕円形

- **border-top-left-radius**
- **border-top-right-radius**
- **border-bottom-right-radius**
- **border-bottom-left-radius**

ただし、空白文字で区切った複数の値を短縮記法の**border-radius**に指定するほうが簡潔です。値を4つ指定した場合、左上から順に時計回りに値が適用されます。4つ未満の値を指定した場合は、通常のCSSでのルール（**border-width**など）と同様に値が複数箇所に適用されます。3つ指定された場合、4つ目は2つ目と同じ値になります。2つ指定された場合、3つ目は1つ目と同じになります。この仕組みを図にしたのが図 3.7です。4つの角すべてについて、縦方向と横方向にそれぞれ別の値を指定することも可能です。このためには、まず横方向の値を4つ指定

し、スラッシュ（/）を記述してから縦方向の値4つを指定します。4つ未満の値を指定した場合の展開は、両方向で個別に行われます。例えば`border-radius`として`10px / 5px 20px`と指定した場合、`10px 10px 10px 10px / 5px 20px 5px 20px`と同じ意味になります。

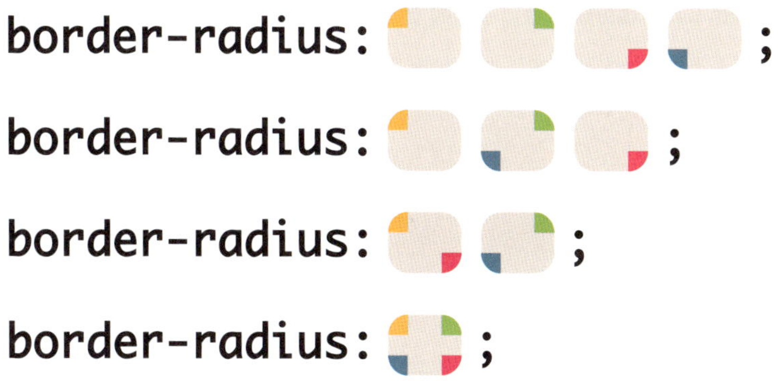

border-radius: ■ ■ ■ ■ ;

border-radius: ■ ■ ;

border-radius: ■ ■ ;

border-radius: ■ ;

図 3.7
角の丸めを指定する際の、値の個数と適用される箇所の関係。楕円形の丸めを行う場合には、スラッシュの前後でそれぞれ最大4つずつ（空白文字区切りで）値を指定できる。スラッシュの前の値が横方向の半径を表し、後の値が縦方向の半径を表す

　この知識を踏まえて、半楕円形の問題にもう一度取り組んでみましょう。`border-radius`を使って、このような形状を生成できるのでしょうか。やってみなければわかりません。まず、いくつかヒントを紹介します。

- この形状は**左右対称**です。左上と右上の半径は等しく、左下と右下の半径も等しくなります。
- 上辺にはまっすぐな線はなく、全体がカーブしています。したがって、**左上と右上の横方向の半径を加えると100%**になります。
- 以上の2点から、これらの半径はともに**50%**です。

トリビア　border-radius とボーダーの関係

角丸を設定するのにボーダーは必要ないのに、なぜ`border-radius`という名前がついているのかと思った読者はいないでしょうか。例えば`corner-radius`といった名前のほうが、はるかに筋が通っていると思われます。`border-radius`という紛らわしい名前は、要素のボーダーボックスの角を丸めるふるまいにもとづいています。要素にボーダーがない場合には効果はありませんが、ある場合にはボーダーの外側の角が丸められます。内側の角にとっては、丸めは外側よりも小さくなります（正確には、`max(0, border-radius - border-width)`となります）。

- 縦方向では、**左上と右上での半径は要素の高さ全体を占め、左下と右下では丸めは行われません**。つまり、border-radiusのうち縦方向の部分について`100% 100% 0 0`になります。
- 左下と右下では縦方向の丸めがゼロなので、横方向にどんな値を指定しても丸めは発生しません。縦方向がゼロで横方向がゼロ以外の丸めは想像できません。仕様の執筆者にも想像できなかったのでしょう。

以上の点をまとめると、図 3.6のような半楕円形を柔軟に表現するコードは次のようになります。

```
border-radius: 50% / 100% 100% 0 0;
```

左右に分割された半楕円形（図 3.8）も同様に、以下のようにして簡単に表現できます。

```
border-radius: 100% 0 0 100% / 50%;
```

図 3.8
左右に分割された半楕円形

練習として、反対側の半楕円形を描画するためのCSSも記述してみましょう。

▶ PLAY! play.csssecrets.io/half-ellipse

4分割された楕円形

半楕円形の場合と同じように、幅と高さが等しければ直角の扇形が生成されます。

楕円形と半楕円形を生成できたので、図 3.9のような4分割された楕円形も作れそうです。先ほどと同様の思考をたどると、**1つの角だけで両方向ともに100%の丸めを指定**すればよいとわかります。残る3つの角については丸めは不要です。すべての角について縦方向と横方向の半径が等しいので、スラッシュで区切る記法も不要です。コードは次のようになります。

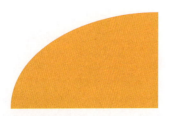

図 3.9
4分割された楕円形

```
border-radius: 100% 0 0 0;
```

他の分割（例えば3分割や8分割）も可能かと期待されたかもしれませんが、残念ながらこれらはborder-radiusでは不可能です。

図 3.10
Simurai は `border-radius` を駆使し、彼のサイト **BonBon Sweet CSS3 Buttons**（*simurai.com/archive/buttons*）で使われるさまざまなボタンを作成した

▶ PLAY!　play.csssecrets.io/quarter-ellipse

■ **CSS Backgrounds & Borders**　　　関連仕様
w3.org/TR/css-backgrounds

シークレット9：さまざまな楕円形

10 平行四辺形

知っておくべきポイント
基本的なCSSの変形処理

課題

平行四辺形とは、向かい合う2組の辺がともに平行な四角形のことです（**図3.11**）。長方形も平行四辺形の一種です。デザインをダイナミックにし、動きの感覚を与えるために平行四辺形はよく使われます（**図3.12**）。

CSSを使って、平行四辺形のボタンを作ってみましょう。まずは、**図3.13**のように通常の長方形のボタンとシンプルなスタイル設定を組み合わせたものを作ります。そして、下のように`skew()`トランスフォームを適用して平行四辺形へと変形させます。

図 3.11
平行四辺形

```
transform: skewX(-45deg);
```

しかし、こうするとコンテンツにもトランスフォームが適用され、読みにくいテキストになってしまいます（**図3.14**）。コンテナだけをトランスフォームし、コンテンツはそのままにすることは可能でしょうか。

図 3.12
Web デザインでの平行四辺形。デザイン：Martina Pitakova

入れ子の要素を使った解決策

コンテンツに対して逆方向の `skew()` を適用すれば、2つのトランスフォームが打ち消し合い、望む表示を得られます。ただし、このためにはコンテンツを囲む要素（**div** など）が余分に必要になります。例えば以下のようになります。

```html
<a href="#yolo" class="button">
    <div>Click me</div>
</a>
```

```css
.button { transform: skewX(-45deg); }
.button > div { transform: skewX(45deg); }
```

すると**図 3.15** のように、期待どおりの表示を得られます。しかし、ここでは HTML の要素が1つ増えてしまいました。マークアップの変更が不

図 3.13
トランスフォームを適用する前のボタン

図 3.14
単純なトランスフォームを適用したボタン。テキストが読みにくい

図 3.15
最終的な表示結果

> ! デフォルトでインライン表示される要素にこの効果を適用する場合には、要素の`display`プロパティに別の値（`inline-block`や`block`など）を指定する必要があります。そうしないと、トランスフォームが適用されません。内側の要素についても同様です。

可能な場合や、マークアップの純粋さを保ちたい読者のために、CSSだけを使った解決策も紹介します。

▶ **PLAY!**　play.csssecrets.io/parallelograms

擬似要素を使った解決策

別の解決策として、**擬似要素を定義し、これに対してトランスフォームを適用する**方法が考えられます。コンテンツをこの擬似要素に含めなければ、テキストがトランスフォームの影響を受けることはありません。このテクニックを使い、先ほどと同様のボタンを作ってみましょう。

擬似要素のボックスはサイズを固定せず、コンテンツによってサイズが決定する場合でも親要素のサイズを自動的に継承するものとします。親要素に`position: relative`を、擬似要素に`position: absolute`をそれぞれ指定し、さらに擬似要素のすべてのオフセットをゼロにします。こうすると簡単に、縦横が親要素と同じサイズまで広がる要素を定義できます。コードの例を示します。

```
.button {
    position: relative; /* 文字色やパディングなど */
}
.button::before {
    content: ''; /* ボックスを生成します */
    position: absolute;
    top: 0; right: 0; bottom: 0; left: 0;
}
```

図 3.16
擬似要素がコンテンツの手前に配置されているため、`background: #58a`を指定するとコンテンツが隠れる

この時点では、擬似要素のボックスはコンテンツよりも手前に配置されます。このボックスに背景色を指定すると、**図 3.16**のようにコンテンツは隠されてしまいます。そこで、擬似要素に`z-index: -1`を指定し、親要素の背後に隠れるようにします。

いよいよ、擬似要素にトランスフォームを適用して最終的な表示を得る時が来ました。以下のようなコードによって、先ほどの例とまったく同じ表示が生成されました。

```
.button {
    position: relative; /* 文字色やパディングなど */
```

```css
}
.button::before {
    content: ''; /* ボックスを生成します */
    position: absolute;
    top: 0; right: 0; bottom: 0; left: 0;
    z-index: -1;
    background: #58a;
    transform: skew(45deg);
}
```

ここで紹介したテクニックは、`skew()`関数以外でも活用できます。任意の transform プロパティを適用し、かつコンテンツは元の状態を保つことが可能です。例えば正方形の要素に`rotate()`関数を適用すれば、簡単にひし形を生成できます。

擬似要素を使ってボックスを生成し、親要素の背後に配置するアイデアも、さまざまな表示効果の生成に利用できます。例えば次のような利用例があります。

- IE8 で複数の背景を適用できます。これは **Nicolas Gallagher の考案**（`nicolasgallagher.com/multiple-backgrounds-and-borders-with-css2`）によるものです。
- **P.74 の「角の内側を丸める」**で紹介した表示効果も実現できます。その方法は各自で考えてみてください。
- 背景に対して`opacity`などのプロパティを個別に指定できます。これも **Nicolas Gallagher による発案**（`nicolasgallagher.com/css-background-image-hacks`）です。
- **P.66 の「複数のボーダー」**で取り上げたテクニックが利用できない場合でも、より柔軟に複数のボーダーを再現できます。例えば破線のボーダーを複数表示したり、それぞれのボーダーの間に間隔や半透明の表示をはさむといったことも可能です。

▶ PLAY!　play.csssecrets.io/parallelograms-pseudo

■ CSS Transforms　　　関連仕様
w3.org/TR/css-transforms

11 ひし形の画像

> **知っておくべきポイント**
> CSS transformプロパティ、P. 120の「平行四辺形」

課題

　視覚的デザインの世界ではひし形に切り抜かれた画像をよく目にしますが、CSSだけを使ってこれを実現するのは容易ではありません。最近までは、これは基本的に不可能でした。Webデザイナーがひし形の画像を表示させようとしたら、画像編集ソフトウェアを使ってあらかじめ切り抜かれた画像を用意しなければなりませんでした。言うまでもなく、このようなやり方は保守に適していません。画像のスタイルを変更するたびに新しい画像が必要になり、大量の画像が残されます。
　しかし今日では、よりよい方法がなんと2つも考えられています。

図 3.17
2013年に新しいデザインが採用された24ways.orgでは、本書で紹介するテクニックを使って執筆者のプロフィール画像をひし形に切り抜いている

トランスフォームを使った解決策

ここでのアイデアは、P. 120 の「平行四辺形」で紹介した1つ目の解決策と共通です。画像を`<div>`で囲み、それぞれに打ち消し合う`rotate()`関数を適用します。コードは以下のとおりです。

図 3.18
元の画像。これをひし形に切り出す

```html
<div class="picture">
    <img src="adam-catlace.jpg" alt="…" />
</div>
```

```css
.picture {
    width: 400px;
    transform: rotate(45deg);
    overflow: hidden;
}
.picture > img {
    max-width: 100%;
    transform: rotate(-45deg);
}
```

しかし、これだけでは望む表示効果を得られません（図 3.19）。もちろん、正八角形に画像を切り抜こうとしているならこれで作業は完了です。ひし形にしたいなら、もう少し作業が必要なようです。

図 3.19
単に逆方向に rotate() トランスフォームを適用しただけの場合の表示。破線は div 要素を表す

図 3.20
ひし形の切り取りの完成

ここでの問題は max-width: 100% という指定にあります。この 100 % という値は、コンテナ要素である .picture の辺の長さに対する比を表します。しかし、ここでの画像の幅は辺の長さではなく対角線の長さでなければなりません。対角線の長さを求めるには、ピタゴラスの定理を使います（思い出せない読者は、P. 81 の「斜めのストライプ」での解説を参考にしてください）。正方形の対角線の長さは、1 辺の長さの $\sqrt{2} \approx 1.414213562$ 倍です。したがって、max-width には $\sqrt{2} \times 100\% \approx 141.4213562\%$ を指定すればよいことがわかります。これより小さい値を指定すると正しい表示を得られませんが、少し大きい値を表示することに問題はありません（いずれにせよ画像は切り抜かれるため）。そこで、切り上げて 142 ％とするのもよいでしょう。

しかし実際には、scale() 関数を使って画像を拡大するべきです。理由はいくつかあります。

- CSS トランスフォームがサポートされていないブラウザでは、サイズは 100 ％のままで表示されます。
- 特に transform-origin が指定されていない場合、scale() トランスフォームは中央を基準として拡大や縮小を行います。一方、width プロパティを使ったサイズ変更は左上隅を基準として行われるため、マージンに負の値を指定して画像を移動させなければなりません。

最終的なコードは次のようになります。

```
.picture {
    width: 400px;
    transform: rotate(45deg);
    overflow: hidden;
}
.picture > img {
    max-width: 100%;
    transform: rotate(-45deg) scale(1.42);
}
```

図 3.20 のように、望む表示を得られました。

▶ PLAY!　play.csssecrets.io/diamond-images

クリッピングパスを使った解決策

LIMITED SUPPORT

上の解決策は確かに機能しますが、あくまでハックです。HTML の要素を1つ余分に記述しなければならず、美しくありません。複雑であり、保守の手間も増大します。また、正方形以外の画像では**図 3.21** のようにひどい表示になってしまいます。

実は、ずっとよい方法があります。ここでは `clip-path` プロパティが使われます。このプロパティは SVG で定義されたのですが、HTML にも取り入れられてブラウザ上でのコンテンツにも適用できるようになりました。しかも、正気を失いそうになる SVG での構文よりもはるかにわかりやすく記述できます。(本書執筆時点では) 対応しているブラウザが限られているという問題はありますが、非対応のブラウザでも最低限の動作 (切り取りなしの表示) を保証できるので、`clip-path` プロパティの利用は検討に値します。

クリッピングパスの概念は Adobe Photoshop などの画像編集ソフトウェアでもよく使われており、すでに慣れ親しんでいる読者もいるでしょう。クリッピングパスを使うと、要素を好きな形状に切り抜けます。ここでは、`polygon()` 関数を使ってひし形を指定します。座標値をカンマ区切りで記述すると、これらを順に結んだ多角形を指定できます。要素の大きさに対するパーセンテージを代わりに記述してもかまいません。ひし形を指定するためのコードは次のようになります。

図 3.21
トランスフォームを使った解決策は、正方形以外の画像ではうまく機能しない

```
clip-path: polygon(50% 0, 100% 50%, 50% 100%, 0 50%);
```

なんと、必要なコードはこれだけです。**図 3.20** とまったく同じ表示を生成でき、余分な要素も長々とした CSS も必要ありません。

`clip-path` のメリットはこれだけではありません。形状を表す関数 (ここでは `polygon()`) と頂点の個数を変えない限り、アニメーションの実行も可能です。例えば、マウスオーバーが発生したら徐々に画像全体が表示されるようにするには、次のようなコードを使います。

```
img {
    clip-path: polygon(50% 0, 100% 50%,
                       50% 100%, 0 50%);
    transition: 1s clip-path;
}
```

```css
img:hover {
    clip-path: polygon(0 0, 100% 0,
                      100% 100%, 0 100%);
}
```

図 3.22
`clip-path`は正方形以外の画像にも適用できる

しかも、正方形ではない画像にも図 3.22 のように問題なく対応できます。近年の CSS の力を実感できるでしょう。

▶ **PLAY!** play.csssecrets.io/**diamond-clip**

- **CSS Transforms**
  w3.org/TR/css-transforms
- **CSS Masking**
  w3.org/TR/css-masking
- **CSS Transitions**
  w3.org/TR/css-transitions

関連仕様

12 角の切り落とし

知っておくべきポイント

CSSグラデーション、`background-size`、P.78 の「ストライプ模様の背景」

図 3.23
角を切り落とされたボタン。矢印の形状を通じて、ボタンの意味をアピールできる

課題

　角を切り落とされた四角形は、印刷物でもWebでもよく見られます。ここでは、要素が持つ角のうちの1つまたは複数が45度に切り落とされます。近年ではフラットデザインがスキューモーフィズム（実物に似せたデザイン）に取って代わりつつあり、このような角の切り落としの使われる機会が増えてきました。右上と右下の角で、それぞれ要素の高さの半分になるように切り落としを行うと、ボタンやパンくずリスト（breadcrumb）などでよく使われる矢印の形状になります（**図 3.23**）。

　しかし、これを簡単な理解しやすいコードだけで実現できるような方法は現状のCSSには用意されていません。ほとんどの開発者は、背景画像を使って角の切り落としを表現しています。例えば三角形を使って角を隠したり（背景が単色の場合のみ適用できます）、すでに角が切り落とされた画像を背景に指定したりしています。

　これらの代替案は明らかに柔軟性を欠いており、保守が困難です。HTTPリクエストの回数やデータ量が増える問題もあります。他によい方法はないでしょうか。

図 3.24

角の切り落としが使われているWebサイトの例。半透明の「Find & Book」ボックスの左下の角が切り落とされ、デザインの効果を高めている

解決策

　1つの解決策は、万能のCSSグラデーションを使う方法です。ここでは仮に、右下の角だけを切り落としたいとします。グラデーションでの角度（例えば45度）やカラーストップには具体的な値を指定でき、適用対象の要素のサイズに影響されない性質を利用します。

　必要なのは**線形グラデーション1つだけ**です。切り落としの辺となる位置にカラーストップを2つ記述し、それぞれ透明と背景色を指定します。切り落としのサイズを **15px** とすると、コードは次のようになります。

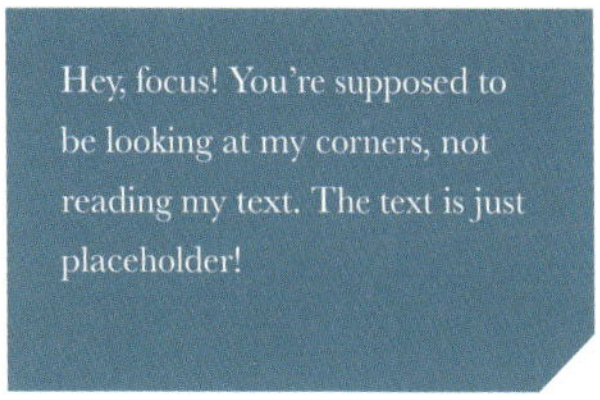

図 3.25

右下隅が切り落とされた要素。シンプルなCSSグラデーションが利用されている

```
background: #58a;
background:
    linear-gradient(-45deg, transparent 15px, #58a 0);
```

　とてもシンプルなコードです。表示例は**図 3.25**です。技術的には1行目は不要なのですが、代替案として記述しています。CSSグラデーションを利用できないブラウザでは、2行目以降は無視されます。つまり、**最低でも**単色の背景が表示されます。

　続いて、2つの角を切り落としてみます。ここでは右下と左下の角を対象にします。1つだけのグラデーションではこの表示を作れないため、グラデーションをもう1つ追加します。まず考えつくのは、次のようなコードです。

TIP! それぞれのグラデーションに異なる色（ ■ #58a と ■ #655）を指定しているのは、デバッグを容易にするためです。実際には同じ色にしましょう。

```
background: #58a;
background:
```

```
linear-gradient(-45deg, transparent 15px, #58a 0),
linear-gradient(45deg, transparent 15px, #655 0);
```

しかしこれは**図 3.26**のように表示されてしまい、うまく機能しません。デフォルトではそれぞれのグラデーションが要素全体に作用するため、両者が重なり合ってしまいます。そこで、それぞれが要素の半分ずつを占めるように、**background-size**を指定してみます。

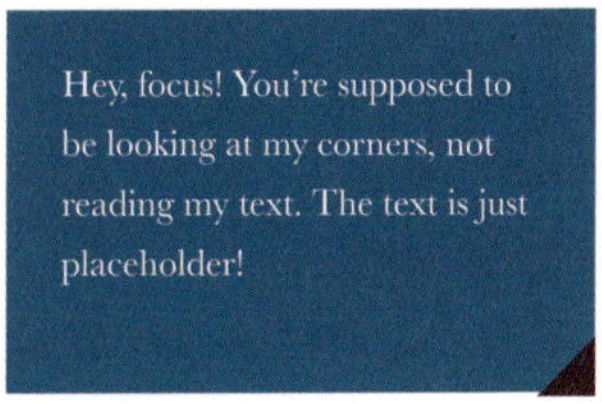

図 3.26
下側の両隅を切り落とそうとする試みの失敗

```
background: #58a;
background:
    linear-gradient(-45deg, transparent 15px, #58a 0)
        right,
    linear-gradient(45deg, transparent 15px, #655 0)
        left;
background-size: 50% 100%;
```

すると**図 3.27**のように、**background-size**が指定されているにもかかわらずグラデーションは重なり合っています。**background-repeat**を無効にし忘れたため、グラデーションが2回ずつ繰り返されます。その結果、グラデーションが要素全体に表示され、依然として重なり合ったままの表示になります。このコードを次のように変更します。

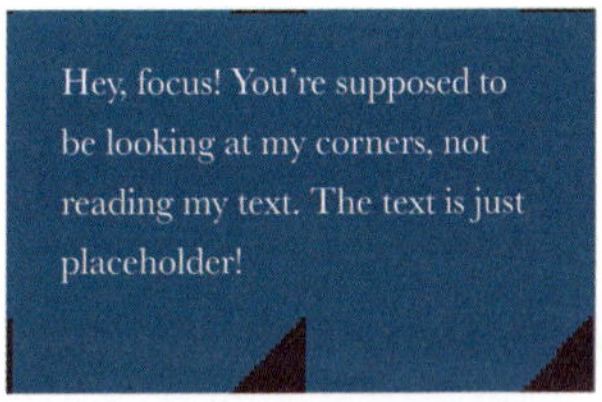

図 3.27
background-sizeを指定するだけでは不十分である

```
background: #58a;
background:
    linear-gradient(-45deg, transparent 15px, #58a 0)
        right,
    linear-gradient(45deg, transparent 15px, #655 0)
        left;
background-size: 50% 100%;
background-repeat: no-repeat;
```

図 3.28のように、ついに正しい表示を得られました。四隅すべての角を切り落とす方法についても、もう想像がつくかと思います。次のように、グラデーションを4つ用意します。

```
background: #58a;
background:
    linear-gradient(135deg,  transparent 15px, #58a 0)
        top left,
    linear-gradient(-135deg, transparent 15px, #655 0)
        top right,
    linear-gradient(-45deg, transparent 15px, #58a 0)
        bottom right,
    linear-gradient(45deg, transparent 15px, #655 0)
        bottom left;
background-size: 50% 50%;
background-repeat: no-repeat;
```

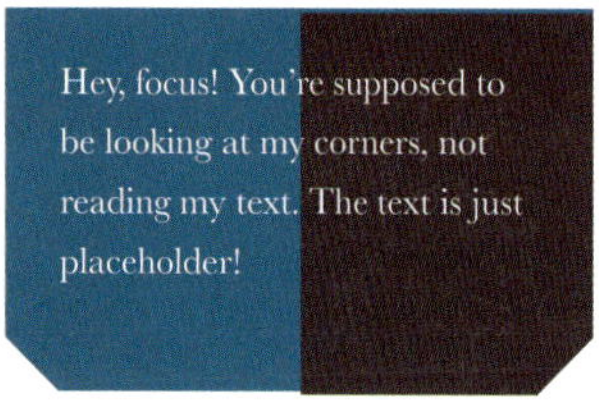

図 3.28
左下と右下に対する切り落としの完成

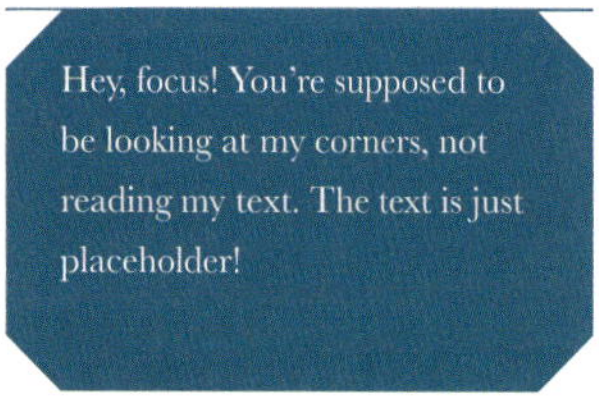

図 3.29
4つのグラデーションを使い、四隅をすべて切り落とす

このコードは**図 3.29**のように表示されますが、保守が難しいという問題があります。**背景色を変えるには5か所、角のサイズを変えるには4か所の修正**がそれぞれ必要です。プリプロセッサを使ってミックスインを定義すれば、同じ値が繰り返されるのを防げます。例えばSCSSでは、次のように記述できます。

```scss
@mixin beveled-corners($bg,
        $tl:0, $tr:$tl, $br:$tl, $bl:$tr) {
    background: $bg;
    background:
        linear-gradient(135deg, transparent $tl, $bg 0)
            top left,
        linear-gradient(225deg, transparent $tr, $bg 0)
            top right,
        linear-gradient(-45deg, transparent $br, $bg 0)
            bottom right,
        linear-gradient(45deg, transparent $bl, $bg 0)
            bottom left;
    background-size: 50% 50%;
    background-repeat: no-repeat;
}
```

そして切り落としを行いたい箇所で、2つから5つのパラメーターを指定して次のようにミックスインを呼び出します。

```scss
@include beveled-corners(#58a, 15px, 5px);
```

この例では、左上と右下が **15px** そして右上と左下が **5px** ずつ切り落とされます。このふるまいは、`border-radius` に3個以下の値を指定した場合と同様です。SCSS ではミックスインへのパラメーターにデフォルト値を指定したり、別のパラメーターの値をデフォルト値として扱うこともできます。

▶ PLAY!　play.csssecrets.io/bevel-corners-gradients

曲線による切り落とし

図 3.30
g2geogeske.com では、曲線による角の切り落としがうまく使われている。デザイナーはこのテクニックをデザインの中心的要素として取り入れた。ナビゲーションやコンテンツだけでなく、フッターにも同様の切り落としが見られる

別の種類のグラデーションを使うと、曲線で角を切り落とせます。角の丸めを反対向きにしたように見えることから、「内側の `border-radius`」と呼ばれることもよくあります。先ほどのコードとの違いは、線形グラデーションではなく下のように円形グラデーションを使う点だけです。

```
background: #58a;
background:
    radial-gradient(circle at top left,
            transparent 15px, #58a 0) top left,
    radial-gradient(circle at top right,
            transparent 15px, #58a 0) top right,
    radial-gradient(circle at bottom right,
            transparent 15px, #58a 0) bottom right,
    radial-gradient(circle at bottom left,
            transparent 15px, #58a 0) bottom left;
background-size: 50% 50%;
background-repeat: no-repeat;
```

表示は図 3.31 のようになります。直線的に切り落とす場合と同じように、角のサイズはカラーストップの位置として表現されます。ミックスインを使うと保守を容易にできる点も共通です。

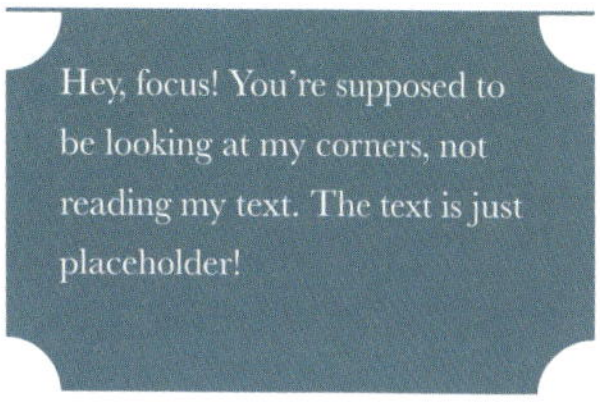

▶ PLAY!　play.csssecrets.io/**scoop-corners**

図 3.31
曲線による角の切り落とし。円形グラデーションが使われる

インラインの SVG と border-image を使った解決策

グラデーションを使った解決策には、問題点がいくつかあります。

- コードは長く、繰り返しが何度も発生します。一般的に、四隅の角のサイズを変更するには4か所の修正が必要です。また、背景色を変える場合にも4か所（代替案も含めるなら5か所）修正しなければなりません。
- 角のサイズが変わるようなアニメーションを作成するのはとても難しく、ブラウザによっては完全に不可能です。

しかし、別の解決策が2つあり、用途に合わせて使い分けられます。1つ目は、`border-image` とインラインの SVG を使って角を生成する方法です。`border-image` の仕組み（忘れてしまった読者は図 2.58 を参照してください）と組み合わせた SVG は、どのようになるでしょうか。

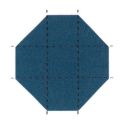

図 3.32
border-image と組み合わせて、角の切り落としを表現するためのSVG

border-imageで指定されたサイズに応じて自由に伸縮できるため、SVGの中ではサイズを気にする必要はありません（ベクター形式の強みです）。記述しやすいように、すべての長さを1にしてもかまいません。切り落とされる部分も、残りの部分も長さを1にしたSVGを拡大表示したものが**図 3.32**で、コードは次のようになります。

```
border: 15px solid transparent;
border-image: 1 url('data:image/svg+xml,\
    <svg xmlns="http://www.w3.org/2000/svg"
        width="3" height="3" fill="%2358a">\
    <polygon points="0,1 1,0 2,0 3,1 3,2 2,3 1,3 0,2"/>\
    </svg>');
```

SVGのサイズを1と指定していますが、これは**1px**という意味ではありません。SVGのデータは固有の座標系を持っており、この座標系での位置を表しています（値に単位がないのはこのためです）。仮に同じ値をパーセンテージで表すなら、画像のサイズの3分の1つまり概数の33.34％という値を指定しなければなりません。すべてのブラウザで数値の精度が同じとは限らないため、概数を指定することにはリスクが伴います。SVGでの座標系を使えば、このような面倒事から解放されます。

図 3.33
border-image としてSVGを適用した結果

このSVGを**border-image**として適用した結果が**図 3.33**です。角が切り落とされてはいますが、背景がありません。対処法は2つあり、1つは背景色を指定する方法です。もう1つでは、中央のスライスも表示されるように**fill**というキーワードを**border-image**の宣言に加えます。今回の例では、非対応のブラウザで代替案としても機能するように背景色を指定することにします。

また、**切り落とされた三角形が以前の例より小さくなっている**ことに気づかれたかもしれません。ボーダーの幅は確かに**15px**なのですが、何が起こったのでしょうか。その答えは、先ほどはグラデーションライン（グラデーションの方向に対して直角に交わる線）に沿って長さ**15px**の切り落としが行われていたからです。**border-width**では、長さは斜めではなく縦または横の方向に測定されます。ここで、またしてもピタゴラスの定理の登場です（**P. 78 の「ストライプ模様の背景」**も参照）。**図 3.34**を見てみましょう。簡単に言うと、グラデーションの場合と同じ大きさにするにはサイズを$\sqrt{2}$倍する必要があります。$15 \times \sqrt{2} \approx 21.213203436$なので、可能な限り厳密に斜辺の長さを**15px**に近づけたいのでもないなら、**20px**と指定すれば十分でしょう。コードは以下のとおりです。

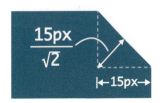

図 3.34
border-width に **15px** と指定すると、要素の隅から斜辺までの距離は $\frac{15}{\sqrt{2}} \approx 10.606601718$ であり、切り落とされるサイズが小さくなる

```
border: 20px solid transparent;
border-image: 1 url('data:image/svg+xml,\
    <svg xmlns="http://www.w3.org/2000/svg"\
        width="3" height="3" fill="%2358a">\
    <polygon points="0,1 1,0 2,0 3,1 3,2 2,3 1,3 0,2"/>\
    </svg>');
background: #58a;
```

しかし今度は、図 3.35 のような表示になります。切り落とされたはずの角がそのまま残っています。実は、切り落としは正しく行われています。背景色を別の色（例えば ■ #655）に変えると、何が起こったのか理解できるでしょう。

図 3.36 のように、切り落とされた角を背景が隠してしまっていたのでした。そこで、下のように `background-clip` の値を変更し、背景がボーダーの領域まで広がるのを防ぎます。

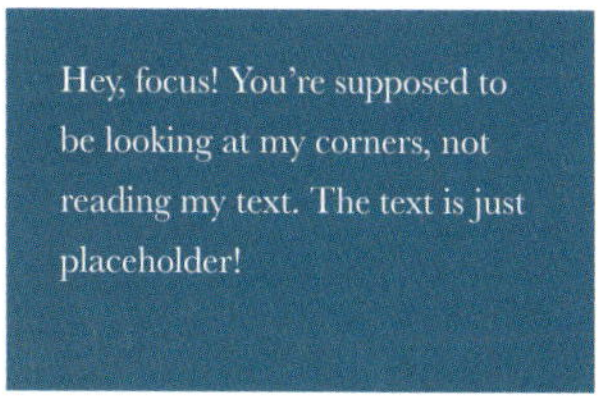

図 3.35
切り落としたはずの角が引き続き表示される

```
border: 20px solid transparent;
border-image: 1 url('data:image/svg+xml,\
    <svg xmlns="http://www.w3.org/2000/svg"\
        width="3" height="3" fill="%2358a">\
    <polygon points="0,1 1,0 2,0 3,1 3,2 2,3 1,3 0,2"/>\
    </svg>');
background: #58a;
background-clip: padding-box;
```

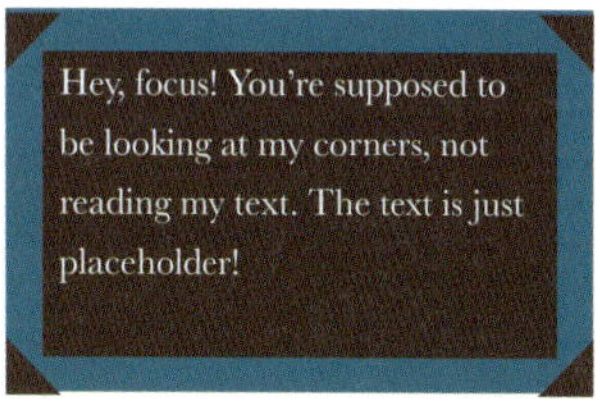

図 3.36
背景色を変えることによって、角が切り落とされない理由を特定できた

これですべての課題は解決し、図 3.29 とまったく同じ表示を得られます。しかも、ボーダーの幅を1か所修正するだけで切り落としのサイズを変更できます。また、`border-width` はアニメーションに対応しており、ボーダーの幅を徐々に変化させることも可能です。背景色を変えたい場合も、修正が必要なのは2か所だけです（グラデーションを使う場合は5か所でした）。さらに、背景と角の表示が独立しているため、背景の自由度が上がっています。外周に到達した時の色が ■ #58a でさえあれば、グラデーションやその他のパターンを指定してもかまいません。例えば図 3.37 の例では、`hsla(0,0%,100%,.2)` から `transparent` への円形グラデーションが指定されています。

図 3.37
角の切り落としと円形グラデーションの組み合わせ

1つだけ、小さな注意点があります。`border-image` に対応していないブラウザでの代替表示は、単に角が切り落とされていないだけではありません。`background-clip` のせいで、ボックスの外周とコンテンツの間隔が短くなってしまっています。この問題にも対応するには、次のコードのようにボーダーの色を背景色と一致させます。

```css
border: 20px solid #58a;
border-image: 1 url('data:image/svg+xml,\
    <svg xmlns="http://www.w3.org/2000/svg"\
         width="3" height="3" fill="%2358a">\
    <polygon points="0,1 1,0 2,0 3,1 3,2 2,3 1,3 0,2"/>\
    </svg>');
background: #58a;
background-clip: padding-box;
```

`border-image` に対応したブラウザでは、ここでのボーダーの色は無視されます。対応していないブラウザでは、色つきのボーダーが代替の表示として機能し、図 3.35 と同じ表示を得られます。ただし、上のコードでは背景色を変えたい場合に修正しなければならない箇所が3つに増えています。

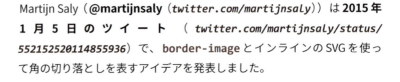

▶ PLAY! play.csssecrets.io/**bevel-corners**

HAT TIP

Martijn Saly（**@martijnsaly**（`twitter.com/martijnsaly`））は **2015 年 1 月 5 日のツイート**（`twitter.com/martijnsaly/status/552152520114855936`）で、`border-image` とインラインの SVG を使って角の切り落としを表すアイデアを発表しました。

LIMITED SUPPORT

クリッピングパスを使った解決策

`border-image` を使った解決策はとてもコンパクトでかなり DRY なのですが、制約もあります。例えば、背景の全体またはその外周部がボーダーの色と同じでなければなりません。テクスチャやパターン、線形グラデーションなどを指定したい場合にはどうすればよいでしょうか。

この制約を受けない方法もあります。ただしこれも万能ではなく、別の制約を受けます。P. 124 の「ひし形の画像」で紹介した `clip-path` プロ

パティを思い出してみましょう。CSSのクリッピングパスには、要素のサイズに対するパーセンテージと具体的な長さを混在して指定できるというとても大きな特長があります。

例えば、要素を表す長方形の角から（縦または横に数えて）**20px**を切り落とすためクリッピングパスは以下のようになります。

```
background: #58a;
clip-path: polygon(
    20px 0, calc(100% - 20px) 0, 100% 20px,
    100% calc(100% - 20px), calc(100% - 20px) 100%,
    20px 100%, 0 calc(100% - 20px), 0 20px
);
```

コードは短くなりましたが、短いコードがすべてDRYとは限りません。プリプロセッサを使わない場合、これはとても大きな問題です。実際に、このコードはCSSだけを使ったソリューションの中で最もWETです。角の大きさを変えたくなったら、何と8か所も修正しなければなりません。一方、背景色については1か所の修正だけですみます。

この方法の主なメリットに、**任意の背景を指定でき、画像などの置換要素に対する切り落としも可能**である点があげられます。画像を切り落とした例を図 3.38 に示します。今までに紹介した方法では、これらは不可能です。また、切り落としのサイズだけでなく形状もアニメーションの中で変化させることが可能になります。このようなアニメーションを行うには、複数のクリッピングパスを用意します。

FUTURE 将来の切り落とし

将来的には、CSSグラデーションにもSVGにもクリッピングパスにも依存せずに角を切り落とせるようになる可能性があります。標準化作業中の **CSS Backgrounds & Borders Level 4**（*dev.w3.org/csswg/css-backgrounds-4/*）では、**corner-shape**という新しいプロパティが定義されています。**border-radius**で指定された大きさで、さまざまな形状での切り落としを行えます。例えば、**15px**の単純な切り落としをすべての角で行うには次のようにします。

```
border-radius: 15px;
corner-shape: bevel;
```

図 3.38
クリッピングパスを使って角を切り落とした画像

　WETであり、対応するブラウザが限られること以外にも、クリッピングパスを利用すると（十分なパディングがない場合）テキストも切り落とされてしまう問題があります。クリッピングパスの処理では、要素のボックスとコンテンツが区別されません。一方、グラデーションは単なる背景なので、切り落とされた角の部分とテキストが重なることもあります。また、`border-image`はボーダーなので、テキストと重なることはありません。

▶ **PLAY!** play.csssecrets.io/**bevel-corners-clipped**

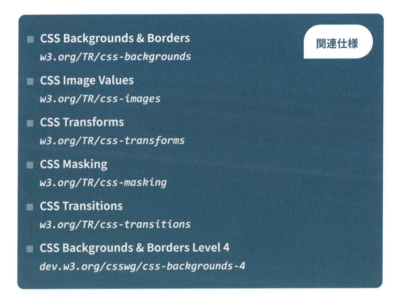

関連仕様

- **CSS Backgrounds & Borders**
  w3.org/TR/css-backgrounds
- **CSS Image Values**
  w3.org/TR/css-images
- **CSS Transforms**
  w3.org/TR/css-transforms
- **CSS Masking**
  w3.org/TR/css-masking
- **CSS Transitions**
  w3.org/TR/css-transitions
- **CSS Backgrounds & Borders Level 4**
  dev.w3.org/csswg/css-backgrounds-4

13 台形のタブ

> **知っておくべきポイント**
> 基本的な3次元トランスフォームプロパティ、P. 120 の「平行四辺形」

図 3.39
擬似要素のボーダーを使って表現された台形。濃い色の部分が擬似要素を表す

課題

　平行四辺形をさらに一般化したのが台形で、向かい合う辺のうち1組だけが平行です。もう1組の辺については、平行でなくてもかまいません。台形はしばしばタブなどに利用されていますが、CSSを使って生成するのがとても難しい図形として知られていました。手間をかけて背景画像を用意するか、長方形の左右に擬似要素を使ったボーダーとして三角形を加える（**図 3.39**）といった方法がとられていました。

　このボーダーによるアプローチでは画像が必要ありません。そのためHTTPリクエストの回数を節約でき、異なるサイズの台形にも対応できます。しかし、理想的なアプローチとは言えません。擬似要素を2つ消費してしまうほか、スタイルの柔軟性が損なわれます。例えば、この台形にボーダーや背景のテクスチャあるいは角の丸めを追加するといったことはおそらく不可能です。

　台形を生成するための既存のテクニックはいずれも、かなり煩雑で保守が困難です。そのため、実世界でのタブの多くは両側の辺が斜めになっているにもかかわらず、Webでのタブはほとんどが長方形です。台形のタブを作るための、クリーンで柔軟な方法はないでしょうか。

図 3.40

Cloud9 IDE（`c9.io`）では、開かれたドキュメントに台形のタブが割り当てられる

図 3.41

かつての `css-tricks.com` のデザイン。辺が斜めになっているのは片側だけだが、台形のタブが使われていた

解決策

仮に、既存の 2 次元トランスフォームを組み合わせて台形を生成できるなら、**P. 120 の「平行四辺形」** で紹介した解決策をそのまま適用できます。しかし残念なことに、このような方法はありません。

一方、3 次元の物理的な空間の中で四角形を回転させる場合について考えてみましょう。遠くにあるものは小さく見えるため、2 次元の長方形が台形に見えることがあります。この効果を、3 次元トランスフォームを使って CSS でも再現してみましょう。

```
transform: perspective(.5em) rotateX(5deg);
```

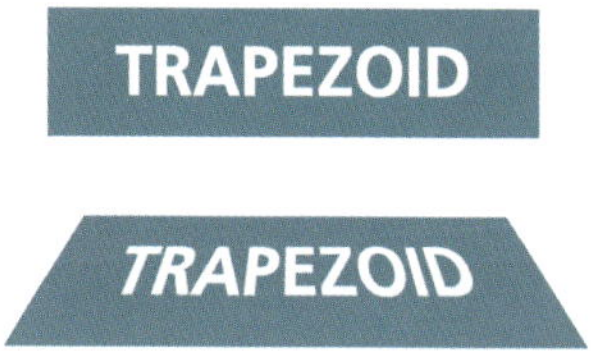

図 3.42

3次元トランスフォームを使って台形を生成する。
上：適用前
下：適用後

上のコードによって、**図 3.42** のような台形のタブが生成されます。ここでのトランスフォームは要素全体に適用されるため、テキストもゆがんでしまっています。2 次元の場合と異なり、3 次元トランスフォームでは（反対方向のトランスフォームを適用することによって）要素の内部だけトランスフォームを打ち消すことができません。技術的に可能ではあるのですが、その方法はきわめて複雑です。最も現実的な方法は、**P. 120 の**

「平行四辺形」で紹介したものと同様に擬似要素に対してトランスフォームを適用する方法です。コードは次のとおりです。

```
.tab {
    position: relative;
    display: inline-block;
    padding: .5em 1em .35em;
    color: white;
}

.tab::before {
    content: ''; /* To generate the box */
    position: absolute;
    top: 0; right: 0; bottom: 0; left: 0;
    z-index: -1;
    background: #58a;
    transform: perspective(.5em) rotateX(5deg);
}
```

図 3.43
擬似要素として生成されたボックスに3次元トランスフォームを適用し、テキストへの影響を回避する

図 3.44
大きさの変化を示すために、トランスフォームの前と後の要素を重ねたもの

図 3.45
`transform-origin: bottom;`が指定された場合の、トランスフォーム前後の四角形

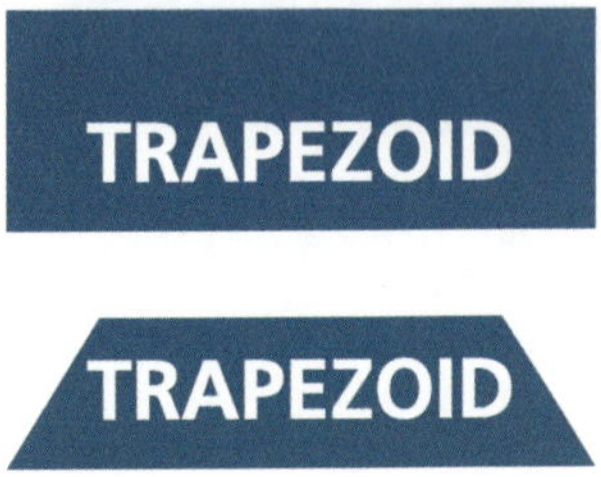

図 3.46
[パディングを追加した場合の表示（下）と、非対応のブラウザでのみにくい代替表示（上）]

すると図 3.43のように、基本的な台形を生成できました。しかし、ここには問題点が1つあります。`transform-origin`を指定せずにトランスフォームを適用すると、要素の中央を基準として変形が発生します。その結果を2次元の画面へと投影すると、図 3.44のようにさまざまな変化が生じます。幅は広がり、少し上方向に移動し、高さは若干減少します。その結果、正確なデザインが難しくなっています。

これらの変化を軽減するために、`transform-origin: bottom;`を指定します。こうすると、回転しても四角形の下辺は図 3.45のように一定の位置を保ちます。高さが減少するだけになり、かなり期待に近い表示を得られました。ただし、高さの減少幅は前の例よりも大きくなっています。先ほどは要素の下半分については見る者の側に近づくように回転していましたが、今回は要素全体が遠ざかるように回転が発生しています。この問題に対処するには、上辺にパディングを加えればよいと思われたかもしれません。しかしこうすると、3次元トランスフォームに対応していないブラウザでは図 3.46のようにひどい表示になってしまいます。そこで、高さを増やす処理もトランスフォームとして記述し、非対応のブラウザでは表示が何も変化しないようにします。試行錯誤の結果、約130％の縦方向の拡大（`scaleY()`トランスフォーム）を行うと上辺の余白がきれいに埋まると判明しました。新しいコードは次のようになります。

```
transform: scaleY(1.3) perspective(.5em)
           rotateX(5deg);
transform-origin: bottom;
```

すると**図 3.47**のように、トランスフォーム後の台形も非対応でのブラウザでの表示もきれいになります。冒頭で紹介したボーダーのアプローチと同等の表示を、大幅に簡潔な形で実現できました。しかも、上のコードはタブにスタイルを追加指定したい場合にさらに威力を発揮します。例えば、**図 3.48**のようなタブを生成するための以下のコードについて見てみましょう。:

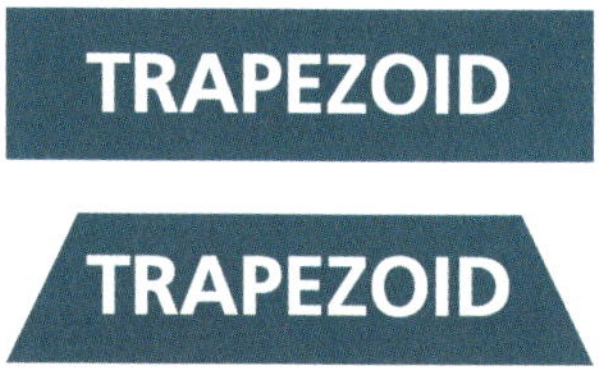

図 3.47
scaleY() を使って余白を埋めることによって、上図のように、よりよい代替表示を得られる

```css
nav > a {
    position: relative;
    display: inline-block;
    padding: .3em 1em 0;
}

nav > a::before {
    content: '';
    position: absolute;
    top: 0; right: 0; bottom: 0; left: 0;
    z-index: -1;
    background: #ccc;
    background-image: linear-gradient(
                        hsla(0,0%,100%,.6),
                        hsla(0,0%,100%,0));
    border: 1px solid rgba(0,0,0,.4);
    border-bottom: none;
    border-radius: .5em .5em 0 0;
    box-shadow: 0 .15em white inset;
    transform: perspective(.5em) rotateX(5deg);
    transform-origin: bottom;
}
```

ここでは背景、ボーダー、角丸、そして影が指定されていますが、何の問題もなく機能しています。さらに、**transform-origin**の値を

`bottom left`や`bottom right`にするだけで、片方の辺だけを斜めにできます（**図 3.49**）。

図 3.48
スタイル指定の際の柔軟性が発揮された例

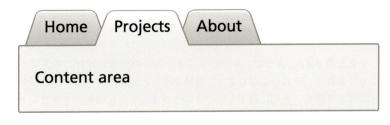

図 3.49
`transform-origin`の値を変更すると、タブの傾きを変更できる

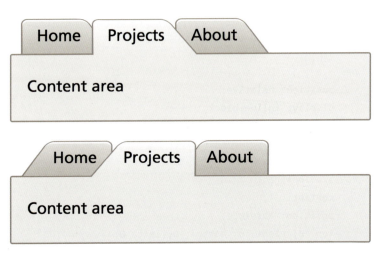

　このようにさまざまなメリットはありますが、このテクニックも完全なわけではありません。**要素の幅によって、辺の傾きが変わってしまう**かなり深刻な問題があります。可変のコンテンツを扱う場合には、タブの形を揃えるためにトリッキーな手法が必要になります。とは言え、あまり幅が変わらない要素（ナビゲーションメニューなど）では違いはほとんど目立たず、ここで紹介した仕組みはとてもうまく機能します。

▶ PLAY!　play.csssecrets.io/**trapezoid-tabs**

14. シンプルな円グラフ

> **知っておくべきポイント**
>
> CSSグラデーション、基本的なSVG、CSSアニメーション、P.78の「ストライプ模様の背景」、P.114の「さまざまな楕円形」

課題

　集計結果の表示からプログレスインジケーターやタイマーに至るまで、円グラフはとても多くの用途に使われています。しかし、従来のWebテクノロジーでは最もシンプルな2色の円グラフでさえ作成は面倒でした。

　円グラフを表示するには、値を表す扇形を1つずつあらかじめ用意するか、はるかに複雑なグラフにも対応したJavaScriptライブラリに頼るのが一般的です。

　グラフの作成は以前ほど困難ではなくなりましたが、1行ですべてをシンプルに記述できるようなライブラリはまだありません。一方、今日では保守も容易なよりよい方法が複数考えられています。

トランスフォームを使った解決策

　マークアップのシンプルさという観点からは、この解決策が最善です。必要な要素は1つだけで、擬似要素とトランスフォームそしてCSSグラデーションを使ってグラフが表現されます。まず、次のように要素を1つ記述しましょう。

```html
<div class="pie"></div>
```

ここでは、20％の割合がハードコードされた円グラフを作成します。より柔軟なグラフについては、後ほど解説します。上の要素に円のスタイルを指定し、グラフの背景として利用します（**図 3.50**）。

```css
.pie {
    width: 100px; height: 100px;
    border-radius: 50%;
    background: yellowgreen;
}
```

図 3.50
手始めの表示（あるいは、100％を表す円グラフ）

黄緑色（■`yellowgreen`）と茶色（■`#655`）を使ってグラフを表現することにします。`skew()`関数を使えばよいと思われるかもしれませんが、試してみるととても煩雑になってしまうことがわかります。代わりに、円の左右を2色に塗り分け、擬似要素を使って必要な部分だけが表示されるようにします。

まず、以下のようにシンプルな線形グラデーションを使って円の右半分を茶色にします。

```css
background-image:
    linear-gradient(to right, transparent 50%, #655 0);
```

図 3.51
シンプルな線形グラデーションを使い、右半分を茶色にする

すると表示は**図 3.51**のようになります。続いて、マスクとして機能させるための擬似要素を用意します。

```css
.pie::before {
    content: '';
    display: block;
    margin-left: 50%;
    height: 100%;
}
```

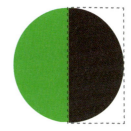

図 3.52
これからマスクとして利用する擬似要素。破線で表す

この擬似要素は**図 3.52**のように、円の要素に合わせて配置されます。スタイルはまだ指定していないので、何も隠していません。この段階で

は、単なる見えない四角形です。スタイル指定は次のような考え方にもとづいて行います。

- これから茶色の部分をマスクしようとしているので、擬似要素の背景色は緑にします。`background-color: inherit;`と指定すれば、親要素と同じ背景色が適用されるため、同じ色を繰り返し記述せずに済みます。
- 円の中心を原点として、擬似要素を回転させます。この原点は擬似要素にとっては左の辺の中央に相当するので、`transform-origin`には`0 50%`（または単に`left`）を指定します。
- 擬似要素が四角形のままだと、表示が円からはみ出てしまいます。`.pie`の要素に`overflow: hidden`を指定するか、適切な`border-radius`を指定して半円の表示にするかのどちらかが必要です。

まとめると、擬似要素のためのCSSは以下のようになります。

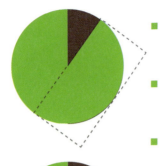

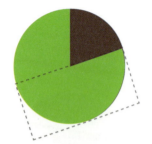

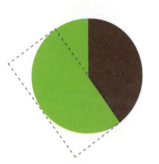

```css
.pie::before {
    content: '';
    display: block;
    margin-left: 50%;
    height: 100%;
    border-radius: 0 100% 100% 0 / 50%;
    background-color: inherit;
    transform-origin: left;
}
```

図 3.53
さまざまな角度を表す円グラフ。上から：10%（`36deg` または `.1turn`）、20%（`72deg` または `.2turn`）、40%（`144deg` または `.4turn`）

! ここで `background-color: inherit;` ではなく `background: inherit;` と指定すると、グラデーションの指定も継承されてしまいます。間違えないように注意しましょう。

現在のグラフの表示は図3.54のようにただの円ですが、お楽しみはこれからです。`rotate()`関数を適用し、擬似要素を回転させてみましょう。20%という値を表すには、0.2 × 360 = 72なので72度つまり`72deg`を回転の角度として指定します。または、よりシンプルに`.2turn`としてもよいでしょう。さまざまな角度を指定した場合の表示と合わせて、図3.53に示します。

これで終わりと思われるかもしれませんが、問題はそこまでシンプルではありません。現状のコードはゼロから50％までの値ならうまく表せますが、例えば60％（`.6turn`）を表そうとすると図3.55のように表示されてしまいます。ただし悲観する必要はなく、対策はあります。

50％以下の場合とコードが別々になってしまいますが、上のコードを反転させる単純な解決策があります。茶色の擬似要素を用意し、`0`から`.5turn`までの間の角度を指定します。下のようにすれば、60％の値を正しく表示できます。

```css
.pie::before {
    content: '';
    display: block;
    margin-left: 50%;
    height: 100%;
    border-radius: 0 100% 100% 0 / 50%;
    background: #655;
    transform-origin: left;
    transform: rotate(.1turn);
}
```

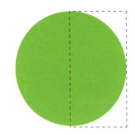

図 3.54
スタイルが指定された擬似要素（破線はアウトラインを表す）

図 3.56 のように正しい表示を得られました。これで任意のパーセンテージを表せるようになったので、これらをつなげて 0 から 100 % へと変化するアニメーションも生成できます。しゃれたプログレスインジケーターとして利用できるでしょう。コードは以下のとおりです。

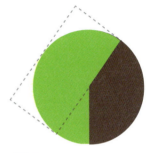

図 3.55
50 % を超える値（ここでは 60 %）を指定すると、表示が崩れる

```css
@keyframes spin {
    to { transform: rotate(.5turn); }
}

@keyframes bg {
    50% { background: #655; }
}

.pie::before {
    content: '';
    display: block;
    margin-left: 50%;
    height: 100%;
    border-radius: 0 100% 100% 0 / 50%;
    background-color: inherit;
    transform-origin: left;
    animation: spin 3s linear infinite,
               bg 6s step-end infinite;
}
```

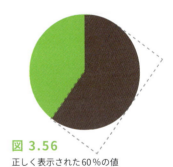

図 3.56
正しく表示された 60 % の値

▶ PLAY!　play.csssecrets.io/**pie-animated**

　ここまでのコードは正しく機能しています。次に、異なるパーセンテージの値を表す複数の円グラフを表示させてみましょう。このような表示が必要になるケースは多いと思われます。マークアップとしては例えば次のように記述するだけで、それぞれ20％と60％の値を表す2つの円グラフを表示できることが望まれます。

```html
<div class="pie">20%</div>
<div class="pie">60%</div>
```

　まずは、インラインのスタイルを使って値を指定する方法を検討します。続いて、コンテンツのテキストを読み込んでインラインのスタイルを要素に追加するようなスクリプトを作成します。こうすれば**エレガントで保守も容易なカプセル化されたコードを記述でき、アクセシビリティも向上**します。

　インラインのスタイルを使って円グラフの表示をコントロールする上で最大の問題になるのが、擬似要素でスタイルが設定されている点です。**擬似要素にはインラインのスタイル指定を行えないため、何らかの工夫が必要**になります。

　この問題への解決策は、思わぬところで見つかります。先ほど紹介したアニメーションを指定し、そして一時停止の状態のままにするのです。遅延（**animation-delay**）として負の値を指定すると、その時間が経過した状態のアニメーションが初期状態として表示されます。そのまま、アニメーションを実行せずに表示を保持します。理解しにくいかもしれませんが、負の遅延はとても便利であり、以下のように仕様でも認められています。

> 負の遅延も正当です。この場合、遅延としてゼロ秒（**0s**）が指定されている場合と同様に、アニメーションは即座に実行されます。ただし、遅延の絶対値で表される分だけ自動的に進められた状態でアニメーションが開始します。あたかも指定された過去の時間から開始していたかのように、途中の状態からアニメーションが行われます。
>
> — CSS Animations Level 1（w3.org/TR/css-animations/#animation-delay）

アニメーションを一時停止の状態にしておけば、**animation-delay**で指定された経過時間のフレームが表示され続けます。円グラフ上でのパーセンテージは、アニメーション全体に対する遅延の値の割合として表されます。例えばアニメーション全体が6秒間だとすると、20％の表示のためには（6秒間の20％は1.2秒なので）遅延としてマイナス1.2秒を指定します。計算を簡単にするために、アニメーション全体の時間は100秒とするのがよいでしょう。アニメーションはずっと停止したままなので、全体の時間は何秒でもかまいません。

最後に、アニメーションは擬似要素に対して実行されるけれどもインラインのスタイルは**.pie**の要素に指定することを思い出しましょう。この**div**要素ではアニメーションは行われないため、この要素にインラインで**animation-delay**を指定し、擬似要素では**animation-delay: inherit;**と指定して親要素での設定を引き継ぐようにします。つまり、20％と60％の円グラフを生成するためのマークアップは次のようになります。

> **TIP!** このテクニックは、繰り返しや面倒な計算を避けながら一定の範囲内の値を利用したい場合や、アニメーションを少しずつ進めながらデバッグする場合などにも利用できます。シンプルな例を **play.csssecrets.io/static-interpolation**で紹介しています。

```html
<div class="pie"
     style="animation-delay: -20s"></div>
<div class="pie"
     style="animation-delay: -60s"></div>
```

そしてCSSは以下のとおりです。**.pie**用のルールは、以前と同じため省略します。

```css
@keyframes spin {
    to { transform: rotate(.5turn); }
}
@keyframes bg {
    50% { background: #655; }
}
.pie::before {
    /* 他のスタイルについては、以前のコードと同様です */
    animation: spin 50s linear infinite,
               bg 100s step-end infinite;
    animation-play-state: paused;
    animation-delay: inherit;
}
```

シークレット14：シンプルな円グラフ

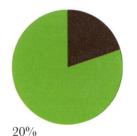

20%

60%

図 3.57
テキスト（ここでは表示された状態のまま）から生成された円グラフ

ここまでのコードができたら、最終目標の実現つまりマークアップの中にパーセンテージを記述できるようにするのは簡単です。下のようなシンプルなスクリプトを使い、`.pie` の要素に `animation-delay` を設定します。

```js
$$('.pie').forEach(function(pie) {
    var p = parseFloat(pie.textContent);
    pie.style.animationDelay = '-' + p + 's';
});
```

アクセシビリティやユーザビリティの観点から、テキストとして記述されたパーセンテージの文字列は削除しないことにします。表示は**図 3.57** のようになります。テキストを隠したいなら、`color: transparent` を指定します。こうすれば、テキストの選択や印刷は引き続き可能です。仕上げとして、選択を容易にするためにパーセンテージを円グラフの中央に移動します。必要な変更は以下のとおりです。

- 円グラフで、`height` の代わりに `line-height` を指定します。`height` と同じ値を `line-height` に指定してもかまいませんが、コードの重複を招くため望ましくありません（しかも、`line-height` が指定されていれば適切な値が `height` にも設定されるため無意味です）。
- 擬似要素のサイズと位置を絶対的な値として指定します。こうすることによって、テキストが下にずれなくなります。
- `text-align: center;` を指定し、テキストを横方向の中央に配置します。

最終的なコードは次のようになります。

```css
.pie {
    position: relative;
    width: 100px;
    line-height: 100px;
    border-radius: 50%;
    background: yellowgreen;
    background-image:
        linear-gradient(to right, transparent 50%, #655 0);
    color: transparent;
```

```css
        text-align: center;
    }

    @keyframes spin {
        to { transform: rotate(.5turn); }
    }
    @keyframes bg {
        50% { background: #655; }
    }

    .pie::before {
        content: '';
        position: absolute;
        top: 0; left: 50%;
        width: 50%; height: 100%;
        border-radius: 0 100% 100% 0 / 50%;
        background-color: inherit;
        transform-origin: left;
        animation: spin 50s linear infinite,
                   bg 100s step-end infinite;
        animation-play-state: paused;
        animation-delay: inherit;
    }
```

▶ PLAY!　play.csssecrets.io/**pie-static**

SVGを使った解決策

　SVGはグラフィック関連の作業の多く（円グラフの作成も含みます）を容易にしてくれます。ただし、パスを使って円グラフを記述するにはある程度の計算が必要です。そこで、ちょっとしたトリックを使うことにします。

　まずは、次のように円を記述してください。

これらの **CSS** のプロパティは、**SVG** の要素の属性として記述してもかまいません。再利用のしやすさを重視する場合には、すべてを SVG として記述するほうがよいでしょう。

```
<svg width="100" height="100">
<circle r="30" cx="50" cy="50" />
</svg>
```

次に、この円に基本的なスタイルを設定します。

```
circle {
    fill: yellowgreen;
    stroke: #655;
    stroke-width: 30;
}
```

図 3.58
作業の基礎になる緑色の円。■ #655 の太いストロークとともに表示される

すると、図 3.58 のように太いストロークを含む円が生成されます。SVG のストロークで指定できるのは、**stroke** や **stroke-width** といったプロパティだけではありません。あまり知られていませんが、さまざまなプロパティを使ってストロークに詳細な設定を行えます。その 1 つが、破線としてストロークを描画するための **stroke-dasharray** です。例えば次のように記述できます。

```
stroke-dasharray: 20 10;
```

図 3.59
破線のストローク。stroke-dasharray を使って指定する

こうすると、図 3.59 のように長さ 20 の破線が長さ 10 の間隔で表示されます。円グラフと何の関係があるのかと思われたかもしれませんが、ここで破線の長さをゼロにし、間隔を円周（半径を r とすると、2πr で表されます。今回の例では、2π × 30 ≈ 189 です）以上にしてみましょう。

```
stroke-dasharray: 0 189;
```

図 3.60
stroke-dasharray にさまざまな値を指定した際の効果。左から
0 189
40 189
95 189
150 189

　すると、**図 3.60** の左端のように表示されます。ストロークはすべて消え、緑色の円だけが表示されます。さらに、1つ目のパラメーターの値を増やしてみましょう。すると表示は残りの図のようになります。間隔がとても広いので、破線は1つだけ表示されます。そしてその破線は、1つ目のパラメーターの値に応じた割合を円周の中で占めます。

　行われようとしていることがわかってきた読者もいるかもしれません。円の半径を小さくして全体がストロークで覆い隠されてしまうようにすれば、円グラフにかなり似た表示を得られます。例えば**図 3.61** は、半径 25 の円と幅 50 のストロークの組み合わせ（コードは下記）です。

図 3.61
SVG の図が円グラフに似てきた

SVG でのストロークの幅のうち、半分は必ず対象の要素の外側に描画され、残る半分は内側に描画されます。将来的には、この挙動を変更できるようになる可能性があります。

```
<svg width="100" height="100">
    <circle r="25" cx="50" cy="50" />
</svg>
```

```
circle {
    fill: yellowgreen;
    stroke: #655;
    stroke-width: 50;
    stroke-dasharray: 60 158; /* 2π × 25 ≈ 158 */
}
```

　ここまで来れば、以前の例と同様の円グラフを作成するのは簡単です。**ストロークの背後に大きな緑色の円を追加**するとともに、**要素全体を反時計回りに 90 度回転**して破線の開始位置を円の上端にします。`<svg>` 要素は HTML の要素でもあるので、下のようにして通常と同じやり方でスタイルを指定できます。

```
svg {
    transform: rotate(-90deg);
    background: yellowgreen;
    border-radius: 50%;
}
```

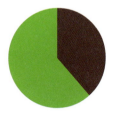

図 3.62
SVG版の円グラフの完成

図 3.62 が最終的な円グラフの表示です。このテクニックを使えば、0％から10％へのアニメーションもより簡単になります。下のコードのように、**stroke-dasharray** の値が **0 158** から **158 158** へと変化する CSSアニメーションを記述するだけです。

```
@keyframes fillup {
    to { stroke-dasharray: 158 158; }
}

circle {
    fill: yellowgreen;
    stroke: #655;
    stroke-width: 50;
    stroke-dasharray: 0 158;
    animation: fillup 5s linear infinite;
}
```

円周が限りなく100に近づくように半径を指定すれば、**stroke-dasharray** にパーセンテージをそのまま記述でき、面倒な計算が必要なくなります。半径が r の円の円周は 2πr なので、求める半径の値は $\frac{100}{2\pi} \approx 15.915494309$ です。我々の目的に関する限り、切り上げて16という値を指定してしまってもよいでしょう。また、**width** と **height** ではなく **viewBox** 属性を使ってSVGのサイズを指定すれば、コンテナ要素のサイズに合わせた表示にできます。

図 3.62 のSVGにこれらの変更を加えた結果は次のようになります。

```
<svg viewBox="0 0 32 32">
    <circle r="16" cx="16" cy="16" />
</svg>
```

そして CSS は以下のとおりです。

```
svg {
    width: 100px; height: 100px;
    transform: rotate(-90deg);
    background: yellowgreen;
    border-radius: 50%;
}

circle {
    fill: yellowgreen;
    stroke: #655;
```

FUTURE 円グラフ

P. 93 の「市松模様」中で触れた円錐形グラデーションについて覚えているでしょうか。これは円グラフの生成にも利用できます。円形の要素を用意し、カラーストップを 2 つ持つ円錐形グラデーションを指定するだけです。例えば図 3.53 のような 40 % を表すグラデーションは、以下のコードを使って簡単に記述できます。

```
.pie {
    width: 100px; height: 100px;
    border-radius: 50%;
    background: conic-gradient(#655 40%, yellowgreen 0);
}
```

また、**CSS Values Level 3**（*w3.org/TR/css3-values/#attr-notation*）で機能拡張された **attr()** 関数が広く実装されたら、次のように HTML の属性を通じてパーセンテージを簡単に指定できます。

```
background: conic-gradient(#655 attr(data-value %), yellowgreen 0);
```

円錐形グラデーションを使えば、3 つ以上の色もきわめて簡単に指定できます。例えばこの記事の右上に示した円グラフも、以下のコードのようにカラーストップを追加するだけで生成できます。

```
background: conic-gradient(deeppink 20%, #fb3 0, #fb3 30%, yellowgreen 0);
```

シークレット14：シンプルな円グラフ

```
    stroke-width: 32;
    stroke-dasharray: 38 100; /* for 38% */
}
```

これで、パーセンテージを変更するのがとても容易になりました。もちろん、複数の円グラフのためにSVGのマークアップを繰り返し記述する必要もありません。JavaScriptの助けを借りて、作業を自動化しましょう。HTMLのマークアップとしては、次のようなものが記述されているとします。

```html
<div class="pie">20%</div>
<div class="pie">60%</div>
```

スクリプトはこのようなマークアップを読み込み、**.pie**のすべての要素に対してインラインのSVGを追加します。ここには必要な要素や属性がすべて含まれます。また、アクセシビリティのためにSVGの**title**要素を追加します。これがあれば、読み上げソフトウェアのユーザーがパーセンテージの値を聞き取れるようになります。最終的なコードは次のようになります。

```js
$$('.pie').forEach(function(pie) {
    var p = parseFloat(pie.textContent);
    var NS = "http://www.w3.org/2000/svg";
    var svg = document.createElementNS(NS, "svg");
    var circle = document.createElementNS(NS, "circle");
    var title = document.createElementNS(NS, "title");
    circle.setAttribute("r", 16);
    circle.setAttribute("cx", 16);
    circle.setAttribute("cy", 16);
    circle.setAttribute("stroke-dasharray", p + " 100");
    svg.setAttribute("viewBox", "0 0 32 32");
    title.textContent = pie.textContent;
    pie.textContent = '';
    svg.appendChild(title);
    svg.appendChild(circle);
```

```
    pie.appendChild(svg);
});
```

　これで完成です。慣れ親しんだCSSのコードだけで記述でき、しかもシンプルな1つ目の解決策のほうが好まれるかもしれません。しかし、**SVGを使う場合にしか得られないメリット**もあります。

- 3色目を簡単に追加できます。ストロークつきの円をもう1つ用意し、**stroke-dashoffset**を指定してストロークの開始位置を変更します。または、現時点で表示されているパーセンテージに自身の値を加えたストロークを表示します。トランスフォームを使った1つ目の解決策では、3つ目の色を追加する方法の見当もつきません。
- 印刷する際に特別な工夫が必要ありません。SVGの要素はコンテンツとみなされ、**img**要素などと同じように通常どおり印刷できます。1つ目の解決策では、背景色に依存しているため正しく印刷できません。
- 色をインラインのスタイルで指定しているため、スクリプトを使って簡単に変更できます。例えば、ユーザーの入力に応じて色を変更するといった処理が考えられます。一方1つ目の解決策では擬似要素が使われているため、継承という間接的な方法を使わなければインラインのスタイルを指定できず不便です。

▶ **PLAY!**　play.csssecrets.io/**pie-svg**

関連仕様

- **CSS Transforms**
  w3.org/TR/css-transforms
- **CSS Image Values**
  w3.org/TR/css-images
- **CSS Backgrounds & Borders**
  w3.org/TR/css-backgrounds
- **Scalable Vector Graphics**
  w3.org/TR/SVG
- **CSS Image Values Level 4**
  w3.org/TR/css4-images

視覚効果

4

単方向の影

課題

　Q&Aサイトで**box-shadow**について見かける質問の多くは、1つ（あるいは、まれに2つ）の辺だけに影を表示するにはどうすればよいかという質問です。stackoverflow.comでざっと検索してみたところ、1,000件近くもの質問がヒットしました。1方向に伸びる影のような表示効果はあまり目立ちませんが、実世界での現象に即しています。不満を持った開発者はしばしば、CSS作業グループのメーリングリストで**box-shadow-bottom**のようなプロパティの追加を求めています。しかし、慣れ親しんだ**box-shadow**プロパティだけでもうまく使えば単方向の影を表現できます。

1辺に影を適用する

　ほとんどの人々は、下のようにして**box-shadow**に3つの数値と色を指定しています。

```
box-shadow: 2px 3px 4px rgba(0,0,0,.5);
```

　完全に正確というわけではないのですが、ここでの影は以下のような手順で描画されます（**図 4.1**も参照）。

図 4.1

box-shadowでの概念的な描画手順

1. 対象の要素と同じ位置に、同じ大きさで**rgba(0,0,0,.5)**の四角形を描画します。
2. この四角形を、右に**2px**下に**3px**移動します。
3. 半径**4px**のガウスぼかし（など）を適用し、四角形の表示をぼかします。ぼかしの半径の2倍つまり**8px**程度の幅で、影の色から完全な透明へと色が徐々に変化します。
4. ぼかされた四角形のうち、元の要素と重なる部分は切り取られ、影はあたかも元の要素の背後にあるかのように表示されます。ほとんどの開発者は影が本当に背後にあると考えていますが、これは正しくありません。場合によっては、**影は背後にはないという事実が重要な意味を持ちます**。例えば、要素の背景色を半透明にしてもその背後に影は表示されません。ただし、**text-shadow**のふるまいはこれとは異なり、テキストと重なっても影は切り取られません。

特に明記しない限り、ここでの要素のサイズはCSSでの幅と高さではなくボーダーボックスのサイズを表します。

より正確には、上辺に1px（**4px - 3px**）、左辺に2px（**4px - 2px**）、右辺に6px（**4px + 2px**）、下辺に7px（**4px + 3px**）の影がそれぞれ表示されます。色はグラデーションのように徐々に変化するため、影の表示はより小さく見えます。

　半径**4px**のぼかしを指定すると、影は対象の要素よりも約**4px**拡大します。その結果、すべての辺に影がはみ出して表示されます。ここで影のオフセット値を**4px**以上にすれば、上と左の辺の影は隠れます。しかしこうすると、**図 4.2**のようにあからさまな影になってしまい美しくありません。そもそも、作ろうとしていたのは2辺ではなく1辺だけに表示される影です。

　ここでの解決策は、あまり知られていないパラメーターを追加する方法です。ぼかしの半径に続けて、「広がりの半径（spread radius）」と呼ばれる長さのパラメーターを記述します。ここで指定された値に応じて、影が大きくなります（負の値が指定された場合には小さくなります）。例えばマイナス**5px**と指定すると、影の幅と高さがそれぞれ**10px**減少します。上下左右すべての辺で**5px**ずつ小さくなるためです。

　ぼかしの半径にマイナス1を掛けた値を広がりの半径として指定すれば、影は元の要素とぴったり同じサイズになるはずです。1つ目と2つ目のパラメーターでオフセットを指定していないなら、影はまったく表示されません。ここで縦方向のオフセットとして正の値を指定すれば、影は下辺だけに表示され、他の辺にはみ出ることはありません。つまり、望む表示効果を得られます。コードを以下に示します。

図 4.2

オフセット値をぼかしの半径と一致させて、上辺と左辺の影を隠す試み

シークレット15：単方向の影

```
box-shadow: 0 5px 4px -4px black;
```

表示は図 4.3 のようになります。

図 4.3
下辺だけに表示された box-shadow

▶ PLAY!　play.csssecrets.io/**shadow-one-side**

隣接する2辺での影

　2辺だけに影を表示させたいという質問もよく見られます。例えば右辺と下辺のような隣接した2辺であれば、簡単に解決できます。図 4.2 のような表示効果で満足するか、広がりの半径を使った先ほどのテクニックに対して以下の修正を加えます。

- 上下左右すべての辺で影を縮小する必要はなく、向かい合う辺のうちそれぞれ片方だけで縮小されれば十分です。したがって、広がりの半径の値を先ほどの半分にします。
- 影を縦方向と横方向のどちらにも移動させる必要があります。移動と反対側の辺で影が表示されないようにするには、オフセットの値をぼかしの半径の半分かそれ以上にします。

　例えば**black**でぼかしの半径が **6px** の影を、右辺と下辺に表示させたければ次のようにします。

図 4.4
隣接する2辺だけに表示された box-shadow

```
box-shadow: 3px 3px 6px -3px black;
```

図 4.4 はこのコードによる表示例です。

▶ PLAY!　play.csssecrets.io/**shadow-2-sides**

向かい合う2辺での影

向かい合う2辺（例えば左辺と右辺）だけに影を表示するためには、トリッキーな技が必要になります。広がりの半径の指定は四辺すべてに適用されるため、横方向には拡大し縦方向には縮小するような指定はできません。そこで、影を2つ用意してそれぞれの辺に適用することにします。下のように、先ほど紹介した1辺だけの影を2つ定義します。

CSS作業グループでは、縦方向と横方向で異なる広がりの半径を指定できるようにするための議論が行われています。これが実現したら、向かい合う2辺での影も簡単に記述できるようになります。

```
box-shadow: 5px 0 5px -5px black,
            -5px 0 5px -5px black;
```

表示は図 **4.5** のようになります。

▶ **PLAY!** play.csssecrets.io/**shadow-opposite-sides**

■ **CSS Backgrounds & Borders**　関連仕様
w3.org/TR/css-backgrounds

図 **4.5**
向かい合う2辺に表示された box-shadow

シークレット15：単方向の影

不規則な形状のドロップシャドウ

知っておくべきポイント
box-shadow

課題

　長方形や **border-radius** を使って作成された形状については、**box-shadow** を指定すると正しくドロップシャドウが表示されます（**P. 114** の「さまざまな楕円形」でいくつか例を紹介しています）。一方、擬似要素などを使った半透明の装飾が加えられていると **box-shadow** は期待どおりには機能しません。透明度が考慮されないためです。例えば次のようなケースが該当します。

- 半透明の画像や背景画像あるいは **border-image**（写真を飾る額のような画像など）
- 背景がない（または **background-clip** が **border-box** ではない）場合の、点線や破線または半透明のボーダー
- 吹き出し状の表示で、突き出た部分に擬似要素が使われているもの
- 切り落とされた角「**P. 130** の「角の切り落とし」参照）
- 折り返された角「**P. 124** の「ひし形の画像」参照）の大部分
- **clip-path** を使って定義された形状「**P. 124** の「ひし形の画像」など）

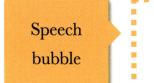

図 4.6
スタイルの指定された要素に box-shadow を適用し、失敗した例。左から吹き出し、点線のボーダー、角の切り落とし。box-shadow の値は 2px 2px 10px rgba(0,0,0,.5)

これらに対して **box-shadow** を適用すると、**図 4.6** のように失敗します。解決策はあるのでしょうか、それともあきらめるべきでしょうか。

解決策

Filter Effects specification（`w3.org/TR/filter-effects`）という仕様で、SVG から取り入れた `filter` プロパティが定義されています。このプロパティを使った解決策が考えられます。CSS での `filter` も SVG でのものとほぼ同じなのですが、SVG に関する知識がまったくなくても利用できます。`blur()` や `grayscale()` といった便利な関数を使って指定でき、なんと `drop-shadow()` 関数も用意されています。複数のフィルターを数珠つなぎに指定してもかまいません。下のように、それぞれのフィルターを空白文字で区切って指定できます。

```
filter: blur() grayscale() drop-shadow();
```

`drop-shadow()` フィルターで指定できるパラメーターは、`box-shadow` よりも限られています。広がりの半径や `inset` キーワード、複数の影などには対応していません。さっそく、次の `box-shadow` を書き換えてみましょう。

```
box-shadow: 2px 2px 10px rgba(0,0,0,.5);
```

以下のようなフィルターになります。

```
filter: drop-shadow(2px 2px 10px rgba(0,0,0,.5));
```

! 異なるアルゴリズムにもとづいてぼかしが生成されている可能性があります。必要に応じて、ぼかしの値を調整してください。

図 4.6 のそれぞれの要素にこの `drop-shadow()` フィルターを適用すると、図 4.7 のように正しく影が表示されます。

図 4.7
図 4.6 の要素に `drop-shadow()` フィルターを適用した結果

CSS のフィルターを使うと、非対応のブラウザでもそこそこの表示を得られます。単にフィルターが適用されないだけで、表示は崩れません。可能な限り多くのブラウザに対応させたいなら、SVG のフィルターも合わせて記述しましょう。対応しているブラウザを少し増やせます。**Filter Effects の仕様**（`w3.org/TR/filter-effects/`）で定義されているすべてのフィルター関数は、SVG のフィルターとしても定義されています。下のように SVG のフィルターとよりシンプルな CSS のフィルターを並べて定義し、どちらが実際に利用されるかはカスケードの仕組みに任せるような記述が可能です。

```
filter: url(drop-shadow.svg#drop-shadow);
filter: drop-shadow(2px 2px 10px rgba(0,0,0,.5));
```

しかし、SVG のフィルターが別のファイルに記述されていると、CSS のコードにヒューマンフレンドリーな関数を直接記述する場合と比べてカスタマイズが難しくなります。かと言って、SVG のフィルターをインラインに記述すると、今度はコードが煩雑になります。影に関するパラメーターは SVG のフィルターの中でハードコードされているため、異なる影を適用したい場合には複数のフィルターを用意しなければならず、現実的ではありません。データ URI（インラインに記述する場合と同様に、HTTP リクエストの回数を削減できます）を利用して SVG を記述する選択肢もありますが、ファイルサイズが大きくなる問題は解消されません。SVG のフィルターは代替案なので、パラメーターが異なる `drop-shadow()` フィルターが多数あったとしても 2 つか 3 つ定義すれば十分かもしれません。

注意点はもう 1 つあります。透明ではないすべてのものに対して影が加えられるため、背景が透明であればテキストにも影が表示されることにな

ります（**図 4.7**参照）。`text-shadow: none;`を指定すれば影が表示されなくなると思われたかもしれませんが、それは誤りです。`text-shadow`の設定を変えても、`drop-shadow()`による効果は影響を受けません。また、`text-shadow`を使ってテキストの影を指定した場合、その影に対しても`drop-shadow()`フィルターが適用されます。つまり、影の影が生成されます。次のコードについて見てみましょう。

```
color: deeppink;
border: 2px solid;
text-shadow: .1em .2em yellow;
filter: drop-shadow(.05em .05em .1em gray);
```

表示は**図 4.8**のようになります（説明のためなので、安っぽさについては気にしないでください）。`text-shadow`と`drop-shadow()`がそれぞれ影を生成しています。

▶ **PLAY!** play.csssecrets.io/**drop-shadow**

■ **Filter Effects**　　　　　　　　　　　　　関連仕様
w3.org/TR/filter-effects

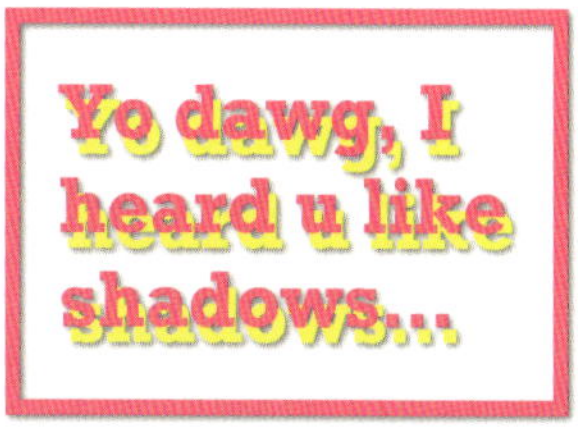

図 4.8
`text-shadow`による影に対して、さらに`drop-shadow()`フィルターによる影が生成された

シークレット16：不規則な形状のドロップシャドウ

17 色調の調整

知っておくべきポイント
HSLカラーモデル、background-size

課題

　グレースケールの画像に対して特定の色のティント（濃淡）を加えるテクニックは、それぞれ大きく異なる写真に視覚的な統一感を与えるためによく使われています。グレースケールの効果が静的に適用され、ホバーやその他のインタラクションの発生時にのみ効果が解除されるのも一般的です。

　従来は、画像編集アプリケーションを使って2つのバージョンの画像を用意し、簡単なCSSを使って両者を切り替えながら表示していました。正しく動作はしますが、データ量やHTTPリクエストの回数が増加し、保守も困難になります。例えばグレースケールの画像の色を変えようと思ったら、既存のすべての画像について新しいバージョンを作りなおさなければなりません。

　別のアプローチとしては、画像の手前に半透明の色を重ねたり、不透明度が指定された画像を単色の塗りつぶしの手前に配置するといったものがあります。しかし、これらはティントの定義に反します。画像中のすべての色がターゲットの色のティントへと変換されるわけではなく、コントラストが大幅に低下する問題もあります。

　画像を **canvas** 要素に変換した上で、この画像にティントを適用するようなスクリプトもあります。正しいティントの表示を得られますが、制限が多く動作は低速です。

図 4.9
CSSConf 2014 のWebサイトでも、同様の表示効果が使われている。ホバーされたりフォーカスを得たりしている状況では、フルカラーの画像が表示される

　より簡単に、CSSの中から直接ティントを適用できることが望まれます。

フィルターを使った解決策

LIMITED SUPPORT

　このような効果を単体で実現してくれるフィルターは用意されていないため、複数のフィルターを工夫して組み合わせる必要があります。

　最初に適用するフィルターは`sepia()`です。このフィルターは彩度を下げ、オレンジ色がかった黄色のティントを画像に与えます。ほとんどのピクセルで、色相の値は35から40になります（図 4.10。このような色が希望なら、作業はこれで終了です。しかし、ほとんどの場合はそうではないと思われます。より彩度を上げた色にしたいなら、`saturate()`フィルターを追加してすべてのピクセルの彩度を調節します。例として、画像に ■`hsl(335, 100%, 50%)`のティントを与えたいとしましょう。彩度をかなり上げるために、このフィルターへのパラメーターとして4を指定することにします。指定するべき値は画像ごとに異なります。ここでは自分の目が頼りです。2つのフィルターを組み合わせた結果、図 4.11 のように暖かみのある金色のティントが加わりました。

シークレット17：色調の調整　173

図 4.10
上：元の画像
下：sepia()フィルターの適用後

図 4.11
さらにsaturate()フィルターを適用した結果

この見た目を損なわないようにしつつ、オレンジ色に近い黄色から濃く明るいピンク色へと変更します。このために、`hue-rotate()`フィルターを重ねて適用します。このフィルターは、すべてのピクセルの色相を指定された角度だけ移動します。現在の色相の値は40前後なので、目標とする335から40を引いた295度をパラメーターとして指定します。ここまでのコードは次のようになります。

```
filter: sepia() saturate(4) hue-rotate(295deg);
```

これで、図 4.12のように期待どおりの色の画像を生成できました。`:hover`などの特定の状態でのみ効果が発生するようにしたい場合には、例えば以下のコードを使ってCSSトランジションを適用します。

```
img {
    transition: .5s filter;
    filter: sepia() saturate(4) hue-rotate(295deg);
}

img:hover,
img:focus {
    filter: none;
}
```

▶ PLAY! play.csssecrets.io/color-tint-filter

LIMITED SUPPORT

ブレンドモードを使った解決策

フィルターを使った解決策はきちんと機能していますが、画像編集ソフトウェアを使った加工結果とは完全に一致しません。とても明るい色を加えているにもかかわらず、フィルターを使うとやや色落ちしたような表示になります。かと言って、`saturate()`フィルターでのパラメーターの値を増やすと過剰な加工によって雰囲気が変わってしまいます。よりよいアプローチとして、ブレンドモードを使った解決策が考えられています。

Adobe Photoshopなどの画像編集ソフトウェアを使ったことがある読者は、ブレンドモードについてもすでによく知っていることでしょう。ブレンドモードとは、2つの要素が重なる場合にそれぞれの色がどのように混ざり合うかを指定するための仕組みです。色味を加えたい場合には、`luminosity`（輝度）というブレンドモードを使います。このブレンドモードは、前面の要素の輝度を保ちながら、背面の要素の色相と彩度を取り込みます。つまり、加えようとしている色を背景色に指定し、画像に対してブレンドモードを適用すれば、実質的にティントの追加と同じ効果を得られます。

図 4.12
さらに`hue-rotate()`フィルターを適用した結果]

要素にブレンドモードを適用するには、`mix-blend-mode`または`background-blend-mode`プロパティを使います。`mix-blend-mode`は要素全体にブレンドモードを適用し、`background-blend-mode`は背景のレイヤーに対して個別にブレンドモードを適用します。つまり、画像に対してブレンドモードを適用するには以下の2つの方法が考えられますが、どちらがよいと決まっているわけではありません。

図 4.13
上：フィルターを使った場合
下：ブレンドモードを使った場合

- 背景色を指定したコンテナ要素で、画像をラップします。
- `img`の代わりに`<div>`要素を使います。`background-image`で画像を指定し、その背後にもう1つ背景のレイヤーを追加して色を指定します。

どちらの方法を使うかは状況によります。例えば`img`要素に対して効果を適用したいなら、別の要素でラップするしかありません。下の例のように画像がすでにラップされているなら、この`a`要素を使ってもかまいません。

```html
<a href="#something">
    <img src="tiger.jpg" alt="Rawrrr!" />
</a>
```

そして、以下のようにプロパティを2つ追加してブレンドモードを適用できます。

```
a {
    background: hsl(335, 100%, 50%);
}

img {
```

シークレット17：色調の調整

```
    mix-blend-mode: luminosity;
}
```

　CSSフィルターと同様に、ブレンドモードでもすべてのブラウザで適切な表示が行われます。非対応のブラウザでは表示効果は発生しませんが、画像は問題なく表示されます。

　フィルターはアニメーションを行えるのに対して、ブレンドモードでは行えないという重要な違いがあります。**filter**プロパティを対象にCSSトランジションを適用し、画像が徐々にモノクロームになっていく例を先ほど紹介しましたが、ブレンドモードでは同じことを行えません。ただし、アニメーションそのものをあきらめる必要はありません。別のやり方を考えればよいのです。

　先ほどにも述べたように、**mix-blend-mode**では背景も含めて要素全体に対してブレンドモードが適用されます。このプロパティを使って**luminosity**ブレンドモードを適用した場合、画像は必ず何かとブレンドされることになります。一方、**background-blend-mode**ではそれぞれの背景画像のレイヤーがその背後のレイヤーとブレンドされます。背景画像が1つだけで、背景色が透明だったとしたら、ブレンドはまったく発生しません。

　この性質を利用して、**background-blend-mode**を使ったアニメーションを作成してみましょう。まず、下のようにHTMLを少し変更します。

```html
<div class="tinted-image"
     style="background-image:url(tiger.jpg)">
</div>
```

　そしてこの`<div>`要素にCSSを適用します。ここでは余分な要素は必要ありません。

```css
.tinted-image {
    width: 640px; height: 440px;
    background-size: cover;
    background-color: hsl(335, 100%, 50%);
    background-blend-mode: luminosity;
    transition: .5s background-color;
```

```css
}

.tinted-image:hover {
    background-color: transparent;
}
```

繰り返しますが、この方法も完全ではありません。次のような問題点が残されています。

- CSSの中で画像のサイズをハードコードする必要があります。
- 厳密にはこの要素は画像ではなく単なる`<div>`要素にすぎないため、読み上げソフトウェアが正しく解釈してくれません。

世の中のさまざまなことと同じように、完全に正しいやり方はありません。このシークレットで紹介した合計3つのテクニックには、それぞれ長所と短所があります。各自のプロジェクトでの要件に応じて、適切なものを選んでください。

▶ PLAY!　play.csssecrets.io/**color-tint**

Dudley Storey（`demosthenes.info`）は、ブレンドモードとアニメーションを組み合わせたトリックを考案しました（`demosthenes.info/blog/888/Create-Monochromatic-Color-Tinted-Images-With-CSS-blend`）

HAT TIP

関連仕様

- **Filter Effects**
  w3.org/TR/filter-effects
- **Compositing and Blending**
  w3.org/TR/compositing
- **CSS Transitions**
  w3.org/TR/css-transitions

18 曇りガラスの効果

知っておくべきポイント
RGBAとHSLAを使った色指定

課題

半透明色の最初の利用例の1つに、写真や込み入った柄の背景画像に重ねて半透明の背景色を表示する例がありました。ここでは、テキストを読みやすくすることが意図されています。とても印象的な効果を得られますが、背景色の透明度が高い場合や背景画像が派手な場合などには依然としてテキストは読みにくいままです。例えば**図 4.14**では、`main`要素に対して半透明の白色の背景が指定されています。マークアップは以下のとおりです。

ここでの「背景画像」とは、**ページの一部として要素の背後に表示される画像**を指します。半透明の背景色と重ねて表示されることになります。

図 4.14
半透明の白色の背景では、テキストは読みにくい

```html
<main>
    <blockquote>
        "The only way to get rid of a temptation[…]"
        <footer>—
            <cite>
                Oscar Wilde,
                The Picture of Dorian Gray
            </cite>
        </footer>
    </blockquote>
</main>
```

そしてCSSは以下のようになります（抜粋）。

```css
body {
    background: url("tiger.jpg") 0 / cover fixed;
}

main {
    background: hsla(0,0%,100%,.3);
}
```

シークレット18：曇りガラスの効果

図 4.15
背景色のアルファ値を増やせば読みやすさは改善するが、デザインの面白みは下がる

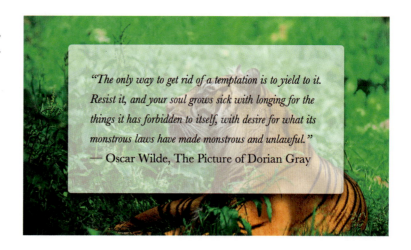

　見てのとおり、テキストがとても読みにくくなってしまっています。背後の画像が込み入っているのと、背景色の不透明度が30％しかないのが原因です。背景色のアルファ値を増やせばもちろん読みやすくなりますが、**図 4.15**のようにつまらない表示になります。

　印刷物向けの伝統的なデザインでは、テキストの背後にある画像の一部をぼかす手法がしばしばとられます。ぼかされた画像はより落ち着いた表示になるため、テキストは読みやすくなります。ぼかしの処理には大量の計算が必要になるため、かつてはWebサイトやUIのデザインでこのテクニックを使うのは非現実的でした。しかし今日ではGPUの処理能力は向上し、ハードウェアアクセラレーションがさまざまなデバイスで利用されるようになってきています。その結果、ぼかしの効果が使われることもかなり増えてきました。AppleのiOSやOS X（**図 4.16**）だけでなく、近年のバージョンのMicrosoft Windowsでもぼかしが取り入れられています。

図 4.16
ここ数年の間に、背景をぼかした半透明のUIが広く使われるようになった。かつては負荷が高すぎる処理だったが、処理能力の向上に伴って実現可能になった
左：iOS 8.1
右：OS X Yosemite

　CSSには、ぼかしを行うための`blur()`フィルターが用意されています。SVGで定義されているぼかしのフィルターを移植し、ハードウェアアクセラレーションに対応させたものです。ただし、上の例で`blur()`フィルターを適用すると、**図4.17**のように要素全体がぼかされてテキストがまったく読めなくなってしまいます。要素に重なっている部分の背景だけを対象にして、ぼかしを行えないでしょうか。

図 4.17
要素自体に`blur()`フィルターを適用すると、事態はさらに悪化する

解決策

　`body`要素の`background-attachment`に`fixed`が指定されているなら、手順はトリッキーですが望む効果を得られます。要素自体ではなく、背後に配置した擬似要素をぼかします。そしてこの要素の背景は、`body`要素の背景とぴったり重なります。

コードはさらに面倒になりますが、固定されていない背景でも同等の効果を得られます。

まずは、下のように擬似要素を定義します。すべてのオフセットを絶対座標での`0`に指定し、`main`要素全体に広がるようにします。

```css
main {
    position: relative;
    /* 中略 */
}

main::before {
    content: '';
    position: absolute;
    top: 0; right: 0; bottom: 0; left: 0;
    background: rgba(255,0,0,.5); /* デバッグ用 */
}
```

> ⚠️ `z-index`に負の値を指定して子要素を親の背後に移動させる際には、注意が必要です。背景が指定された別の要素の中に親要素が含まれている場合、子要素は背景よりもさらに背後に移動してしまいます。

> `main::before`で`background: inherit;`を指定していないのには理由があります。このように指定すると、`body`ではなく`main`から継承されるため、擬似要素の背景も半透明の白色になってしまいます。

起こっていることを明確に示すために、背景色として半透明の ■red を指定しています。これがないと、デバッグの際に透明（つまり、見えない）要素を扱わなければならず非常に面倒です。今のところ、**図4.18**のように擬似要素はコンテンツよりも前面に表示されており、テキストが見えにくくなっています。`z-index: -1;`を指定するとこの問題が解消されます。

次に、半透明の塗りつぶしをやめて背景画像と同じものを指定します。`body`要素と同じルールをコピーしてもよく、下のように共通の部分を抜き出してもかまいません。そして、さっそくぼかしを適用してみましょう。うまくいくでしょうか。

```css
body, main::before {
    background: url("tiger.jpg") 0 / cover fixed;
}

main {
    position: relative;
    background: hsla(0,0%,100%,.3);
}

main::before {
    content: '';
```

```
  position: absolute;
  top: 0; right: 0; bottom: 0; left: 0;
  filter: blur(20px);
}
```

図4.21のように、かなり期待に近い表示になりました。中央部分ではぼかしの効果が完全に現れています。しかし、縁に近い部分では弱いぼかしになってしまっています。ぼかしの半径の分だけ、完全にぼかされる範囲が狭まるためです。擬似要素の背景色として🟥redを指定すると、状況を理解しやすくなるでしょう（図4.22）。

図4.18

擬似要素がテキストを覆っている

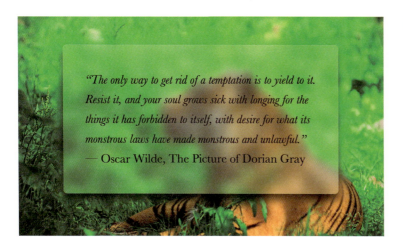

図4.19

縁でのぼかしが弱い問題は解消したが、要素の外側までぼかされてしまっている

シークレット18：曇りガラスの効果

この問題に対処するには、擬似要素をぼかしの半径の分だけ大きくする必要があります。マージンとして、`-20px`を指定します。ぼかしのアルゴリズムがブラウザごとに異なる可能性があるため、安全策としてより小さい値を指定してもよいでしょう。ただし、こうすると図 4.19のように縁の近くでぼかしが弱まることはなくなりますが、要素の外までぼかしが広がってしまいます。これでは、曇りガラスではなく黒ずみのようです。この問題は、`main`に`overflow: hidden`を指定するだけで解消できます。こう指定すると、余分なぼかしは切り取られます。最終的な表示は図 4.23のようになり、コードは以下のとおりです。

図 4.20
`z-index: -1;`を指定し、擬似要素を背後に移動する

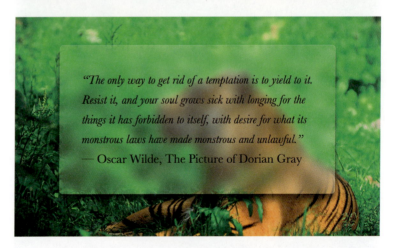

図 4.21
擬似要素へのぼかしはかなりうまく機能する。しかし縁の近くではぼかしが弱まり、曇りガラスらしくない表示になる

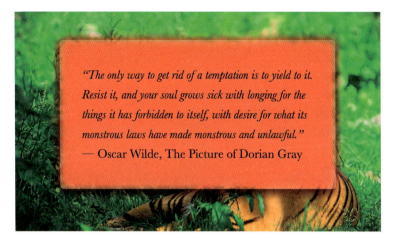

図 4.22
背景色として ■ red を指定すると、問題がより明らかになる

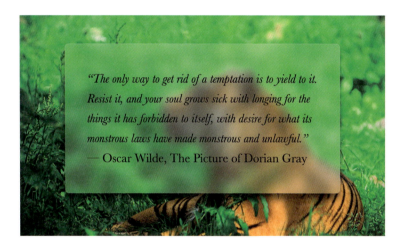

図 4.23
最終的な表示

```
body, main::before {
    background: url("tiger.jpg") 0 / cover fixed;
}

main {
    position: relative;
    background: hsla(0,0%,100%,.3);
    overflow: hidden;
}
```

```
main::before {
    content: '';
    position: absolute;
    top: 0; right: 0; bottom: 0; left: 0;
    filter: blur(20px);
    margin: -30px;
}
```

テキストは非常に読みやすく、表示はエレガントです。代替の表示が適切かという点については、議論の余地があります。フィルターがサポートされていないブラウザでは、先ほど図 4.14 で見たような表示になります。読みやすさを上げるために、背景色の不透明度を上げるとよいでしょう。

▶ PLAY!　play.csssecrets.io/frosted-glass

■ Filter Effects
w3.org/TR/filter-effects

関連仕様

19 角の折り返し

知っておくべきポイント

CSSトランスフォーム、CSSグラデーション、P.130 の「角の切り落とし」

課題

1つの角（一般的には右上または右下）が折り返されたような表示のスタイルは、装飾としてとても広く使われています。折り返しの角度はさまざまです。

CSSだけを使ってこのような表示を行う方法がいくつか考案されています。初めて発表されたのは2010年のことで、擬似要素を極めた **Nicolas Gallagher**（*nicolasgallagher.com/pure-css-folded-corner-effect*）によるものでした。多くの方法では、2つの三角形が使われます。1つは折り返された形状のために、もう1つはメインの要素の角を隠すためにそれぞれ使われます。そして、これらの三角形は古くからあるボーダー関連のテクニックを使って生成されるのが一般的です。

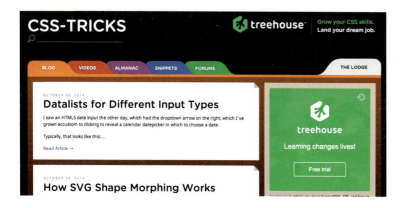

図 4.24
かつての `css-tricks.com` でのデザイン。記事を表すボックスの角が折り返されている

当時はとても印象的に思えましたが、制約も多く、以下のような場合には対応できません。

- 対象の要素の背景が単色でなく、パターンやテクスチャーや写真あるいはグラデーションなどの場合。
- 45度以外の角度で折り返す場合や、完全には折り返さない場合。

これらの場合にも対応した、柔軟な表示効果を実現できないかどうか考えてみましょう。

45度の場合の解決策

まずは **P. 130 の「角の切り落とし」**で紹介したグラデーションベースのテクニックを使い、右上の角を面取りします。折り返しのサイズは `1em` とします。手始めに記述した以下のコードは、**図 4.25** のように表示されます。

```
background: #58a; /* 代替表示 */
background:
    linear-gradient(-135deg, transparent 2em, #58a 0);
```

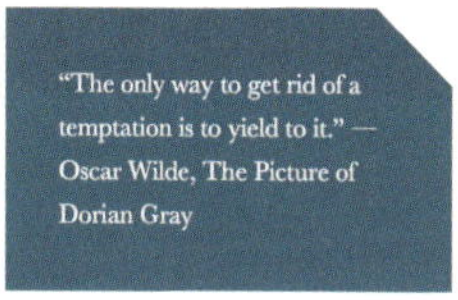

図 4.25
作業のスタート地点。グラデーションを使い、右上の角に切り落としの効果を与える

これだけで、半分は完成したようにも思えます。後は、折り返した部分を表すために**暗い色の三角形を追加するだけ**です。このために、**もう1つグラデーションを作成**します。`background-size` を使って適切なサイズに変更するとともに、右上の隅に配置します。

次のように、グラデーションの中央にカラーストップを2つ指定します。

```
background:
    linear-gradient(to left bottom,
        transparent 50%, rgba(0,0,0,.4) 0)
        no-repeat 100% 0 / 2em 2em;
```

このグラデーションだけを表示させたのが**図4.26**です。2つのグラデーションをうまく組み合わせれば、作業は完了です。先ほど切り落とされた辺に重なるように、三角形を移動します。

図4.26
2つ目のグラデーションで折り返した部分を表現している。見やすくするために、テキストの色を白ではなく薄いグレーにした

```
background: #58a; /* 代替表示 */
background:
    linear-gradient(to left bottom,
        transparent 50%, rgba(0,0,0,.4) 0)
        no-repeat 100% 0 / 2em 2em,
    linear-gradient(-135deg, transparent 2em, #58a 0);
```

しかし、**図4.27**のように予想外の表示が得られました。両者のサイズはともに**2em**なのに、なぜ表示が重ならないのでしょうか。

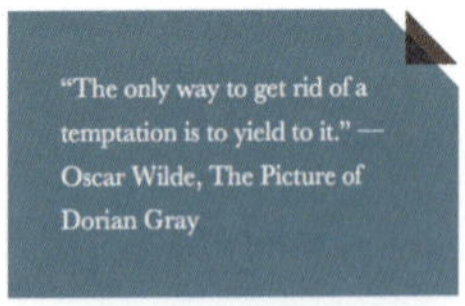

P.130の「角の切り落とし」でも似たような問題がありましたが、2つ目のグラデーションで指定されている**2em**はカラーストップの位置であり、斜め方向のグラデーションラインに沿った距離を表します。一方**background-size**で指定されている**2em**は背景を構成するタイルの幅と高さであり、縦あるいは横方向に測定されます。

2つの斜辺の長さを一致させるには、以下のいずれかの変更が必要です。

図4.27
2つのグラデーションを組み合わせるだけでは、期待する結果を得られない

- 斜め方向のサイズを**2em**に保つなら、**background-size**を$\sqrt{2}$倍します。
- 縦横のサイズを**2em**に保つなら、角の切り落としに使ったグラデーションでのカラーストップの位置を$\sqrt{2}$分の1にします。

background-sizeを変える場合には2か所で編集が必要です。また、CSSでの長さのほとんどは縦や横方向に測定されます。したがって、後者のほうが望ましい変更です。新しいカラーストップの値は、$\frac{2}{\sqrt{2}} = \sqrt{2} \approx 1.414213562$を切り上げて**1.5em**とします。変更後のコード

190　4章：視覚効果

は以下のとおりです。

```
background: #58a; /* 代替表示 */
background:
    linear-gradient(to left bottom,
        transparent 50%, rgba(0,0,0,.4) 0)
        no-repeat 100% 0 / 2em 2em,
    linear-gradient(-135deg,
        transparent 1.5em, #58a 0);
```

図 4.28 のように、柔軟で見た目もよい折り返しの効果を得られました。.

▶ PLAY! play.csssecrets.io/folded-corner

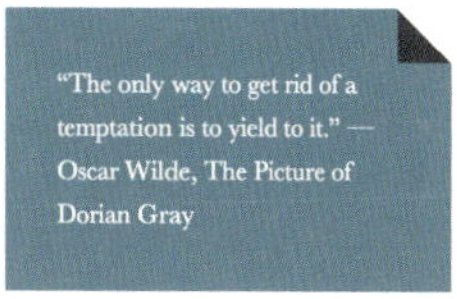

図 4.28
青色のグラデーションでのカラーストップを移動し、角の折り返しを正しく表示させた

! パディングの値を折り返しよりも大きくしましょう。折り返しの表示は単なる背景です。パディングが小さいとテキストと重なり、折り返したようには見えなくなってしまいます。

他の角度での解決策

実世界では、折り返しがぴったり45度になることはほとんどありません。もう少しリアルな表示にしたいなら、-150degつまり30°といった別の角度を指定できることも望まれます。しかし、切り落としの角度を変えるだけでは折り返しの三角形と位置が合わず、図 4.29 のように崩れた表示になってしまいます。この三角形の斜辺の長さを正しく指定するのは、容易ではありません。斜辺の長さは直接指定できず、直角三角形の幅と高さを通じて間接的に指定するしかないためです。適切な長さを知るには、三角関数を使う必要があります。

現状のコードは次のようになっています。

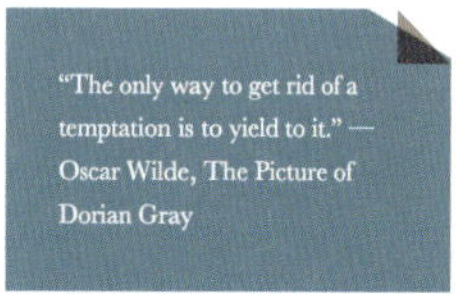

```
background: #58a; /* 代替表示 */
background:
    linear-gradient(to left bottom,
        transparent 50%, rgba(0,0,0,.4) 0)
        no-repeat 100% 0 / 2em 2em,
    linear-gradient(-150deg,
        transparent 1.5em, #58a 0);
```

図 4.29
切り落としの角度を変えるだけでは、折り返された三角形と合わない

半正三角形とは、正三角形を半分にした図形です。直角三角形であり、他の角の角度は30°と60°です。

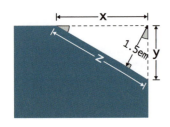

図 4.30
切り落とされた角の拡大（グレーで示される角は 30°）

図 4.30 に示すように、x と y をそれぞれ斜辺とする 2 つの半正三角形を考えます。いずれかの辺の長さがわかれば、三角関数を使って他の辺の長さを求められます（図 4.31 参照）。$\cos 30° = \frac{\sqrt{3}}{2}$ であり、$\sin 30° = \frac{1}{2}$ です。図 4.30 の左側の三角形では $\sin 30° = \frac{1.5}{a}$ の関係が成り立ち、右側の三角形では $\cos 30° = \frac{1.5}{b}$ が成り立ちます。したがって、a と b の値は次のようになります。

$$\frac{1}{2} = \frac{1.5}{a} \Rightarrow a = 2 \times 1.5 \Rightarrow a = 3$$

$$\frac{\sqrt{3}}{2} = \frac{1.5}{b} \Rightarrow b = \frac{2 \times 1.5}{\sqrt{3}} \Rightarrow b = \sqrt{3} \approx 1.732050808$$

図 4.31
直角三角形でのそれぞれの角の角度と 1 つの辺の長さがわかれば、三角関数を使って他の辺の長さを求められる

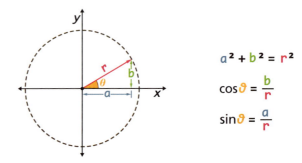

ちなみに、x と y が直角をはさむ直角三角形を考えると、その斜辺の長さは次のように求められます。

$$z = \sqrt{x^2 + y^2} = \sqrt{\sqrt{3}^2 + 3^2} = \sqrt{3+9} = \sqrt{12} = 2\sqrt{3}$$

`background-size` の値を、先ほど求めた a と b で置き換えてみましょう。

```
background: #58a; /* 代替表示 */
background:
    linear-gradient(to left bottom,
        transparent 50%, rgba(0,0,0,.4) 0)
        no-repeat 100% 0 / 3em 1.73em,
    linear-gradient(-150deg,
        transparent 1.5em, #58a 0);
```

こうすると、表示は**図 4.32** のようになります。**切り落とされた角と折り返しの三角形がぴったり合っていますが、とても不自然に見えます**。理由はともかく、我々が見慣れてきた折り返しとは大きくかけ離れていることが直感的にわかります。何が違うのかを探るために、実際の紙を用意して同じように折り返してみましょう。どうやっても、**図 4.32** のようには見えないはずです。

図 4.33 からもわかるように、実世界での折り返された三角形は我々の表示と比べると反転しています。しかし背景は回転できないので、ここからは三角形を擬似要素として記述することにします。コードは以下のとおりです。

図 4.32

望む表示は得られたが、リアルとはいえない

```css
.note {
    position: relative;
    background: #58a; /* 代替表示 */
    background:
        linear-gradient(-150deg,
            transparent 1.5em, #58a 0);
}
.note::before {
    content: '';
    position: absolute;
    top: 0; right: 0;
    background: linear-gradient(to left bottom,
        transparent 50%, rgba(0,0,0,.4) 0)
        100% 0 no-repeat;
    width: 3em;
    height: 1.73em;
}
```

図 4.33

実世界での折り返された角（かわいらしい紙の提供：Leonie Verou、Phoebe Verou）

上のコードは、単に**図 4.32** での折り返しの三角形を擬似要素に置き換えただけのものです。次のステップとして、三角形の幅と高さを交換し、切り落とされた部分の鏡像になるようにします。そしてこの三角形を反時計方向に30°回転（(90°-30°)-30°）し、斜辺を切り落とされた角と平行にします。ここまでの擬似要素のコードは次のようになります。

シークレット19：角の折り返し　193

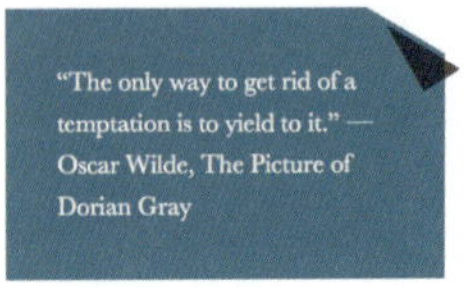

```
.note::before {
    content: '';
    position: absolute;
    top: 0; right: 0;
    background: linear-gradient(to left bottom,
        transparent 50%, rgba(0,0,0,.4) 0)
        100% 0 no-repeat;
    width: 1.73em;
    height: 3em;
    transform: rotate(-30deg);
}
```

図 4.34
三角形の形状は正しいが、移動が必要である

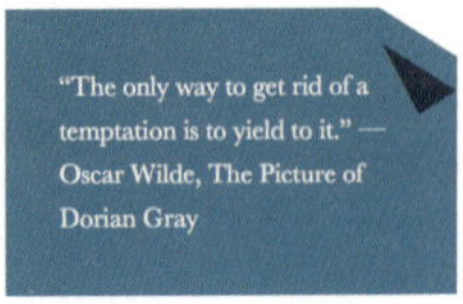

現時点での表示を図 4.34 に示します。かなりうまくいっており、あとは斜辺の位置を一致させるだけです。現状では縦と横の両方向に移動しなければならないため、若干面倒です。そこで、`transform-origin` を `bottom right` と指定し、三角形が右下を中心として回転するようにします。そうすれば、右下の角は移動しなくなります。コードは以下のとおりです。

図 4.35
`transform-origin: bottom right;` を指定すると、横方向の移動が必要なくなる

```
.note::before {
    /* 中略 */
    transform: rotate(-30deg);
    transform-origin: bottom right;
}
```

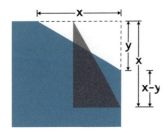

図 4.36
移動量の計算はさほど難しくない

図 4.35 は現時点での表示です。後は、三角形を上方向に移動するだけです。移動量を知るには、もう少し計算が必要です。図 4.36 のように、切り落とされた辺の長さを x と y とすると、移動するべき量は $x - y = 3 - \sqrt{3} \approx 1.267949192$ となります。端数を切り上げて、`1.3em` と指定しましょう。

```css
.note::before {
    /* 中略 */
    transform: translateY(-1.3em) rotate(-30deg);
    transform-origin: bottom right;
}
```

> ! 回転よりも先に移動を行うようにしましょう。translateY()関数を適用すると、要素自身だけでなく座標空間全体が変形します。したがって回転後に移動すると、移動の方向も回転しています。

図4.37のように、苦労の末にとうとう望みどおりの表示効果を得られました。三角形は擬似要素として記述されているので、よりリアルな表現にするための変更が可能です。例えば角を丸めたり、（本来の使い方での）グラデーションを加えたり、`box-shadow`を適用したりできます。これらを含む最終的なコードは次のようになります。

```css
.note {
    position: relative;
    background: #58a; /* 代替表示 */
    background:
        linear-gradient(-150deg,
            transparent 1.5em, #58a 0);
    border-radius: .5em;
}
.note::before {
    content: '';
    position: absolute;
    top: 0; right: 0;
    background: linear-gradient(to left bottom,
        transparent 50%, rgba(0,0,0,.2) 0, rgba(0,0,0,.4))
        100% 0 no-repeat;
    width: 1.73em;
    height: 3em;
    transform: translateY(-1.3em) rotate(-30deg);
    transform-origin: bottom right;
    border-bottom-left-radius: inherit;
    box-shadow: -.2em .2em .3em -.1em rgba(0,0,0,.15);
}
```

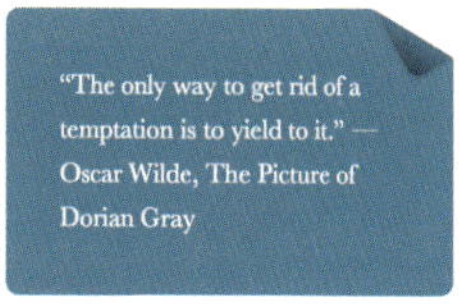

図4.37
ぴったり合った三角形は感動を呼ぶ

シークレット19：角の折り返し

このコードは図 4.38 のように表示されます。

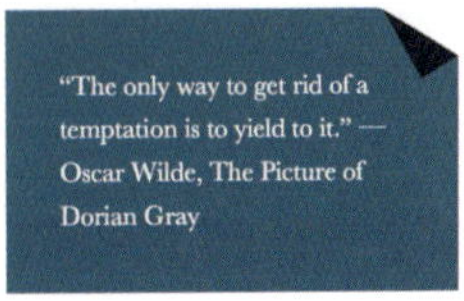

▶ **PLAY!** play.csssecrets.io/**folded-corner-realistic**

これらの表示効果は素敵ですが、果たしてDRYでしょうか。一般的な変更について考えてみましょう。

- 要素のサイズやその他の長さ（パディングなど）を変えるには、1か所の修正が必要です。
- 背景色を変えるには、2か所（代替表示が必要なければ1か所）の修正が必要です。
- 角の折り返しの大きさを変えるには、4か所の修正とある程度の計算が必要です。
- 折り返しの角度を変えるには、5か所の修正とさらに面倒な計算が必要です。

4または5か所は多すぎます。以下のように、プリプロセッサを使ってミックスインを定義するのがよいでしょう。

図 **4.38**
いくつか追加された表示効果によって、折り返された角はよりリアルになった

> 本書執筆時点では、ネイティブなSCSSは三角関数に対応していません。対応させるためには、**Compass**フレームワーク（*compass-style.org*）などのライブラリが必要です。テイラー展開などのアルゴリズムを記述して、自力で三角関数の値を計算する方法もあります。一方LESSでは、デフォルトで三角関数に対応しています。

```scss
@mixin folded-corner($background, $size,
                    $angle: 30deg) {
    position: relative;
    background: $background; /* 代替表示 */
    background:
        linear-gradient($angle - 180deg,
            transparent $size, $background 0);
    border-radius: .5em;

    $x: $size / sin($angle);
    $y: $size / cos($angle);

    &::before {
        content: '';
        position: absolute;
        top: 0; right: 0;
        background: linear-gradient(to left bottom,
            transparent 50%, rgba(0,0,0,.2) 0,
            rgba(0,0,0,.4)) 100% 0 no-repeat;
```

```
        width: $y; height: $x;
        transform: translateY($y - $x)
                   rotate(2*$angle - 90deg);
        transform-origin: bottom right;
        border-bottom-left-radius: inherit;
        box-shadow: -.2em .2em .3em -.1em rgba(0,0,0,.2);
    }
}

/* 利用例 */
.note {
    @include folded-corner(#58a, 2em, 40deg);
}
```

▶ **PLAY!** play.csssecrets.io/**folded-corner-mixin**

関連仕様

- **CSS Backgrounds & Borders**
  w3.org/TR/css-backgrounds
- **CSS Image Values**
  w3.org/TR/css-images
- **CSS Transforms**
  w3.org/TR/css-transforms

タイポグラフィー

20 ハイフンの追加

"The only way to get rid of a temptation is to yield to it."

図 5.1
CSSによる行末揃えのデフォルトの効果

課題

デザイナーは行末を揃えるのが大好きです。きれいにデザインされた雑誌や本を見れば、行末揃えは至る所で行われているのがわかります。しかしWeb上では、経験を積んだデザイナーも行末揃えはほとんど使っていません。CSS1の時代から`text-align: justify;`を指定すること可能だったのに、利用されていないのはなぜでしょうか。

その答えは**図 5.1**に隠されています。行末を揃えた結果、表示がスペースだらけになってしまいました。見た目が悪く、読みやすくもありません。印刷物では、行末揃えは常にハイフネーション（ハイフンの追加）と組み合わせて適用されます。ハイフネーションを行えば単語を音節単位に分割できるため、挿入されるスペースを大幅に少なくできます。そして、テキストをより自然に表示できます。

近年までは、Web上のテキストにハイフンを追加するための別の方法があるにはあったのですが、それは解決策とはとても呼べないようなひどい代物でした。サーバーサイドのプログラムやJavaScriptやWebサービス、あるいは手作業でソフトハイフンの文字（`&shy;`。ハイフネーションが可能な位置を表します）をすべての音節の間に挿入する、とても面倒な処理が必要でした。このような手前は割に合わず、デザイナーたちは他の方法のレイアウトを利用していました。

解決策

CSS Text Level 3で、新たに`hyphens`プロパティが定義されました。ここには`none`、`manual`、`auto`のいずれかを指定します。初期値は`manual`で、従来と同様にソフトハイフンを手作業で挿入する必要があります。`none`を指定すると、ハイフネーションはまったく行われません。下のように`auto`を指定すると、魔法のような処理が行われます。

```
hyphens: auto;
```

これだけで、図5.2のような表示を得られます。前提として、HTMLの`lang`属性で言語が指定されている必要がありますが、これはハイフネーションに関係なく記述するべきものです。

導入部分の短いテキストなどで、より詳細なハイフネーションのコントロールが必要な場合のために、ソフトハイフン（`&shy;`）を併用してブラウザにヒントを与えることもできます。それぞれのソフトハイフンには重みづけが行われ、改行位置の判断材料になります。

"The only way to get rid of a temptation is to yield to it."

図 5.2
hyphens: autoによる表示

トリビア　ワードラップの仕組み

コンピューターサイエンスの世界では、一見シンプルで安直と思われるものが実はまったく違うことがよくあります。ワードラップ（改行位置の調整）もその1つです。ワードラップを行うアルゴリズムは多数ありますが、よく知られているのはGreedyアルゴリズムとKnuth-Plassアルゴリズムの2つです。Greedy（貪欲という意味です）アルゴリズムでは1行ごとに解析が行われ、可能な限り多くの語や音節（ハイフネーションが行われている場合）がそれぞれの行に詰め込まれます。そして行の幅に収まらない語や音節に到達したら、そこから改行して次の行への処理に進みます。

考案した2人のエンジニアの名前がつけられたKnuth-Plassアルゴリズムでは、はるかに複雑な処理が取り入れられています。一度にテキスト全体を対象にして、より美しく読みやすいワードラップが行われます。ただし、処理速度はかなり遅くなります。

デスクトップ向けのほとんどのテキスト処理アプリケーションでは、Knuth-Plassアルゴリズムが採用されています。しかし、ブラウザではパフォーマンス上の理由から今もGreedyアルゴリズムが使われており、行末揃えの表示はあまりきれいではありません。

CSSを使ったハイフネーションは、非対応のブラウザでも適切にふるまいます。図 5.1のように、行末揃えだけが行われます。美しさや読みやすさには欠けますが、アクセシビリティに問題はありません。

▶ PLAY!　play.csssecrets.io/**hyphenation**

> 関連仕様
> - **CSS Text**
>   w3.org/TR/css-text
> - **CSS Text Level 4**
>   dev.w3.org/csswg/css-text-4

FUTURE ハイフネーションのコントロール

読者にデザインの経験があるなら、ハイフネーションをオンかオフとしてしか指定できず、語の分割方法をコントロールできないことに驚かれたかもしれません。

将来的には、**CSS Text Level 4**（dev.w3.org/csswg/css-text-4）で導入が計画されている新しいプロパティを使って細かい指定が可能になるでしょう。これらのプロパティをいくつか紹介します。

- `hyphenate-limit-lines`
- `hyphenate-limit-chars`
- `hyphenate-limit-zone`
- `hyphenate-limit-last`
- `hyphenate-character`

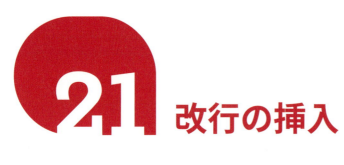

21 改行の挿入

課題

Name: **Lea Verou**
Email: **lea@verou.me**
Location: **Earth**

図 5.3
名前と値の組が1行にまとめられた定義リスト

CSSを通じて改行が挿入されるケースはいくつかあります。定義リスト（**dl**タグ）を使っていると特に、改行を意識せずにはいられません。単に名前と値の組をいくつか表示したいだけの場合でも定義リストを使い、タグの意味に即してマークアップを記述するよいインターネット市民をめざすことも多いでしょう。例えば次のようなマークアップについて考えてみましょう。

Name:
Lea Verou
Email:
lea@verou.me
Location:
Earth

図 5.4
名前と値が別の行に表示された定義リスト

HTML

```html
<dl>
    <dt>Name:</dt>
    <dd>Lea Verou</dd>

    <dt>Email:</dt>
    <dd>lea@verou.me</dd>

    <dt>Location:</dt>
    <dd>Earth</dd>
</dl>
```

このマークアップを使い、**図 5.3**のような表示を得るのがここでの目標です。まずは、以下の基本的なCSSを適用してみましょう。

```css
dd {
    margin: 0;
```

```css
    font-weight: bold;
}
```

残念ながら`<dt>`と`<dd>`はブロック要素なので、図 5.4のように名前と値が別の行に表示されてしまいます。次の試みとしては、`<dt>`か`<dd>`（あるいは両方）の`display`プロパティの値を変えてみることも考えられます。少しやけになって、適当な値を指定してしまうかもしれません。いずれにせよ、結果は図 5.5のようになるでしょう。

頭をかきむしってCSSを呪ったり、関心の分離をあきらめてマークアップに手を入れたりする前に、正気とコードのモラルをともに保つ方法はないか探ってみましょう。

> Name: **Lea Verou** Email:
> **lea@verou.me** Location: **Earth**

図 5.5
`display: inline`を指定した場合。表示は悪化した

解決策

簡単に言うと、ここでの目標は`<dd>`の後にだけ改行を追加することです。マークアップの意味などどうでもよいというなら、昔ながらの`br`タグを使う方法があります。マークアップは次のようになります。

```html
<!-- 絶対にまねしないでください -->
<dt>Name:</dt>
<dd>Lea Verou<br /></dd>
...
```

そして`<dt>`と`<dd>`の両方に`display:inline;`を指定すれば、望む表示を得られます。もちろん、このようなコードは保守の手間を増やすだけでなく、マークアップの増加ももたらします。`br`タグと同じように改行を行ってくれるコンテンツを生成できれば、問題は解決します。このような方法はあるのでしょうか。

Unicodeには、改行を表す`0x000A`という文字があります。CSSでこの文字を表現するには、`"\000A"`またはよりシンプルに`"\A"`と記述します。この文字をコンテンツとして含む擬似要素を`::after`として定義し、すべての`<dd>`要素の後に追加されるようにします。

厳密には、`0x000A`はLine Feed（行送り）を表します。JavaScriptでこの文字を表すのは`\n`です。Carriage Return（復帰）を表す文字（JavaScriptでは`\r`、CSSでは`\D`）もありますが、近年のブラウザでは使われません。

```css
dd::after {
    content: "\A";
}
```

うまくいきそうに見えますが、試してみると**図 5.5**とまったく同じという残念な表示になってしまいます。ただし、方向性は間違っていません。何かが足りないだけです。上のCSSでは、マークアップの中（終了タグ`</dd>`の直前）に改行を追加しています。ここで、HTMLの中で改行を行うことの意味について考えてみましょう。デフォルトでは、改行文字は前後の空白文字と合わせてひとまとめになります。これ自体は悪いことではありません。この仕組みがなかったら、HTMLのページをすべて1行で記述しなければならなくなってしまいます。一方、プログラムの表示などでは**空白文字や改行を保って表示したいこともあります**。このような場合に、普段どうしているか思い出してみましょう。`white-space: pre;`です。生成された改行にだけ、この指定が適用されるようにします。

処理の対象は改行文字1つだけであり、空白文字はありません。したがって空白文字の扱い方は任意のものでよく、`pre`、`pre-line`、`pre-wrap`のどれでもかまいません。筆者のおすすめは、多くのブラウザでサポートされている`pre`です。まとめると、コードは以下のようになります。

```css
dt, dd { display: inline; }

dd {
    margin: 0;
    font-weight: bold;
}

dd::after {
    content: "\A";
    white-space: pre;
}
```

このコードを使えば、**図 5.3**とまったく同じように表示できます。ここで、コードの柔軟性について検討してみましょう。例えばメールアドレスが複数あるとすると、定義リストのマークアップは次のようになります。

```html
...
<dt>Email:</dt>
<dd>lea@verou.me</dd>
<dd>leaverou@mit.edu</dd>
...
```

> Name: **Lea Verou**
> Email: **lea@verou.me**
> **leaverou@mit.edu**
> Location: **Earth**

図 5.6
`<dd>`が続けて記述されていると、うまく表示されない

このマークアップは**図 5.6**のように、とてもわかりにくい表示になってしまいます。すべての`<dd>`の後に改行を追加しているため、本来は改行が必要ないところでも複数行に分割されてしまっています。十分なスペースがあるなら、複数の値はカンマで区切って1行で表示するべきです。

すべての`<dd>`ではなく、それぞれの`<dt>`の中で最後の`<dd>`にだけ改行を追加するのが理想です。しかし、現状のCSSのセレクタではこれは不可能です。DOMの木構造の中で先読みを行う必要があるためです。ここでは新しい考え方が求められます。例えば下のように、`<dd>`の後ではなく`<dt>`の前に改行を追加する方法が考えられます。

```css
dt::before {
    content: '\A';
    white-space: pre;
}
```

しかしこうすると、最初の`<dt>`にもマッチするため先頭に空行が追加されてしまいます。そこで、`<dt>`の代わりに以下のセレクタのいずれかを使ってみましょう。

- `dt:not(:first-child)`
- `dt ~ dt`
- `dd + dt`

1つの値に対して複数の`<dt>`が記述されていても正しく表示できるのは`dd + dt`だけなので、これを利用することにします。また、複数の`<dd>`を区切って表示するための方法も必要です。単に空白文字区切りでよい場合には、このままでもかまいません。「別の`<dd>`の前に現れる`<dd>`の後に、カンマを追加する」指定ができれば自然でよいのですが、これも今日のCSSのセレクタでは不可能です。そこで、「別の`<dd>`の後に現れる`<dd>`の前に、カンマを追加する」ことにします。最終的なCSSは以下のとおりで、表示は図5.7のようになります。

```css
dd + dt::before {
    content: '\A';
    white-space: pre;
}

dd + dd::before {
    content: ', ';
    font-weight: normal;
}
```

図 5.7
最終的な表示

> Name: **Lea Verou**
> Email: **lea@verou.me**, **leaverou@mit.edu**
> Location: **Earth**

なお、複数の`<dd>`の間にコメント以外の空白文字が含まれている場合、カンマの前に空白文字が表示されてしまいます。これを取り除く方法は多数あるのですが、どれも完全ではありません。例えば、次のようにマージンとして負の値を指定する方法が考えられます。

```css
dd + dd::before {
    content: ', ';
    margin-left: -.25em;
    font-weight: normal;
}
```

この方法では確かに正しく表示はされますが、汎用性に著しく欠けます。コンテンツが別のフォントやサイズで記述されていた場合、空白文字の幅は`0.25em`以外になり、ずれた表示になります。とは言っても、ほとんどのフォントではずれは気にならない程度です。

▶ **PLAY!** play.csssecrets.io/**line-breaks**

ゼブラストライプ

> **知っておくべきポイント**
>
> CSSグラデーション、**background-size**、P.78 の「ストライプ模様の背景」、P.70 の「柔軟な背景の位置指定」

課題

　数年前に擬似クラスの `:nth-child()` や `:nth-of-type()` が導入された時、これらは主にゼブラストライプ（**図 5.8** のように、2つの色が行ごとに交互に現れる模様）の表を作るのに使われていました。かつては、このような模様の生成にはサーバーサイドのコードやクライアントサイドのスクリプトあるいは手作業でのハードコードが必要でした。しかし現在は下のように、わずかなコードだけでゼブラストライプを作れるようになりました。

```css
tr:nth-child(even) {
    background: rgba(0,0,0,.2);
}
```

図 5.8
各行がゼブラストライプになっている表は、行が長くなっても見やすい。そのため、印刷物だけでなくUIデザイン（画面はOS X Yosemiteでの例）でもよく使われている

しかし、表ではなく通常のテキストに対してはこのような効果は適用できません。例えばプログラムのコードを1行おきに違う背景色で表示できたら、とても読みやすくなるでしょう。ここで多くの開発者は、それぞれの行を `<div>` 要素で囲んで `:nth-child()` のテクニックを適用しようとしがちです。構文のハイライト表示と組み合わせると、マークアップはさらにみにくいものになります。JavaScriptはスタイル設定に関与するべきではないという理論上の問題も、あまりに多くの要素が含まれるDOMは動作が遅いという実際的な問題もここにはあります。しかも、この方法は柔軟ではありません。例えば、文字を大きくして行からはみ出たといった場合への対処が面倒になります。もっとよい方法はないでしょうか。

`:nth-line()` という擬似要素の追加リクエストがCSS作業グループに届くこともよくあるのですが、パフォーマンス上の理由から却下されています。

解決策

行に対応する要素を用意して、そこに暗い背景色を適用するという考え方をいったん捨ててみましょう。テキスト全体に `background-image` を適用し、その中でゼブラストライプを生成するアプローチをとります。ひどいアイデアのように思えるかもしれませんが、CSS（具体的には、CSSグラデーション）を使って背景画像を直接生成するなら、高さを `em` 単位で指定できるためフォントサイズの変更に追随できます。

このアイデアを、図 5.9 のソースコードに適用してみます。まず、P. 78 の「ストライプ模様の背景」で紹介したやり方で横方向のストライプを記述します。2行分が1つのタイルになるので、`background-size` には `line-height` の2倍の値を指定します。手始めのCSSは次のようになります。

```
while (true) {
  var d = new Date();
  if (d.getDate()==1 &&
      d.getMonth()==3) {
    alert("TROLOLOL");
  }
}
```

図 5.9
ゼブラストライプの適用前のコード。単色の背景とともに表示される

```
padding: .5em;
line-height: 1.5;
background: beige;
background-image: linear-gradient(
                    rgba(0,0,0,.2) 50%, transparent 0);
background-size: auto 3em;
```

```
while (true) {
  var d = new Date();
  if (d.getDate()==1 &&
      d.getMonth()==3) {
    alert("TROLOLOL");
  }
}
```

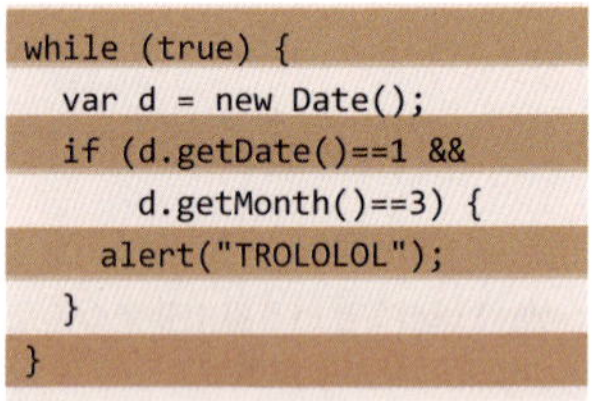

図 5.10
ゼブラストライプを表示する最初の試み

すると図 5.10のように、ある程度期待に近い表示を得られました。フォントサイズを変えると、ストライプも自動的に伸縮します。しかし、テキストとストライプがずれているというとても重大な問題が残されています。なぜでしょう。

図 5.10をよく見ると、最初のストライプがコンテナ要素の上端から始まっていることに気づきます。これは正しい背景画像のふるまいです。一方でテキストは上端から始まるわけではないため、図のようなずれが生じてしまっています。テキストのパディングとして **.5em** が指定されているので、ストライプにも同じ幅のオフセットを指定すればよいことがわかります。

1つの方法として、**background-position** を使って同じ幅だけストライプを下方向にずらす方法が考えられます。しかしこうすると、後でパディングの値を変えた場合に **background-position** も変えなければならず、DRYではありません。パディングへの変更に背景が追随できるような方法が求められます。

P. 70 の「柔軟な背景の位置指定」で解説した **background-origin** を思い出しましょう。これを使うと、コンテンツボックス（デフォルトではパディングボックス）の隅を原点として **background-position** の位置を指定できるようになります。我々の目的にとってぴったりのプロパティです。さっそく、**background-origin** を指定します。

背景関連のプロパティをまとめた短縮記法の **background** プロパティを使っていないのには理由があります。一部のプロパティについては、古いブラウザのために代替表示を用意する必要があります。短縮記法を使うと、**beige** などのように変更がないプロパティの値についても繰り返し記述しなければならず、WETなコードになってしまいます。

```
padding: .5em;
line-height: 1.5;
background: beige;
background-size: auto 3em;
background-origin: content-box;
background-image: linear-gradient(rgba(0,0,0,.2) 50%,
                    transparent 0);
```

図 5.11のように、完全なゼブラストライプの表示になりました。ストライプとして半透明の色を指定しているため、背景色を変えても適切な表示を保てます。柔軟性も備えており、`background-size` を変えずに `line-height` だけを変えるといった場合を除いて表示が崩れることはありません*。

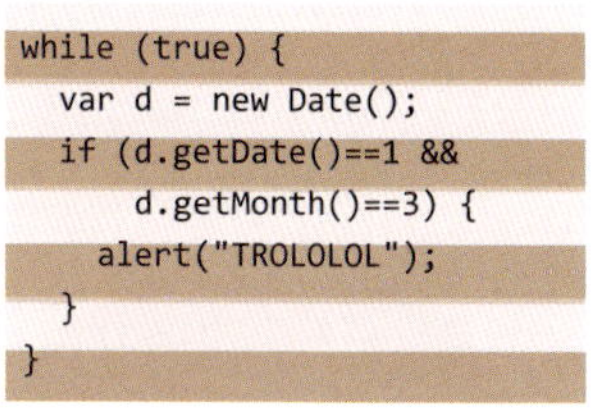

▶ PLAY!　play.csssecrets.io/zebra-lines

```
while (true) {
  var d = new Date();
  if (d.getDate()==1 &&
      d.getMonth()==3) {
    alert("TROLOLOL");
  }
}
```

図 5.11
完成したゼブラストライプ

- **CSS Backgrounds & Borders**
  w3.org/TR/css-backgrounds
- **CSS Image Values**
  w3.org/TR/css-images

関連仕様

---

* ここでは表示の適用対象としてプログラムのコードを想定しています。一般的なコンテンツでは、インラインの要素（画像や大きなフォントのテキスト）によって行の高さが強制的に変わってしまう場合にも表示が崩れます。

2.3 タブのインデント幅の調整

課題

ドキュメントやチュートリアルなどのようにソースコードが多く表示されるWebページには、スタイル設定に関する固有の問題があります。コードを表示させるための`<pre>`要素や`<code>`要素には、下のようなデフォルトのスタイルが適用されます。

図 5.12
デフォルトの8文字分の幅で表示されたタブ

インデントのためにタブを使うことについて嫌悪感を持っている読者もいるかもしれません。詳細についてはここでは述べませんが、筆者はタブを利用します。その理由は筆者のブログ記事**「Why tabs are clearly superior 」**(*lea.verou.me/2012/01/why-tabs-are-clearly-superior*)で明らかにしています。

```css
pre, code {
    font-family: monospace;
}

pre {
    display: block;
    margin: 1em 0;
    white-space: pre;
}
```

しかし、このようなスタイルがすべてのコードに適しているわけではありません。例えば、タブはコードのインデントには適していますが、Webではあまり使われません。ブラウザ上では、タブは空白8文字分として表示されるためです。このような広すぎるインデントは、**図 5.12**のようにひどい表示をもたらします。ボックスに収まらなくなってしまうことも多いでしょう。

解決策

CSS Text Level 3 では下のように、タブのインデント幅を指定するための **tab-size** プロパティが用意されています。ここには、文字数または（ほとんど使われませんが）長さを指定できます。**4**と指定して4文字分の幅のタブにするか、最近のトレンドに従って**2**を指定することが多いでしょう。

```css
pre {
    tab-size: 4;
}
```

2を指定した場合の表示が**図 5.13** です。はるかに読みやすいコードになりました。ゼロを指定するとタブを完全に無効化できますが、**図 5.14** のように表示されてしまうためおすすめできません。もしこのプロパティがサポートされていなかったとしても、デフォルトの広いタブとともに表示されるだけで、実害はありません。ある意味、これは我々がWeb上で見慣れてきた表示でもあります。

▶ **PLAY!** play.csssecrets.io/**tab-size**

■ **CSS Text**
w3.org/TR/css-text
関連仕様

```js
while (true) {
  var d = new Date();
  if (d.getDate()==1 &&
      d.getMonth()==3) {
    alert("TROLOLOL");
  }
}
```

図 5.13
図 5.12と同じコードを2文字幅のタブとともに表示した結果

```js
while (true) {
var d = new Date();
if (d.getDate()==1 &&
    d.getMonth()==3) {
alert("TROLOLOL");
}
}
```

図 5.14
タブの幅をゼロにした表示。タブによるインデントが消えるため望ましくない

24 リガチャー

課題

人間関係と同じように、グリフ（フォントを構成する文字）にもうまくいかない組み合わせがあります。例えばセリフ（いわゆる「ひげ」）つきのフォントで、「f」と「i」が続く場合について考えてみましょう。図 5.15 の左上の例のように、f の上部と i の点が重なるため美しくない表示になってしまいます。

そこで、フォントのデザイナーはリガチャー（合字）と呼ばれるグリフをフォントに追加しています。リガチャーとは 2 つまたは 3 つの文字を組み合わせてデザインしたもので、組版ソフトウェアは該当する一連の文字をリガチャーに置き換えます。図 5.15 は一般的に使われる常用リガチャー（common ligature）の例です。右側がリガチャーです。

また、任意リガチャー（discretionary ligature）と呼ばれる種類のリガチャーもあります。これはデザイン上の代替として用意されたものです。任意リガチャーが使われなくても、特に問題はありません。図 5.16 に例を示します。

ただし、デフォルトではブラウザ上で任意リガチャーが使われることはありません（これは正しいふるまいです）。常用リガチャーが使われることもあまりありません（これはバグです）。つい最近まで、種類を問わずリガチャーを明示的に利用するには Unicode 文字を指定する必要がありました。例えば、「fi」をリガチャーとして表現するには「`&#xfb01;`」と記述しなければなりませんでした。以下のように、このやり方は問題だらけです。

- 明らかにこのマークアップは読みにくく、記述するのはさらに大変です。例えば、「`de&#xfb01;ne`」が何を指しているかすぐに把握できるでしょうか。

図 5.15
ほとんどのセリフつきフォントで見られる常用リガチャー

誰もがよく知っている「&」も、「Et」（ラテン語で「and」の意味）のリガチャーの中で使われています。

- 現在使われているフォントに該当のリガチャーが含まれていなかった場合、脅迫状のような奇妙な表示になってしまいます（**図 5.17**）。
- すべてのリガチャーに対応してUnicode文字が定義されているとは限りません。例えば「ct」のリガチャーはUnicodeで定義されていません。このリガチャーをフォントに含めるには、Unicodeの「PUA (Private Use Area：私用領域)」に配置する必要があります。
- テキストのアクセシビリティに悪影響が及びます。コピー＆ペーストや検索、読み上げなどが正しく機能しなくなります。多くのアプリケーションはリガチャーを考慮した処理を行えますが、そうではないアプリケーションもあります。

近代的なよりよい解決策が、きっとあるはずです。

図 5.16

任意リガチャーの例。巧みにデザインされたセリフつきのフォントで見られる

解決策

CSS Fonts Level 3（`w3.org/TR/css3-fonts`）では、以前から使われてきた `font-variant` が短縮記法として扱われるようになりました。そして、関連するプロパティが多数定義されています。その中の1つが `font-variant-ligatures` です。このプロパティを通じて、それぞれの種類のリガチャーをコントロールできます。例えばすべてのリガチャーを利用するには、次のように識別子を記述します。

図 5.17

リガチャーのグリフが含まれないフォントでの表示例。リガチャーを Unicode 文字としてハードコード すると、ひどい表示になることが多い

```
font-variant-ligatures: common-ligatures
                        discretionary-ligatures
                        historical-ligatures;
```

このプロパティは子要素に継承されます。任意リガチャーは読みにくいので無効化したい場合には、下のように常用リガチャーだけを有効化します。

```
font-variant-ligatures: common-ligatures;
```

`no-` に続けて識別子を記述すると、明示的にリガチャーを無効化できます。

```
font-variant-ligatures: common-ligatures
                        no-discretionary-ligatures
                        no-historical-ligatures;
```

`none`と指定すると、すべてのリガチャーを無効化できます。ただし、この指定の影響を正しく理解しておく必要があります。`font-variant-ligatures`の設定を初期値に戻したいなら、`none`ではなく`normal`と指定する必要があります。

▶ PLAY!　play.csssecrets.io/**ligatures**

■ **CSS Fonts**　　　　　　　　　　　　　　　　　関連仕様
w3.org/TR/css-fonts

25 しゃれた「&」

> **知っておくべきポイント**
> 基本的な `@font-face` ルールを使ったフォントの埋め込み

課題

図 5.18
ほとんどのコンピューターで、きれいな「&」をデフォルトで利用できる。左から Baskerville、Goudy Old Style、Garamond、Palatino の各フォント。すべてイタリック

　タイポグラフィーの中で控えめに使われる「&（アンパサンド）」は、しばしば賞賛の対象になります。エレガントさを即座に与えてくれる文字として、「&」に勝るものはありません。最も素敵な「&」を含んだフォントを探すためだけのWebサイトがあるほどです。しかし、最も優れた「&」を含むフォントが他の文字にも適しているとは限りません。見出しに美しさと洗練をもたらしてくれるのは、きれいなサンセリフ（セリフなし）フォントと複雑なセリフつきフォントでの「&」とのコントラストです。

　Webデザイナーもこのことに気づいてはいるのですが、実現のためのテクニックは粗野で煩雑です。下のように、スクリプトあるいは手作業ですべての「&」を `<span>` 要素で囲むといった作業が行われています。

```
HTML <span class="amp">&amp;</span> CSS
```

そして`.amp`の要素に対して、次のようなフォントのスタイルが指定されます。

```
.amp {
    font-family: Baskerville, "Goudy Old Style",
                 Garamond, Palatino, serif;
    font-style: italic;
}
```

図 5.19に示すように、この方法は確かに正しく機能します。しかし、コードが汚くなってしまうだけでなく、CMS（コンテンツ管理システム）が使われておりHTMLのマークアップの変更が難しい場合にはそもそも適用できません。

HTML & CSS
HTML & CSS

図 5.19
「&」のフォントを変える前後のテキスト

解決策

特定の文字（または文字列）だけにスタイルを指定する方法はあるのですが、期待するほど簡単ではありません。

`font-family`の宣言では通常、複数のフォント（フォントスタックと呼ばれます）が指定されます。先頭で指定されたフォントが利用できない場合、2つ目以降のフォントが代替として使われます。一方、この仕組みを文字単位で適用できることはあまり知られていません。あるフォントが利用できるけれどもそこには一部の文字しか含まれていない場合には、残りの文字については代替のフォントが使われます。ローカルのフォントにも`@font-face`ルールを使って埋め込まれたフォントにも、同じ仕組みが適用されます。

つまり、1文字しか含まれないフォントを用意すれば、この文字だけにフォントが適用され、他の文字には後続のフォントが適用されることになります。この性質を使えば、「&」だけに特別なスタイルを指定できます。望むスタイルの「&」だけを含むWebフォントを作成して、`@font-face`で指定すればよいのです。コードは次のとおりです。

```css
@font-face {
    font-family: Ampersand;
    src: url("fonts/ampersand.woff");
}

h1 {
    font-family: Ampersand, Helvetica, sans-serif;
}
```

HTML & CSS

図 5.20
単に @font-face にローカルのフォントを指定するだけだと、テキスト全体にフォントが適用される

このやり方はとても柔軟ですが、組み込みのフォントに含まれる「&」を使いたい場合には対応できません。フォントファイルを作成するのが大変なだけでなく、HTTP リクエストの回数は増加し、一部の文字を抜き出す行為がライセンス条件に違反する可能性もあります。このような場合のために、ローカルのフォントも利用できるとよいでしょう。

`@font-face` ルールの `src` では、`local()` 関数を使ってローカルのフォントを指定できます。下のように、Web フォントではなくローカルのフォントを使ってフォントスタックを記述できます。

```css
@font-face {
    font-family: Ampersand;
    src: local('Baskerville'),
         local('Goudy Old Style'),
         local('Garamond'),
         local('Palatino');
}
```

こうすると、テキスト全体に `Ampersand` フォントファミリーが適用されてしまいます（**図 5.20**）。ここで指定されたフォントには、すべての文字が含まれているためです。しかし、方向性は間違っていません。ローカルフォントの中で、「&」のグリフだけを利用することを示せばよいのです。このような指定はまさに可能であり、`unicode-range` を利用します。

`unicode-range` を使うと、フォントが適用される文字を限定できます。ローカルフォントにも Web フォントにも対応しています。これは CSS のプロパティではなく、`@font-face` ルールの中でだけ指定できます。賢いブラウザは、ページの中で使われていない文字については Web フォントをダウンロードしません。

`unicode-range`はとても便利なのですが、構文がきわめて難解です。ここでは文字そのものではなく、Unicodeのコードポイントを表す16進数を指定しなければなりません。そこで、まず対象の文字のコードポイントを調べる必要があります。インターネット上に多数公開されているコード表を使って調べるか、ブラウザのコンソールで次のようなJavaScriptを実行します。

```js
"&".charCodeAt(0).toString(16); // 26が返されます
```

> BMP（Basic Multilingual Plane：基本多言語面）以外のUnicode文字に対しては、`String#charCodeAt()`は誤った値を返します。しかし、読者が必要とする文字のうち99.9％はBMP内にあるでしょう。もしD800からDFFFの間の値が返されたなら、それはアストラル文字と呼ばれ、適切なオンラインのツールを使って正確なUnicodeのコードポイントを調べる必要があります。ECMAScript 2015（ES6）で定義されている`String#charCodeAt()`では、このような問題は起こりません。

16進数のコードポイントがわかったら、その前に`U+`をつけるだけで文字を指定できます。つまり、「&」を指定するには次のようにします。

```
unicode-range: U+26;
```

コードポイントの範囲を指定したい場合は、先頭だけに`U+`をつけて`U+400-4FF`のようにします。このような範囲を指定するなら、`U+4??`のようにワイルドカードを使ってもかまいません。複数の文字や範囲を指定するには、それぞれをカンマで区切って記述します。例えば`U+26, U+4??, U+2665-2670`のように指定できます。しかし我々の目的に関する限り、文字を1種類指定できれば十分です。全体のコードは次のようになります。

```css
@font-face {
    font-family: Ampersand;
    src: local('Baskerville'),
         local('Goudy Old Style'),
         local('Palatino'),
         local('Book Antiqua');
    unicode-range: U+26;
}

h1 {
    font-family: Ampersand, Helvetica, sans-serif;
}
```

HTML & CSS

図 5.21
フォントスタックと unicode-range を使い、「&」だけを別のフォントで表示した

図 5.21のように、「&」だけを別のフォントで表示できました。しかし、目標としていた表示とは少し異なります。図 5.19での「&」は、Baskervilleフォントのイタリック文字でした。一般的に、イタリックのセリフつきフォントでは美しい「&」が含まれる傾向があります。「&」に直接イタリックの指定はせずに、イタリックの表示を得たいものです。

まず考えつくのは、**@font-face**ルールの中で**font-style**を指定するアイデアです。しかし、これにはまったく効果はありません。イタリックのテキストに対して、指定されたフォントを使うという意味になります。つまり、テキストに対してすでにイタリックが指定されていない限り、ここでの指定は無視されてしまいます。

OS X上でフォントのPostScript名を調べるには、「Font Book」アプリで「⌘+I」を入力します。

面倒なことに、ここでの唯一の解決策は若干ハックじみています。フォントファミリーの名前の代わりに、フォントのスタイルやウェイト（太さ）も表すPostScript名を指定します。イタリックのフォントを指定するには、次のようにします。これが最終的なコードです。

```
@font-face {
    font-family: Ampersand;
    src: local('Baskerville-Italic'),
         local('GoudyOldStyleT-Italic'),
         local('Palatino-Italic'),
         local('BookAntiqua-Italic');
    unicode-range: U+26;
}

h1 {
    font-family: Ampersand, Helvetica, sans-serif;
}
```

これで、図 5.19とまったく同じ表示を得られました。残念ながら、これ以上のスタイル設定（フォントサイズを大きくする、不透明度を下げる、など）を行うにはHTMLを変更する必要があります。フォントやそのスタイルそしてウェイトを変えたいだけなら、ここで紹介した方法が問題なく機能します。この方法を使って、数値のフォントや単位の記号あるいは区切り文字などに特別なスタイルを指定できます。さまざまな可能性を持ったテクニックです。

▶ PLAY! play.csssecrets.io/ampersands

Drew McLellan（*allinthehead.com*）は、この効果の最初のバージョン（*24ways.org/2011/creating-custom-font-stacks-with-unicode-range*）を発表しました。

HAT TIP

- **CSS Fonts**　　関連仕様
  w3.org/TR/css-fonts

下線のカスタマイズ

> ### 知っておくべきポイント
> CSSグラデーション、`background-size`、`text-shadow`、P. 78 の「ストライプ模様の背景」

課題

　デザイナーというのは面倒な職業です。思い描いたものにできるだけ近づけるために、いろいろなものをカスタマイズして注意深く作り上げます。そして、より直感的で使いやすいデザインを目指して常に苦心しています。デフォルトのままでも十分によいということは、ほとんどありません。

　テキストへの下線は、我々デザイナーがカスタマイズしたがる対象の1つです。**デフォルトの下線も便利ですが、目立ちすぎであり、しかも描画方法はブラウザごとに異なります。** 下線はWebの黎明期からありましたが、カスタマイズする方法はまったく用意されてきませんでした。CSSが現れた後も、下のようにオンとオフを切り替えるしかできませんでした。

```
text-decoration: underline;
```

　必要なツールがなければ、我々はハックしてツールを作り出します。下線をカスタマイズする方法がなかったので、下のようにボーダーを使って

下線を模造しました。CSSへのハックの中でも、最も初期に考えられたものの1つです。

```
a[href] {
    border-bottom: 1px solid gray;
    text-decoration: none;
}
```

`border-bottom`を使って下線を擬似的に表現すれば、色や太さなどのスタイルをコントロールできます。しかし、この方法も完全ではありません。**図 5.22**のように、「下線」はテキストから離れすぎています。「y」や「p」の下にはみ出た部分よりも、さらに下に描画されてしまっています。そこで、次のように`display`に`inline-block`を指定し、`line-height`の値をより小さくしてみます。

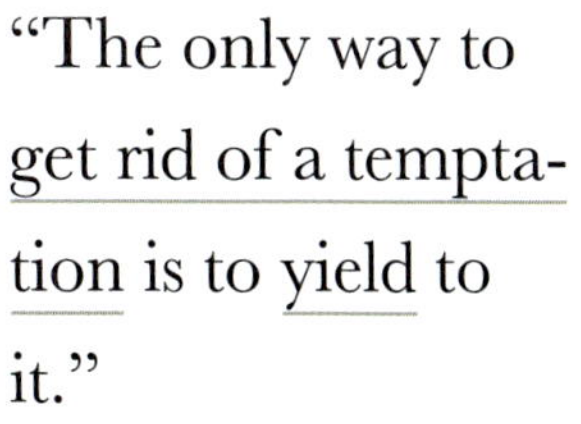

```
display: inline-block;
border-bottom: 1px solid gray;
line-height: .9;
```

こうすると、下線はテキストに近づきます。しかし**図 5.23**のように、テキストの折り返しが正しく機能しなくなってしまいます。

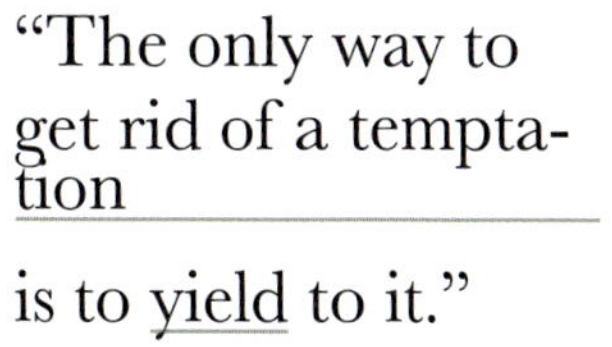

最近では、内向きの`box-shadow`を使って下線を再現する試みも見られます。

```
box-shadow: 0 -1px gray inset;
```

こうするとわずかにテキストに近づいて描画されますが、その他の問題点は解決されないままです。下線をカスタマイズするための、適切で柔軟な方法はないでしょうか。

解決策

まったく予想していなかったところから、最善の解決策が現れることがよくあります。今回は、`background-image`と関連のプロパティに答えが隠されていました。普通ではないと思われるかもしれませんが、我慢し

"The only way to get rid of a temptation is to yield to it."

図 5.22
`border-bottom`を使って擬似的に表現された下線

"The only way to get rid of a temptation is to yield to it."

図 5.23
ボーダーを使った下線での問題を解決しようとしたが、行の折り返しの表示が台無しになった

どのくらい近づくかというと、線の幅1本分です。ボックスの外側に描画されるボーダーの代わりに、内側に影が描画されるだけです。

"The only way to get rid of a temptation is to yield to it."

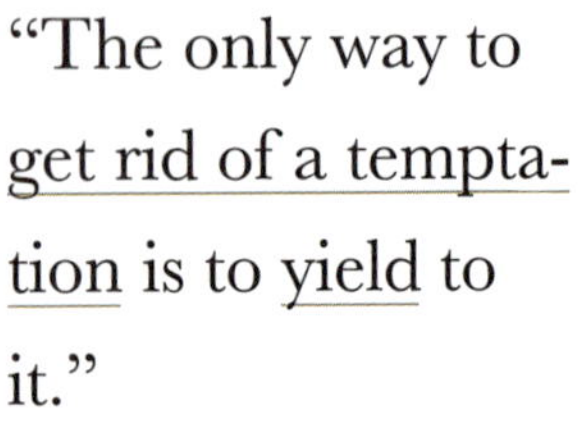

図 5.24
CSSグラデーションを使い、カスタマイズされた下線を表示する

"The only way to get rid of a temptation is to yield to it."

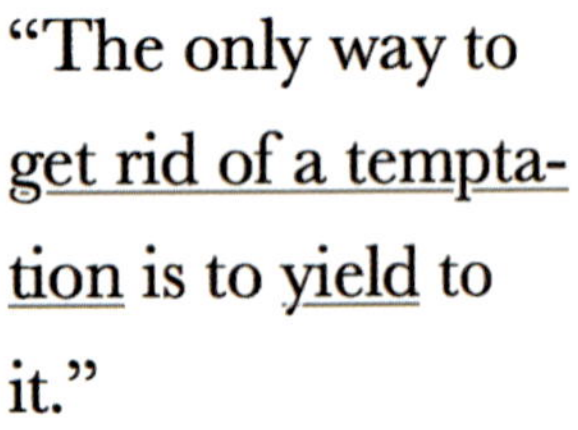

図 5.25
`text-shadow`と組み合わせることによって、文字との交差を回避する

てもう少し読み進めてみてください。テキストの折り返しにも対応でき、CSS Backgrounds & Borders Level 3 で定義された `background-size` などの背景関連の新しいプロパティと組み合わせれば詳細な指定も可能です。CSSグラデーションを使えば背景を動的に生成できるため、HTTPリクエストの回数が増加することもありません。コードは以下のとおりです。

```
background: linear-gradient(gray, gray) no-repeat;
background-size: 100% 1px;
background-position: 0 1.15em;
```

図 5.24のように、エレガントで控え目な下線を表示できました。しかし、もう少し改善の余地が残されています。「p」や「y」の下にはみ出た部分が、下線と交差しています。この部分で下線の表示をスキップできたら、はるかによい表示になるでしょう。もし背景が単色なら、これと同じ色の `text-shadow` を 2 つ指定すると図 5.25 のような表示を擬似的に得られます。

```
background: linear-gradient(gray, gray) no-repeat;
background-size: 100% 1px;
background-position: 0 1.15em;
text-shadow: .05em 0 white, -.05em 0 white;
```

FUTURE 将来の下線

将来的には、ここで紹介したようなハックに頼らなくても下線をカスタマイズできるようになるでしょう。**CSS Text Decoration Level 3**（w3.org/TR/css-text-decor-3）では、次のような下線向けのプロパティが定義されています。

- 下線などの装飾の色を指定するための `text-decoration-color`
- 装飾のスタイル（実線、破線、波線など）を指定するための `text-decoration-style`
- スペースや下にはみ出た部分などのオブジェクトをスキップするための `text-decoration-skip`
- 下線の位置を詳細に指定するための `text-underline-position`

ただし、これらのプロパティに対応しているブラウザはまだほとんどありません。

グラデーションを使った下線は、きわめて柔軟です。例えば以下のように指定すると、破線を表示できます（図 5.26）。

```
background: linear-gradient(90deg,
            gray 66%, transparent 0) repeat-x;
background-size: .2em 2px;
background-position: 0 1em;
```

カラーストップの位置を通じて個々の線とスペースの割合を指定でき、`background-size`を通じてサイズを指定できます。

▶ PLAY!　play.csssecrets.io/**underlines**

頭の体操として、**スペルミスの単語に表示されるような赤色の波線**を作成してみましょう（ヒント：グラデーションが2つ必要です）。下のURLでオンラインデモを公開していますが、ソースコードを見てしまう前に自分でも考えてみることをおすすめします。きっと、そのほうが楽しいはずです。

▶ PLAY!　play.csssecrets.io/**wavy-underlines**

Marcin Wichary（`aresluna.org`）は、この表示効果の**表示効果の基礎となるテクニック**（`medium.com/designing-medium/crafting-link-underlines-on-medium-7c03a9274f9`）を発見しました。

- **CSS Backgrounds & Borders**
  w3.org/TR/css-backgrounds
- **CSS Image Values**
  w3.org/TR/css-images
- **CSS Text Decoration**
  w3.org/TR/css-text-decor

関連仕様

> "The only way to get rid of a temptation is to yield to it."

図 5.26
CSSを使って柔軟にカスタマイズできる下線

HAT TIP

リアルなテキストの表示効果

知っておくべきポイント
基本的な `text-shadow`

課題

　テキストへの効果の中には、Web上で広く使われるようになったものもあります。例えば凹凸状の表示、マウスオーバー時のぼかしの追加、飛び出したように見える表示（錯視）などです。これらは影を使って表現されるのが一般的です。また、錯覚を利用しているものも多く、我々の目のはたらきに対するある程度の理解も必要です。仕組みを知ってしまえば簡単に作れるのですが、ブラウザの開発者向けツールを使ったリバースエンジニアリングは容易ではないこともあります。

　このような表示効果について、いくつか紹介することにします。「これは一体どういう仕組みなのだろう」と途方に暮れなくても済むようになるでしょう。

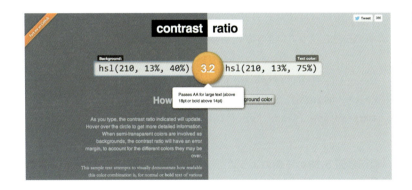

図 5.27
このような表示効果を適用しようとする際には、アクセシビリティを軽視しがちである。十分なコントラストが得られるかのチェックを忘れてはならない。`leaverou.github.io/contrast-ratio` で公開されているツールは、CSS で利用できる任意の色の形式に対応している

活版印刷風の効果

　凹凸のあるテキストが特徴的な活版印刷風の表示は、スキュアモーフィック（実際のモノに似せた）デザインの Web サイトでしばしば使われます。かつてほどの人気は失っていますが、熱狂的なファンも少なくありません。

　この表示が最も効果的なのは、中程度に明るい背景と暗い色のテキストの組み合わせです。暗い背景と明るいテキストの組み合わせも、テキストが黒以外かつ背景が完全な白や黒以外ならうまく機能します。

　下部の明るい影（または上部の暗い影）によって、**対象のオブジェクトが彫り込まれたような錯覚**がもたらされます。このテクニックは、押されたボタンを表すためにごく初期の GUI で取り入れられて以来ずっと使われてきています。同様に、下部の暗い影や上部の明るい影は**オブジェクトが飛び出している印象**をもたらします。我々は通常、**自分よりも上に光源がある**と考えています。そのため、下部に影があるオブジェクトは飛び出していると判断し、上部に影があればくぼんでいると判断するのです。

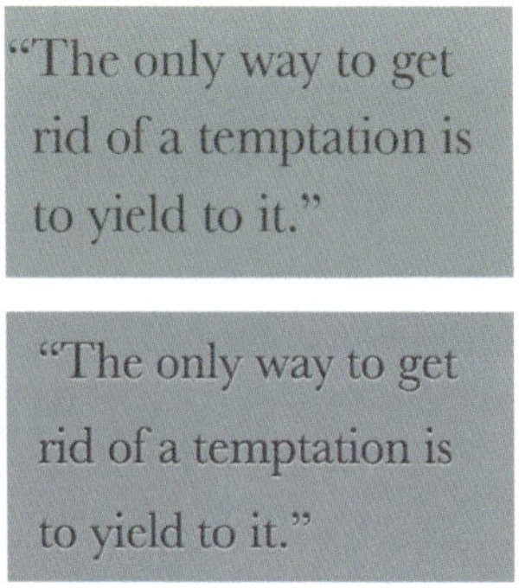

　図 5.28 の上側のテキストに対して、凹凸状の表示効果を与えることにします。テキストの色は ■`hsl(210, 13%, 30%)` で、背景色は ■`hsl(210, 13%, 60%)` です。

図 5.28
明るい背景と暗いテキストに対する活版印刷風の表示効果
上：適用前
下：適用後

```
background: hsl(210, 13%, 60%);
color: hsl(210, 13%, 30%);
```

　このように明るい背景と暗いテキストの組み合わせでは、下部に明るい影を表示するほうが効果的です。**適切な明るさは、使われている色や期待する効果の強さによって異なります**。アルファ値を少しずつ変更しなが

ら、よい表示が得られるまで試行錯誤する必要があります。下の例では80％の白色を使っていますが、他の値でもかまいません。

```
background: hsl(210, 13%, 60%);
color: hsl(210, 13%, 30%);
text-shadow: 0 1px 1px hsla(0,0%,100%,.8);
```

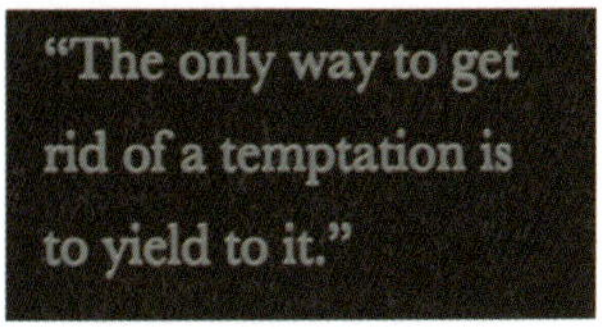

図 5.29
誤った凹凸の表現。背景より明るい色のテキストに対して、明るい影をつけた結果

表示は図5.28の下側のようになります。ここでは em ではなく px 単位で長さを指定しています。フォントサイズが定まっていないテキストに対しては、次のように em を使うほうがよいかもしれません。

```
text-shadow: 0 .03em .03em hsla(0,0%,100%,.8);
```

暗い背景と明るいテキストの組み合わせについても考えてみましょう。同じように影をつけると、テキストがぼやけたように見えるひどい表示になってしまいます（図5.29）。しかし、明るいテキストには凹凸の表現を適用できないわけではなく、やり方を少し変える必要があります。図5.30のように、上部に暗い色の影をつけるのが正解です。コードは以下のとおりです。

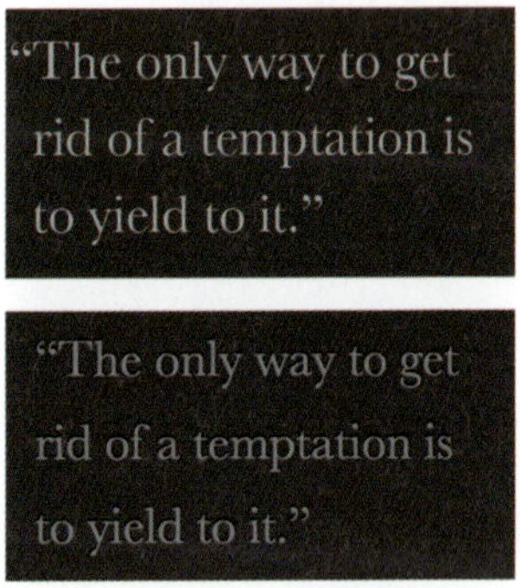

```
background: hsl(210, 13%, 40%);
color: hsl(210, 13%, 75%);
text-shadow: 0 -1px 1px black;
```

図 5.30
背景より明るい色のテキストに対する、正しい凹凸の表現
上：適用前
下：適用後

▶ PLAY! play.csssecrets.io/letterpress

フチ付きのテキスト

　将来的には、縁取りされたテキストを表示するのはとても簡単になる予定です。text-shadow で広がりを表すパラメーターを指定するだけで、影が太くなり縁取りのような表示を得られます（box-shadow で同様のテクニックを適用し、擬似的なアウトラインを表示する例を以前に紹介しました）。しかし、このパラメーターに対応しているブラウザはとても少な

いため、他の手段を使って縁取りを再現する必要があります。満足できる表示は得られるでしょうか。

最もよく使われているのは、次のようにオフセット値を少しずつ変えながら複数の`text-shadow`を追加する方法です（図 5.32）。

```
background: deeppink;
color: white;
text-shadow: 1px 1px black, -1px -1px black,
             1px -1px black, -1px 1px black;
```

下のようにオフセットを指定せず、ぼかしを含む影を多数重ねる方法もあります。

```
text-shadow: 0 0 1px black, 0 0 1px black,
             0 0 1px black, 0 0 1px black,
             0 0 1px black, 0 0 1px black;
```

しかしこの方法では、期待する表示を得られないことがあります。しかも、ぼかしが複数回行われるため表示に時間がかかります。

これら2つの方法はともに、縁取りを太くするときれいに表示されない問題を抱えています。例えば3pxを指定すると、図 5.33のようにひどい表示になってしまいます。

```
background: deeppink;
color: white;
text-shadow: 3px 3px black, -3px -3px black,
             3px -3px black, -3px 3px black;
```

いつものように、SVGを使った解決策もあります。ただし、マークアップがとても乱雑になります。例えば`<h1>`要素に効果を適用するなら、HTMLは次のようになるでしょう。

```
<h1><svg width="2em" height="1.2em">
    <use xlink:href="#css" />
```

図 5.31
`text-shadow`で広がりの半径を指定し、テキストに縁取りを加える

図 5.32
複数の`text-shadow`を重ね、`1px`のアウトラインを再現する

図 5.33
[幅`3px`の（ひどい）アウトライン。オフセットの異なる複数の`text-shadow`による表示

```
        <text id="css" y="1em">CSS</text>
</svg></h1>
```

そしてCSSとしては以下のようなものを記述します。

```
h1 {
    font: 500%/1 Rockwell, serif;
    background: deeppink;
    color: white;
}

h1 text {
    fill: currentColor;
}

h1 svg { overflow: visible }

h1 use {
    stroke: black;
    stroke-width: 6;
    stroke-linejoin: round;
}
```

図 5.34
SVGを使って表示された太いアウトライン

理想的とは言えないまでも、図 5.34のように最善の表示を得られました。SVGに対応していない古いブラウザでも、きちんと読めるテキストが適切なスタイルとともに表示され、検索も可能です。

▶ PLAY!　play.csssecrets.io/**stroked-text**

発光の表示効果

ホバーされたリンクや、ある種のWebサイトの見出しで発光のような表示効果はよく見られます。これは最も簡単に生成できる効果の1つです。単純なケースでは、下のように`text-shadow`を2つ追加するだけです。いずれもオフセットはゼロで、色はテキストと同じです（図 5.35）。

```
background: #203;
color: #ffc;
text-shadow: 0 0 .1em, 0 0 .3em;
```

ホバーされた時にこの効果を発生させたいなら、以下のようなトランジションを記述します。

```
a {
    background: #203;
    color: white;
    transition: 1s;
}
a:hover {
    text-shadow: 0 0 .1em, 0 0 .3em;
}
```

図 5.35

発光のような表示効果。シンプルな `text-shadow` を2つ記述するだけでよい

図 5.36

テキストを消し影だけを表示すると、かすんだようなテキストになる

`:hover` の中でテキスト自身を非表示にすると、テキストが徐々にかすんでいくような興味深い効果を得られます（図 5.36）。

```
a {
    background: #203;
    color: white;
    transition: 1s;
}
a:hover {
    color: transparent;
    text-shadow: 0 0 .1em white, 0 0 .3em white;
}
```

しかしこの例では、`text-shadow` だけを使ってテキストを表示しており、古いブラウザで問題が生じます。つまり、`text-shadow` に対応していないブラウザでは、ホバー時にテキストがまったく表示されません。このようなブラウザからの利用がない環境でのみ、上の表示効果を適用するようにしましょう。代替案として、CSSフィルターを使ってテキストをぼかすことも可能です。

```
a {
    background: #203;
    color: white;
    transition: 1s;
}
a:hover {
    filter: blur(.1em);
}
```

CSSフィルターに対応しているブラウザはさらに少ないですが、非対応のブラウザでもテキストが消えないというメリットがあります。

▶ **PLAY!**　play.csssecrets.io/**glow**

飛び出すテキスト

図 5.37
複数の `text-shadow` を使い、テキストを飛び出させる

スキュアモーフィックなデザインのWebサイトでは、テキストを飛び出させて擬似的に3次元の表示を得るテクニックも多用されています（**図 5.37**）。ぼかしのない影を1pxずつずらしながら多数表示し、徐々に色を暗くしていきます。そして最後にぼかしのある暗い影を追加して、テキストが完全に飛び出しているような表示を得ます。

以下のシンプルなコードが適用されている、**図 5.38** のテキストを対象に処理を進めます。

図 5.38
加工対象のテキスト

```
background: #58a;
color: white;
```

このテキストに対して、徐々に暗くなる影を追加してみましょう。

```
background: #58a;
color: white;
text-shadow: 0 1px hsl(0,0%,85%),
             0 2px hsl(0,0%,80%),
```

```
            0 3px hsl(0,0%,75%),
            0 4px hsl(0,0%,70%),
            0 5px hsl(0,0%,65%);
```

すると図5.39のように表示されます。方向性は正しそうですが、まだあまりリアルではありません。実は、ここで影をもう1つ追加するだけで、図5.37と同じ表示になります。

図 5.39
まだリアルではない表示

```
background: #58a;
color: white;
text-shadow: 0 1px hsl(0,0%,85%),
             0 2px hsl(0,0%,80%),
             0 3px hsl(0,0%,75%),
             0 4px hsl(0,0%,70%),
             0 5px hsl(0,0%,65%),
             0 5px 10px black;
```

▶ PLAY!　play.csssecrets.io/**extruded**

このように、何度も繰り返されるコードにはプリプロセッサによるミックスインが適しています。例えば、SCSSでは次のように記述できます。

```scss
@mixin text-3d($color: white, $depth: 5) {
    $shadows: ();
    $shadow-color: $color;

    @for $i from 1 through $depth {
        $shadow-color: darken($shadow-color, 10%);
        $shadows: append($shadows,
                  0 ($i * 1px) $shadow-color, comma);
    }

    color: $color;
    text-shadow: append($shadows,
```

シークレット27：リアルなテキストの表示効果　　237

```scss
                  0 ($depth * 1px) 10px black, comma);
}

h1 { @include text-3d(#eee, 4); }
```

図 5.40
レトロ風のタイポグラフィー

このような表示効果にはさまざまなバリエーションが考えられます。例えば下のように、すべての影を■blackにして最後のぼかされた影を削除すると、古い看板などのタイポグラフィーでよく見られる表示効果を得られます（図 5.40）。

```scss
color: white;
background: hsl(0,50%,45%);
text-shadow: 1px 1px black, 2px 2px black,
             3px 3px black, 4px 4px black,
             5px 5px black, 6px 6px black,
             7px 7px black, 8px 8px black;
```

このコードも簡単にミックスインにできます。しかし以下のように、関数として定義するほうがよいでしょう。

```scss
@function text-retro($color: black, $depth: 8) {
    $shadows: (1px 1px $color,);

    @for $i from 2 through $depth {
        $shadows: append($shadows,
                  ($i*1px) ($i*1px) $color, comma);
    }

    @return $shadows;
}

h1 {
    color: white;
    background: hsl(0,50%,45%);
```

```
  text-shadow: text-retro();
}
```

- **CSS Text Decoration**
  w3.org/TR/css-text-decor
  関連仕様

28 円に沿ったテキスト

> ### 知っておくべきポイント
> 基本的なSVG

課題

特によく使われるわけではありませんが、円に沿って短いテキストを配置したいことがあります。このような場合、CSSは無力です。これを可能にしてくれるようなCSSのプロパティはありません。無理に実現しようとすると、考えるだけで気分が悪くなるようなハックだらけのコードになってしまいます。画像にも頼らず、我々の正気と自尊心を保ってくれるような解決策はあるのでしょうか。

図 5.41
juliancheal.co.uk の左側（カーソル位置付近）にあるボタンで、円に沿ったテキストが使われている。実世界でのボタンのメタファーとして表示されており、中央部分には穴と糸があるためテキストを表示できない

解決策

円形の表示を生成するためのスクリプトがいくつか公開されています。これらを使うと1つ1つの文字が`<span>`要素で囲まれ、円形に並ぶように移動や回転が行われます。しかしこのようなスクリプトはハック以外の何者でもなく、ページ上の要素数が無駄に増加することになります。

CSSだけを使って円形の表示を生成できるようなよい方法は今のところありませんが、インラインのSVGと組み合わせれば簡単に目標を達成できます。任意のパスに沿ってテキストを配置する機能がSVGにはネイティブで用意されており、そして円もパスの形状の1つです。さっそく試してみましょう。

SVGでパスに沿ったテキストを表示するには、まず`<textPath>`要素にテキストを記述し、これを`<text>`要素で囲みます。`<path>`要素でパスを定義し、この要素のID値を`<textPath>`要素から参照します。インラインのSVGに含まれるテキストは、HTMLでのフォントのスタイルのほとんどを継承します（`line-height`は例外で、SVGの中でも指定する必要があります）。外部のSVGを使った画像と同様に、テキストのスタイルについては考慮しなくてもかまいません。

ここでは図 5.42のように、「circular reasoning works because」というテキストを円周全体に配置することにします。手始めとしてHTMLの要素の中にインラインのSVGを追加し、円のパスを定義したのが以下のコードです。

`<textPath>`は`<path>`との組み合わせでしか機能しません。`<circle>`要素を使えばはるかにわかりやすいコードにできるのですが、ここでは利用できません。

図 5.42
目標とする表示

```svg
<div class="circular">
    <svg viewBox="0 0 100 100">
        <path d="M 0,50 a 50,50 0 1,1 0,1 z"
              id="circle" />
    </svg>
</div>
```

ここでは`width`や`height`の各属性を指定する代わりに、`viewBox`を使ってSVGでの単位を指定しています。こうすると、SVG自体のサイズを指定せずにグラフィックの座標系やアスペクト比を指定できます。よりコンパクトに記述できるだけでなく、CSSのコードの削減にもつながります。`<svg>`要素の`width`や`height`に100％と指定しなくても、サイズがコンテナ要素に一致するようになります。

`<path>`の構文を知らなくても、問題はありません。そもそも、知っている人はほぼいません。パスの秘術に触れてしまった人々でさえも、数分

SVGの仕様を設計する際に、人間がSVGを記述することは想定されていませんでした。そのため、SVGの作業グループは可能な限りコンパクトな構文を取り入れてファイルサイズを削減しようとしました。その結果として生まれたのが、この呪文のようなパスの構文です。

もすれば忘れてしまうでしょう。どうしても知りたい読者のために、上の構文の中に含まれている3つのコマンドの意味を紹介しておきます。

- `M 0,50`：指定された座標つまり`(0,50)`に移動します。
- `a 50,50 0 1,1 0,1`：現在の位置と、`0`単位右かつ`1`単位下の位置の2点を通る楕円弧を描きます。楕円の半径は、縦・横方向ともに`50`です。この2点を通る弧は4つ考えられますが、**長い方**かつ現在の位置から**時計回り**に描かれるものが選ばれます。
- `z`：開いているパスを直線で閉じます。

今のところ、パスは図 5.43 のようにただの黒い円です。`<text>`と`<textPath>`の各要素を追加し、`xlink:href`プロパティを使ってパスへの参照を記述します。

```
<div class="circular">
    <svg viewBox="0 0 100 100">
        <path d="M 0,50 a 50,50 0 1,1 0,1 z"
              id="circle" />
        <text><textPath xlink:href="#circle">
            circular reasoning works because
        </textPath></text>
    </svg>
</div>
```

図 5.43
現時点でのパス。単に ■black の円が表示される

すると図 5.44 のように表示されます。きちんとした表示にするために必要な作業はまだありますが、CSSだけでは100年かけても無理な表示が簡単に実現できてしまいました。

次の作業として、パスの塗りつぶしを除去します。この円はテキストのガイドにすぎないため、表示させておく必要はまったくありません。方法はいくつかあり、例えば`<defs>`要素（まさにこのような目的のために定義されました）の中に入れ子にするといったものが考えられています。しかし今回は、SVGのマークアップの量を最小限にすることを目指します。下のように、CSSを使って`fill: none`と指定します。

図 5.44
まだ作業は半ばだが、テキストが円形に並んだ

```
.circular path { fill: none; }
```

図 5.45 のように黒い円はなくなりましたが、新たな問題がより明らかになりました。テキストの大部分がSVGの要素の外にはみ出し、表示され

なくなってしまっています。この問題に対処するには、コンテナ要素を小さくし、SVGの要素に`overflow: visible`を指定します。こうすれば、ビューポートの外にはみ出たコンテンツも表示されるようになります。

```
.circular {
    width: 30em;
    height: 30em;
}

.circular svg {
    display: block;
    overflow: visible;
}
```

図 5.45
パスを非表示にしたら、次の問題点が明らかになった

図 5.46の下側が現在の表示です。かなり目標に近づいてきましたが、まだ表示されないテキストがあります。SVGの要素は自らのサイズにもとづいてフローに影響を与えますが、この際にオーバーフローは考慮されないためです。つまり、`<svg>`要素の外にテキストがはみ出したとしても要素が下方向に押し下げられることはありません。そこで、下のようにマージンを手動で指定する必要があります。

```
.circular {
    width: 30em;
    height: 30em;
    margin: 3em auto 0;
}

.circular svg {
    display: block;
    overflow: visible;
}
```

これでようやく、図5.42とまったく同じ表示を得られました。しかも、アクセシビリティについても問題はありません。なお、ページ上に円に沿ったテキスト（Webサイトのロゴなど）が1つだけの場合には追加の作業は不要です。このようなテキストが複数ある場合に、**SVGのマークア**

ップを何度も記述するのは望ましくありません。そこで、下のようなマークアップから必要なSVGの要素を自動生成してくれるスクリプトを用意します。

```html
<div class="circular">
    circular reasoning works because
</div>
```

下のコードは、`circular`クラスが指定されたすべての要素に対して作用します。テキストを削除して変数に保持し、代わりにSVGの要素を挿入します。

図 5.46
上：コンテナ要素に`width`と`height`を指定した結果
下：さらに`overflow: visible`を追加した結果

```js
$$('.circular').forEach(function(el) {
    var NS = "http://www.w3.org/2000/svg";
    var xlinkNS = "http://www.w3.org/1999/xlink";
    var svg = document.createElementNS(NS, "svg");
    var circle = document.createElementNS(NS, "path");
    var text = document.createElementNS(NS, "text");
    var textPath = document.createElementNS(NS, "textPath");

    svg.setAttribute("viewBox", "0 0 100 100");

    circle.setAttribute("d", "M 0,50 a 50,50 0 1,1 0,1 z");
    circle.setAttribute("id", "circle");

    textPath.textContent = el.textContent;
    textPath.setAttributeNS(xlinkNS, "xlink:href", "#circle");

    text.appendChild(textPath);
    svg.appendChild(circle);
    svg.appendChild(text);
    el.textContent = '';
    el.appendChild(svg);
});
```

▶ PLAY!　play.csssecrets.io/circular-text

- **Scalable Vector Graphics (SVG)**
  w3.org/TR/SVG

  関連仕様

ユーザー
エクスペリエンス

# 適切なマウスカーソルの選択

課題

　マウスポインターの役割は、マウスカーソルの位置を示すだけではありません。実行可能な操作をユーザーに伝えるという意味も持っています。このことはデスクトップアプリケーションでは一般的に実践されているのですが、Webアプリケーションでは忘れられがちです。

　この問題について不満を持っていたのは筆者だけではありません。CSS2.1の時点では、組み込みで利用できるカーソルの種類は多くありませんでした。`cursor`プロパティで利用されるのは、対象がクリック可能なことを示す`pointer`や、ツールチップの存在を示す`help`が主でした。何かを読み込んでいることを示すために、`wait`や`progress`が使われることもありましたが、これらの他にはほとんど使われませんでした。**CSS User Interface Level 3**（`w3.org/TR/css3-ui/#cursor`）で、組み込みで利用できるカーソルが多数追加されたのですが、ほとんどの開発者は従来の利用法から抜け出すことはありませんでした。ユーザーエクスペリエンスを改善しようとする場合、解決策を知らないとそもそも問題の存在に気づけないことがよくあります。これからその解決策を紹介します。

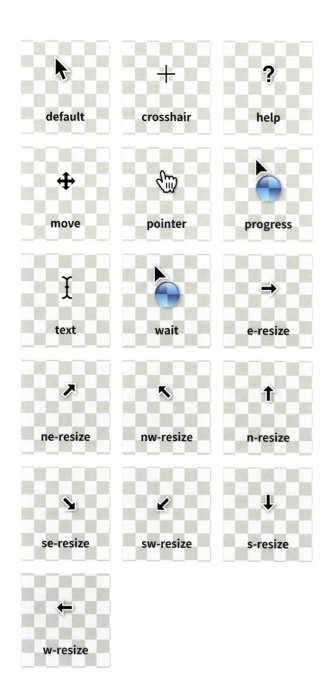

図 6.1
CSS2.1では、組み込みのマウスカーソルの種類は限られていた（OS Xでの表示）

図 6.2
CSS User Interface Level 3（`w3.org/TR/css3-ui/#cursor`）で追加された組み込みのカーソル。OS Xでの表示

解決策

図 6.2 が、新しく追加されたカーソルの一覧です。それぞれの用途については仕様書で定義されていますが、これらのすべてが汎用的に利用できるわけではありません。例えば cell というカーソルは「1つまたは複数のセルが選択可能なことを表す」と定義されています。明らかに、表計算や編集可能なグリッド以外で使い道を見つけるのは難しそうです。

このシークレットでは、これらの新しいカーソルすべてについて説明するわけではありません。わずかのコードで多くのWebアプリケーションの使い勝手を大きく向上できるような、2つのカーソルにターゲットを絞って紹介します。

無効化されている状態を示す

おそらく、新しいカーソルの中で最も利用範囲が広いのは not-allowed（図 6.3）です。何らかの理由（無効化されている、など）で対象のウィジェットを操作できないことを示す際に、このカーソルはとても便利です。特に今日ではフォームにさまざまなスタイルが設定されるようになってきており、ウィジェットが有効化されているかどうかわかりにくいことがよくあります。この意味でも、not-allowed が役に立つでしょう。次のコードのように、汎用的にこのカーソルを使ってしまってもかまいません。

図 6.3
not-allowed のカーソルを使うと、対象のウィジェットが無効化されていることを示せる

```
:disabled, [disabled], [aria-disabled="true"] {
    cursor: not-allowed;
}
```

▶ **PLAY!**　play.csssecrets.io/disabled

マウスカーソルを隠す

マウスカーソルが消えてしまうのは、一見するとユーザビリティにとって悪夢のようなこととも思えます。誰がこんなことを望んでいるのか、そしてそもそもなぜこのようなカーソルが定義されたのかと思われたことでしょう。このような意見ももっともですが、読者が不特定多数向けのタッチスクリーン端末（施設の案内や飛行機の機内での娯楽などに使われています）を使った時のことを思い出してみましょう。開発者がマウスカーソ

ルを消し忘れ、画面上にずっと残っていたことはないでしょうか。また、動画の再生中に邪魔なカーソルを画面の端に追いやったことも多いと思われます。

つまり、カーソルを消すとユーザビリティが向上するケースは確実にあります。このような理由から、**none**が定義されたのです。CSS2.1でもカーソルを消せますが、以下のコードのように縦横1pxの透明なGIFが必要でした。

> ❗ 動画の再生中にカーソルを隠す場合、再生や停止のウィジェットの上では隠さないように注意しましょう。かえってユーザビリティが低下してしまいます。

```
video {
    cursor: url(transparent.gif);
}
```

近年のブラウザでは画像ファイルを用意する必要はなく、単に**cursor: none**と指定するだけで済みます。ただし、新しいカーソルに対応していないブラウザのために、代替として画像も残しておくとよいでしょう。このためには、次のようにしてカスケード状に記述します。

```
cursor: url('transparent.gif');
cursor: none;
```

■ CSS Basic User Interface
w3.org/TR/css3-ui

関連仕様

30 クリック可能な範囲を広げる

TIP! simonwallner.at/ext/fitts では、インタラクティブなビジュアライゼーションを通じてフィッツの法則を学べます。

課題

　ユーザーエクスペリエンスに関心を持つ読者は、「フィッツの法則」を聞いたことがあるのではないでしょうか。これは1954年に、アメリカの心理学者 Paul Fitts が提唱したモデルです。ターゲットの領域に移動するための時間は、ターゲットまでの距離をターゲットの大きさで割った値の対数に比例するとされます。これを数式で表すと、$T = a + b \log_2 (1 + \frac{D}{W})$ になります。T は移動にかかる時間、D はターゲットの中心までの距離、W は移動の方向に沿ったターゲットの幅、a と b は定数をそれぞれ表します。

　発表当時にはグラフィカルユーザーインタフェースはまだありませんでしたが、フィッツの法則はポインティングデバイスにも問題なく適用できます。そして今日では、人間とコンピューターのインタラクションを表すモデル「HCI (Human-Computer Interaction)」として最も広く知られるようになりました。この法則では、特定の装置ではなく人間の運動神経を対象にしています。

　この法則から、ターゲットのサイズ (W) が大きければ T の値が小さくなり、容易にターゲットに到達できるようになることがわかります。つまり、あるターゲットがアクセスしにくいけれどもサイズを大きくするのが難しい状況では、クリック可能な領域 (ヒット領域) を広げるとユーザビリティを改善できることが少なくありません。タッチスクリーンが普及を続けている今日、この法則の重要性が高まってきています。小さなボタンをうまくタップできなくていらいらするという問題は、いまだに解消されていません。

一方、ウィンドウの端にマウスを動かした時に何らかの要素を表示させたいことがあります。例えば、ウィンドウの上端付近にマウスカーソルがある時だけ表示され、そうでない場合には自動的に隠れるヘッダーなどが考えられます。ここでも、下方向にヒット領域を広げる処理が行われています。CSSだけを使ってこのような処理を記述する方法について考えてみましょう。

解決策

　図 **6.4** のようなボタンがあり、ヒット領域を上下左右に **10px** ずつ広げたいとします。このボタンには、すでにいくつかのスタイルが適用されています。中でも `cursor: pointer` は、マウスで操作できることを表すアフォーダンス*として機能するだけでなく、ヒット領域の範囲を我々に示してくれます。

図 **6.4**

作業対象のボタン。カーソルが離れている場合（左）とそうでない場合とで、2つの状態を持つ

　ヒット領域を拡張するには、透明な実線のボーダーを加えるのが最も簡単です。アウトラインや影と異なり、ボーダー上でマウスを操作すると対象の要素に対してマウスイベントが発生します。例えば次のように記述すると、ヒット領域が **10px** 広がります。

```
border: 10px solid transparent;
```

　しかし図 **6.5** のように、上のコードだけではうまくいきません。デフォルトでは、ボーダーの部分にまで背景が広がってしまうためです。おなじみの `background-clip` を下のように指定すると、背景が広くなるのを防げます。

図 **6.5**

透明のボーダーを追加しただけなのに、ボタンが大きくなってしまった

```
border: 10px solid transparent;
background-clip: padding-box;
```

---

* アフォーダンスとはユーザビリティ用語で、インタラクションが可能であることを視覚的なヒントとして示す特性を意味します。例えば「立体的に表示されているボタンは押せる」というヒントを与えており、ドアノブは引いたりひねったりできるというヒントを与えています。詳しい定義についてはWikipedia（`ja.wikipedia.org/wiki/アフォーダンス`）などを参照してください。ユーザビリティの専門家の間では、マウスカーソルの変化はアフォーダンスではなく視覚的フィードバックであるという議論も見られます。

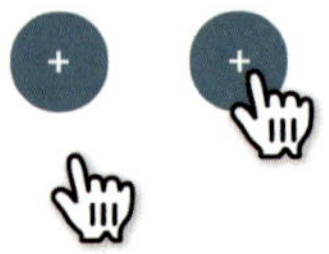

図 6.6
ボタンのサイズを元に戻す

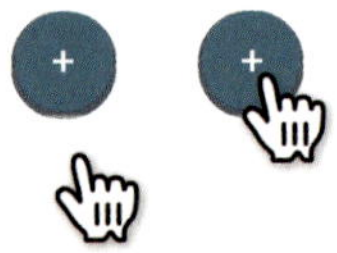

図 6.7
内向きの `box-shadow` を使ってボーダーを表現する

図 6.6 のように、期待どおりのマウス操作が可能になりました。なお、ボタンの周囲に本当のボーダーを追加したくなった場合についても考えてみましょう。ボーダーは1つしか追加できず、その1つはヒット領域の拡張に使ってしまっています。このような場合には、内向きつまり `inset` の影として実線のボーダーを擬似的に表現できます（図 6.7）。

```
border: 10px solid transparent;
box-shadow: 0 0 0 1px rgba(0,0,0,.3) inset;
background-clip: padding-box;
```

▶ PLAY! play.csssecrets.io/hit-area-border

ボーダーと異なり、`box-shadow` はカンマで区切って複数指定できます。しかし、外向きの影はボーダーボックスの外側に描画されるため、奇妙な表示になってしまいます。例えばぼかしのある影を追加して、ボタンが飛び出ているような表示効果を与えようと思ったとします。飛び出した表示も、クリックを促すアフォーダンスの1つです。コードは次のようになるでしょう。

```
box-shadow: 0 0 0 1px rgba(0,0,0,.3) inset,
            0 .1em .2em -.05em rgba(0,0,0,.5);
```

図 6.8
外向きの影と透明なボーダーは併用できない

こうすると、図 6.8 のように期待と異なる表示になってしまいます。しかも、ボーダーは別の問題も抱えています。ボーダーはレイアウトに影響するため、場合によってはボーダーの利用がまったく適さないこともあります。そこで、代わりに擬似要素を使うことにします。**擬似要素も、親要素に対するマウス操作のイベントを捕捉できます。**

ボタンに対して、上下左右に 10px ずつ広がる透明の擬似要素を重ねます。コードは以下のとおりです。

```
button {
    position: relative;
    /* 略 */
}
```

```
button::before {
    content: '';
    position: absolute;
    top: -10px; right: -10px;
    bottom: -10px; left: -10px;
}
```

これも先ほどの例と同様に機能します。しかも、他に擬似要素が必要にならない限り、何者にも影響を与えることはありません。擬似要素を使ったアプローチはとても柔軟で、**任意のサイズや位置あるいは形状のヒット領域を定義できます**。親要素から完全に離れた場所にヒット領域を用意することさえ可能です。

▶ **PLAY!** play.csssecrets.io/**hit-area**

■ **CSS Backgrounds & Borders**
w3.org/TR/css-backgrounds
関連仕様

# チェックボックスのカスタマイズ

このシークレットで解説している内容は、特に明記してあるものを除いてすべてチェックボックスにもラジオボタンにも適用できます。

課題

　Webページ上のすべての要素に対して、デザイナーはコントロールしたがるものです。CSSを扱った経験の乏しいグラフィックデザイナーがWebサイトのモックアップを作ると、カスタマイズされたフォームの要素を作りがちです。そして、CSSを作成する開発者が頭を抱えることになります。

　CSSが生まれたころには、フォームへのスタイル設定の機能はとても少なく、CSS関連のさまざまな仕様の中でも明確には定義されていませんでした。しかしその後数年の間に、フォームのウィジェットに対して設定可能なCSSのプロパティが大幅に増加し、ほとんどの要素を詳細にカスタマイズできるようになりました。

　しかし、チェックボックスはこの恩恵をあまり受けていません。今日でも、ほとんどのブラウザではこれらへのスタイル設定をほとんど行えません。その結果、開発者はデフォルトのスタイルを受け入れるか、**div**とJavaScriptを使ってチェックボックスを作りなおすといった不愉快でアクセシビリティもないハックに頼るかという選択を迫られています。

　このような制約を受けずに、チェックボックスのスタイルをカスタマイズする方法はないのでしょうか。もちろん、コードの肥大化は避けなければならず、要素本来の意味やアクセシビリティが損なわれることがあってはなりません。

解決策

つい数年前まで、このような目標はスクリプトの助けがなければ達成できませんでした。しかし、**Selectors Level 3**（*w3.org/TR/css3-selectors*）で新しい擬似クラスである`:checked`が導入され、事態は好転しました。この擬似クラスは、チェックボックスがチェックされている場合にのみ適用されます。チェックボックスをチェックするのは、ユーザーでもスクリプトでもかまいません。

先ほども述べたようにチェックボックスにはスタイル関連のプロパティがあまりないため、この擬似クラスを単体で適用してもあまりメリットはありません。**結合子（combinator）を使い、チェックボックスの状態に応じて別の要素のスタイルを指定する**のが効果的です。

ここでの「別の要素」としてはどのようなものがあげられるでしょうか。例えば、チェックボックスに対して特別な役割を持っている`<label>`要素が考えられます。チェックボックスに関連づけられたラベルは、トグルとして機能させることもできます。

チェックボックスと異なりラベルは置換要素*ではないため、コンテンツを生成してラベルに追加し、チェックボックスの状態に応じてスタイルを設定できます。そして、タブキーでの移動順序に影響を与えないような形で実際のチェックボックスを非表示にして、生成されたコンテンツがチェックボックスとしてふるまうようにします。

実際のコードを見てみましょう。次のようなシンプルな要素を元にして作業を始めます。

> **TIP!** `:checked`と属性セレクタ`[checked]`は異なります。ユーザーがチェックボックスを操作しても、`[checked]`の対象は変化しません。ユーザーの操作によってHTMLの属性値が変わることはないためです。

> `<label>`要素の子としてチェックボックスを記述すると、ID値が必要なくなります。ただしこうすると親セレクタが存在しないため、チェックボックスの状態に応じてラベルを参照することが不可能になります。

```html
<input type="checkbox" id="awesome" />
<label for="awesome">Awesome!</label>
```

☐ ■ Awesome!

図 6.9
元のチェックボックスと、初歩的なカスタマイズが行われたもの

次に、以下のように擬似要素を生成して基本的なスタイルの設定を行います。これがチェックボックスとして使われることになります。

```css
input[type="checkbox"] + label::before {
    content: '\a0'; /* 改行しない空白文字 */
```

---

* CSS2.1の仕様では、置換要素とはコンテンツに対してCSSのスタイル指定の仕組みが適用されない要素であると定義されています。画像や埋め込みのコンテンツ、アプレットなどがこれに該当します。一部のブラウザを除いて、置換要素のコンテンツを動的に生成することはできません。

```css
    display: inline-block;
    vertical-align: .2em;
    width: .8em;
    height: .8em;
    margin-right: .2em;
    border-radius: .2em;
    background: silver;
    text-indent: .15em;
    line-height: .65;
}
```

ここではとても基本的なスタイルしか指定していませんが、他にもさまざまな選択肢が考えられます。CSSによるスタイル指定をまったく行わず、それぞれの状態のために画像を表示するといったこともできます。

この時点でのチェックボックスとラベルは**図 6.9**のように表示されています。元のチェックボックスがまだ表示されていますが、これは後ほど非表示にします。続いて、チェックボックスがチェックされた時のスタイルを指定します。色を変え、コンテンツとしてチェックマークを表示するだけです。

☑ ✅ Awesome!

図 6.10
チェックされた際のスタイル指定も擬似要素に追加する

```css
input[type="checkbox"]:checked + label::before {
    content: '\2713';
    background: yellowgreen;
}
```

図 6.10のように、基本的なスタイル指定を含むチェックボックスが作れました。次に、アクセシビリティにも考慮しながら元のチェックボックスを非表示にします。`display: none`を指定すると、キーボードによるナビゲーションの対象から外れてしまうため望ましくありません。代わりに、次のように指定します。

! このコードのように、多くの要素を対象としたセレクタの利用には注意が必要です。単に`input[type="checkbox"]`と指定すると、直後にラベルのないチェックボックス（ラベルの中で入れ子になっているものなど）も非表示になり、利用できなくなってしまいます。

```css
input[type="checkbox"] {
    position: absolute;
    clip: rect(0,0,0,0);
}
```

これで、カスタマイズ可能なチェックボックスの完成です。もちろん、さらなる改善も可能です。例えば**図 6.11**のように、フォーカスを得てい

たり無効化されたりしている場合にスタイルを変更できます。コードは以下のようになります。

```
input[type="checkbox"]:focus + label::before {
    box-shadow: 0 0 .1em .1em #58a;
}

input[type="checkbox"]:disabled + label::before {
    background: gray;
    box-shadow: none;
    color: #555;
}
```

☐ Awesome!

■ Awesome!

☑ Awesome!

図 6.11
上から順に、フォーカスを得た状態、無効化された状態、チェックされた状態でのそれぞれの表示

トランジションやアニメーションを指定すれば、表示効果をよりスムーズにできます。もし望むなら、スキュアモーフィックなスイッチ状の表示に置き換えてもかまいません。可能性は無限大です。

可能性は無限大ではあるのですが、チェックボックスの表示を丸くするべきではありません。ほとんどのユーザーは、丸くてトグル可能なものとしてラジオボタンを思い浮かべます。同様に、四角いラジオボタンも望ましくありません。

▶ PLAY!　play.csssecrets.io/checkboxes

Ryan Seddonは、この効果の初期バージョンを考え出しました。このテクニックは「**チェックボックスハック**」（`thecssninja.com/css/custom-inputs-using-css`）として知られています。状態を保持する必要があるすべてのウィジェット（モーダルダイアログ、ドロップダウンメニュー、タブ、カルーセルなど）に対して、彼は**同様のテクニックを適用**（`labs.thecssninja.com/bootleg`）しています。ただし、乱用はアクセシビリティの低下を招きます。

HAT TIP

トグルボタン

「チェックボックスハック」をアレンジして、トグルボタンを生成することも可能です。HTMLにはネイティブでトグルボタンを表示する機能が用意されていません。トグルボタンとは、チェックボックスのように機能する押しボタンです。チェックされている場合は押し込まれたように表示され、いない場合は飛び出したように表示されます。何らかの設定のオンとオフを切り替えるのに利用できます。トグルボタンとチェックボックス

の間に、実質的な違いはありません。ここで紹介するテクニックを使っても、意味上の正しさは保たれます。

トグルボタンを生成するには、ラベルをボタンとしてスタイル指定するだけです。擬似要素を定義する必要はありません。例えば**図 6.12**のトグルボタンを作るなら、コードは以下のようになります。

図 6.12
トグルボタンのそれぞれの状態

```css
input[type="checkbox"] {
    position: absolute;
    clip: rect(0,0,0,0);
}

input[type="checkbox"] + label {
    display: inline-block;
    padding: .3em .5em;
    background: #ccc;
    background-image: linear-gradient(#ddd, #bbb);
    border: 1px solid rgba(0,0,0,.2);
    border-radius: .3em;
    box-shadow: 0 1px white inset;
    text-align: center;
    text-shadow: 0 1px 1px white;
}

input[type="checkbox"]:checked + label,
input[type="checkbox"]:active + label {
    box-shadow: .05em .1em .2em rgba(0,0,0,.6) inset;
    border-color: rgba(0,0,0,.3);
    background: #bbb;
}
```

ただし、トグルボタンの利用には慎重な検討が必要です。通常のボタンは押すと何らかのアクションが発生するため、混乱を招きユーザビリティを損ねることが多いと思われます。

▶ PLAY! play.csssecrets.io/**toggle-buttons**

■ **Selectors**
w3.org/TR/selectors

関連仕様

背景を暗くして重要度を下げる

知っておくべきポイント
RGBAを使った色指定

課題

ある特定のUI要素に注目してもらうために、その背後にあるすべての要素に半透明の黒色を重ねたい場合があります（**図 6.13**）。画像表示のためのLightboxや、ユーザインタフェースを紹介する「クイックツアー」などでもこの効果が効果を発揮しています。背景を暗くするために、HTMLの要素を追加して下のようなCSSを適用する方法がしばしば行われています。

```css
.overlay { /* 背景を暗くするための要素 */
    position: fixed;
    top: 0;
    right: 0;
    bottom: 0;
    left: 0;
    background: rgba(0,0,0,.8);
}
```

```css
.lightbox { /* 注目してほしい要素 */
    position: absolute;
    z-index: 1;
    /* 略 */
}
```

　`.overlay`の要素は、`.lightbox`よりも背後にあるすべての要素を暗くするために使われます。`.lightbox`の`z-index`には他より大きい値が指定されており、手前側に表示されます。この仕組みは問題なく機能はするのですが、HTMLの要素が余分に必要になるというデメリットがあります。つまり、CSSだけでは目的を達成できません。大したことではないと思われるかもしれませんが、可能なら避けたいものです。そして実際に、ほとんどのケースでは避けられるのです。

図 6.13
Twitterのポップアップダイアログでもこの効果が使われている

擬似要素を使った解決策

　下のように擬似要素を使えば、余分なHTMLの要素は必要ありません。

```css
body.dimmed::before {
    position: fixed;
```

```
    top: 0;
    right: 0;
    bottom: 0;
    left: 0;
    z-index: 1;
    background: rgba(0,0,0,.8);
}
```

　CSSを使って効果を直接指定できるため、先ほどのコードよりも若干優れた解決策です。しかし、`.lightbox`要素に対してすでに`::before`の擬似要素が指定されている場合にはこのテクニックを適用できません。また、`dimmed`クラスを適用するためには何らかのJavaScriptが必要になってしまうことが多いでしょう。

　そこで、**強調したい要素自身の擬似要素`::before`にオーバーレイの効果を適用する**ことにします。そしてここに`z-index: -1;`を指定し、背後に移動します。擬似要素の重複の問題は回避できますが、Z軸上での位置を適切に指定するのは容易ではありません。期待どおりに対象の要素だけが前面に表示されることもあれば、祖先の要素も合わせて前面に表示されてしまうこともあるでしょう。

　また、**擬似要素だけにイベントハンドラを設定する**ことは不可能です。独立した要素をオーバーレイ表示に使っていればイベントハンドラを設定でき、例えばオーバーレイ表示がクリックされたらLightboxを閉じるといった処理を行えます。強調したい要素に対して擬似要素を定義すると、クリックされたのが要素自身なのか擬似要素なのかを判断する際にトリックが必要になります。

box-shadowを使った解決策

　擬似要素を使った解決策はより柔軟で、ほとんどの人々がオーバーレイ表示に対して期待しているとおりにふるまいます。しかし、よりシンプルな利用例や試作などでは、「**box-shadow**には広がりの半径として任意のサイズを指定できる」性質を活用することもできます。下のように、オフセットやぼかしをゼロにしてサイズをとても大きい値にすれば、手っ取り早くオーバーレイ表示を行えます。

```
box-shadow: 0 0 0 999px rgba(0,0,0,.8);
```

　このコードには、解像度が高い（2000px以上）と機能しないという明らかな問題点があります。さらに大きなサイズを指定してもかまいませんが、ビューポートのサイズを基準にした倍率も指定できます。これを使えば、オーバーレイ表示が常にビューポートよりも大きくなることを保証できます。広がりの半径は縦方向と横方向で同じ値でなければならないため、単位としては**vmax**が適しています。**vmax**についてよく知らない読者のために説明すると、**1vmax**は**1vw**と**1vh**のうち大きいほうを指します。**100vw**はビューポートの幅と等しく、**100vh**はビューポートの高さを表します。つまり、広がりの半径として**50vmax**を指定すれば、オーバーレイ表示の1辺の長さは強調対象の要素のサイズ＋**100vmax**になり、ビューポート全体を覆えます（対象の要素が中央に表示されている場合）。コードは以下のとおりです。

```
box-shadow: 0 0 0 50vmax rgba(0,0,0,.8);
```

　このテクニックはとても簡単で使いやすいのですが、便利さを損ねてしまうような重大な問題が2つあります。気がついたでしょうか。

　1つ目は、要素のサイズがページではなくビューポートを基準に決まるため、スクロールするとオーバーレイ表示の端を超えてしまう点です。要素に**position: fixed;**が指定されているか、ページがスクロールできないほど小さい場合以外ではこの問題が発生します。ページは縦方向に伸びていくものなので、単に広がりの半径を大きくして問題を回避するのはおすすめできません。そもそも問題が発生しないような条件下でのみ、このテクニックを利用するべきです。

　2つ目は、別の要素（または擬似要素）をオーバーレイ表示として利用すると、ユーザーの注目の対象が移動する以外にも効果が発生する点です。マウスイベントがオーバーレイ表示の要素に捕捉されるため、対象の要素以外を操作できなくなります。**box-shadow**にはこの性質はありません。ユーザーに注目させることはできますが、マウスイベントの捕捉はできません。このことが望ましいか否かは、ユースケースごとに異なるでしょう。

▶ PLAY!　play.csssecrets.io/dimming-box-shadow

LIMITED SUPPORT

::backdropを使った解決策

注目を引こうとしている要素がモーダルダイアログ（showModal()メソッドを使って開かれた<dialog>要素）なら、ブラウザに組み込みのスタイルシートによって自動的にオーバーレイ表示が行われます。このネイティブなオーバーレイ表示は、擬似要素の::backdropを通じてカスタマイズできます。例えば、より暗い表示にしたいなら次のようにします。

```css
dialog::backdrop {
    background: rgba(0, 0, 0, .8);
}
```

この方法にも欠点はあります。現時点では、**利用可能なブラウザが非常に限られています**。対応状況をあらかじめチェックしてから利用するのがよいでしょう。しかし、オーバーレイ表示はユーザーエクスペリエンスをよりよくする方法の1つです。たとえ非対応のブラウザでオーバーレイ表示が行われなかったとしても、レイアウトが崩れることはありません。

▶ PLAY!   play.csssecrets.io/**native-modal**

関連仕様

- CSS Backgrounds & Borders
  w3.org/TR/css-backgrounds
- CSS Values & Units
  w3.org/TR/css-values/#viewport-relative-lengths
- Fullscreen API
  fullscreen.spec.whatwg.org/#::backdrop-pseudo-element

背景をぼかして重要度を下げる

> **知っておくべきポイント**
>
> CSSトランジション、P. 178の「曇りガラスの効果」、P. 264の「背景を暗くして重要度を下げる」

課題

　P. 264の「**背景を暗くして重要度を下げる**」では、半透明の黒色のオーバーレイ表示を使ってページの一部を暗く表示し、重要度を下げるテクニックを紹介しました。一方、ページ上にさまざまな項目が表示されている場合には、かなり暗いオーバーレイ表示を適用する必要があります。そうしないと、前面に表示されるテキストのために十分なコントラストを確保できなかったり、そもそも前面のコンテンツ（Lightboxなど）に注目してもらえなかったりするでしょう。図 6.14のように背面のコンテンツをぼかす方法が、ここでのよりエレガントなやり方です。ぼかしと暗い表示を組み合わせてもかまいません。人間の視覚は、焦点が合っている対象をより近くにあると感じます。つまり、ぼかしによって奥行きを表現するのは理にかなっています。

図 **6.14**
ゲームサイト `polygon.com` では、背後のコンテンツをすべてぼかすことによってダイアログボックスに注目を集めることに成功した

　しかし、これを実現するのは暗い表示よりもはるかに困難です。**Filter Effects**（`w3.org/TR/filter-effects`）が導入されるまでは、これは完全に不可能でした。そして`blur()`フィルターが利用可能になっても、このフィルターを正しく適用するのは容易ではありません。どの要素（あるいは、どの要素以外）にフィルターを適用すればよいのでしょうか。例えば`.lightbox`要素に適用すると、強調したい要素も含めてページ全体がぼかされてしまいます。**P.178 の「曇りガラスの効果」**での問題に似ていますが、同じテクニックは使えません。背景画像だけでなく、ダイアログボックスの背後にあるものすべてをぼかさなければならないためです。どうすればよいのでしょうか。

解決策

　不本意ですが、この効果を実現するにはどうしてもHTMLの要素を追加しなければなりません。強調したい要素以外のすべてを、この追加された要素でラップし、ぼかしを適用します。ラップする要素としては、`<main>`が2つの意味で適しています。ページにとってのメインのコンテンツを示す（通常、ダイアログはメインのコンテンツではありません）と同時に、スタイルの適用対象としても機能します。マークアップは次のようになります。

LIMITED SUPPORT

```html
<main>Bacon Ipsum dolor sit amet…</main>
<dialog>
```

ここでは、すべての`<dialog>`要素の初期状態は非表示であり、複数のダイアログが同時に表示されることはないものとします。

```
            O HAI, I'm a dialog. Click on me to dismiss.
</dialog>
<!-- 他にもダイアログがある場合はここに記述します -->
```

この状態での表示は図 6.15 であり、まだぼかしは行われていません。続いて、ぼかしのフィルターを実行するためのクラスを `<main>` 要素に追加します。ダイアログが表示された時に、このクラスが適用されるようにします。

```
main.de-emphasized {
    filter: blur(5px);
}
```

図 6.15
ダイアログ単体の表示。ぼかしはまだ行われていない

ここまでのコードだけでも、図 6.16 のように大きな進歩が見られます。しかし現状では、ぼかしが急に適用されるため不自然であり、ユーザーエクスペリエンスの観点から望ましくありません。**CSSのフィルターはトランジションと組み合わせて実行できる**ので、これを利用して徐々にページをぼかしていくことにします。

```
main {
    transition: .6s filter;
}

main.de-emphasized {
    filter: blur(5px);
}
```

図 6.16
ダイアログが表示された際に、`<main>` 要素をぼかす

ぼかしと暗い表示を組み合わせると、さらによい効果を得られます。下のように、`brightness()` と `contrast()` の各フィルターを追加してみましょう。

```
main.de-emphasized {
    filter: blur(3px) contrast(.8) brightness(.8);
}
```

この表示は**図 6.17**のようになります。ただし、CSSフィルターを使うと非対応のブラウザでは何も表示が変化しないという問題があります。暗い表示については、非対応のブラウザで代替として機能するような方法を使うのがよいでしょう。例えば、前のシークレットで紹介した`box-shadow`を利用できます。こうすると、**図 6.17**のように縁の部分が白くなってしまうことも防げます。**図 6.18**は`box-shadow`を使った場合の表示です。

▶ PLAY!　play.csssecrets.io/deemphasizing-blur

図 **6.17**

ぼかしと暗い表示の効果をともにCSSフィルターとして実行した結果

図 **6.18**

CSSフィルターでぼかしを行い、`box-shadow`で暗い表示を行った結果。CSSフィルターに非対応のブラウザでも代替表示が可能

Hakim El Hattab（*hakim.se*）も**同様の表示効果を提案**（*lab.hakim.se/avgrund*）しています。ここでは、`scale()`トランスフォームを使って背後のコンテンツを縮小する処理も行われています。その結果、ダイアログがさらに我々に向かって近づいているように知覚されます。

HAT TIP

- **Filter Effects**
  w3.org/TR/filter-effects
- **CSS Transitions**
  w3.org/TR/css-transitions

関連仕様

シークレット33：背景をぼかして重要度を下げる　273

34 スクロールを促すヒント

> **知っておくべきポイント**
> CSSグラデーション、`background-size`

Ada Catlace
Alan Purring
Schrödingcat
Tim Purrners-Lee
WebKitty

図 6.19
このボックスにはもっと多くのコンテンツが含まれているが、操作中でなければ残りのコンテンツの存在に気づかない

課題

　ある要素について、表示されている範囲の外にもコンテンツがあることを示すためにスクロールバーがよく使われます。しかし、多くのスクロールバーは見た目が悪くユーザーの作業を妨げています。そこで近年のオペレーティングシステムでは、スクロールバーの簡素化が始まっています。スクロール可能なコンテンツを操作している間だけスクロールバーを表示し、それ以外の間は完全に隠してしまうケースがしばしば見られます。

　多くのユーザーがジェスチャーを使ってスクロールを行うようになり、スクロールバーの必要性は下がってきています。表示範囲外のコンテンツの存在を、より目立たない形で示せるような方法が求められています。

　かつて公開されていたGoogleのフィードリーダー「Google Reader」では、表示外のコンテンツがとてもエレガントなやり方で示されていました。図 6.20のように、コンテンツが存在する場合にはその方向に小さく影が表示されました。

　しかし、この効果を表現するためにGoogle Readerでは多くのスクリプトが使われていました。同じ効果をCSSだけで表現することは可能でしょうか。それとも、スクリプトの使用は避けられないのでしょうか。

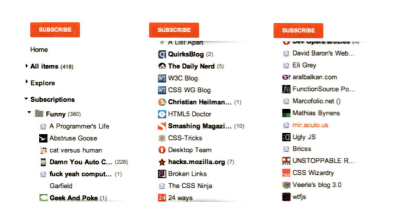

図 6.20
Google Readerでは、サイドバーがスクロール可能ことを示すために優れたやり方が取り入れられた
左：フィードのリストの上端での表示
中：中央部
右：下端

解決策

まず、シンプルなマークアップを用意しましょう。`ul`要素を使った箇条書きに、ギーク向けの猫の名前をいくつか追加します。

```html
<ul>
    <li>Ada Catlace</li>
    <li>Alan Purring</li>
    <li>Schrödingcat</li>
    <li>Tim Purrners-Lee</li>
    <li>WebKitty</li>
    <li>Json</li>
    <li>Void</li>
    <li>Neko</li>
    <li>NaN</li>
    <li>Cat5</li>
    <li>Vector</li>
</ul>
```

この`<ul>`要素に対して、基本的なスタイルを設定します。コンテンツの領域を小さくして、はみ出た部分はスクロールするようにします。

```
overflow: auto;
width: 10em;
height: 8em;
padding: .3em .5em;
border: 1px solid silver;
```

ここから面白くなってきます。下のように、円形グラデーションを使って上端に影を表示させます。

```
background: radial-gradient(at top, rgba(0,0,0,.2),
                            transparent 70%) no-repeat;
background-size: 100% 15px;
```

図 6.21
上端に表示された影

すると図 6.21 のように表示されます。現時点では、スクロールしても影は表示されたままです。これは背景画像のデフォルトのふるまいと同じです。背景画像の位置は要素に対して固定されており、要素のコンテンツがスクロールしても位置関係は保たれます。`background-attachment: fixed` が指定された画像でも、**ページ自身がスクロールしても位置が変わらない**点を除いて同じふるまいが見られます。要素のコンテンツに合わせて、背景もスクロールするようにできないでしょうか。

このような表示は簡単に思えますが、つい数年前まで不可能でした。問題点は明らかであり、**Backgrounds & Borders Level 3**（`w3.org/TR/css3-background/#local0`）で対策がとられました。`background-attachment` で指定できるキーワードに、`local` が追加されました。

ただし、`background-attachment: local` を指定するだけでは我々の目標は達成できません。これを先ほどのグラデーションに対して適用すると、期待とは正反対の効果が発生します。上端までスクロールされている時にだけ影が表示され、下にスクロールすると影は消えてしまいます。しかし、方向性は間違っていません。これをベースにして、改善を加えていきましょう。

ポイントは、**背景を 2 つ組み合わせる**点です。1 つは影を表し、もう 1 つはマスクとして影を隠すための白い四角形です。影を表す 1 つ目の背景では `background-attachment` にデフォルト値の `scroll` が指定されるため、常に同じ位置に表示されます。一方、マスクとして機能する 2 つ目の背景では `background-attachment` の値を `local` にします。その結

果、上端までスクロールしている場合には影が隠され、そうでない場合には影はそのまま表示されます。

マスクの四角形は線形グラデーションとして生成します。四角形の色は、要素の背景色（今回の例では白）と一致させます。コードは以下のようになります。

```css
background: linear-gradient(white, white),
            radial-gradient(at top, rgba(0,0,0,.2),
                            transparent 70%);
background-repeat: no-repeat;
background-size: 100% 15px;
background-attachment: local, scroll;
```

このコードが適用されたコンテンツは**図 6.22**のように表示されます。ほぼ期待どおりの結果ですが、大きな問題点が生じています。少しスクロールさせた場合に、影が一部分だけ表示されてしまい非常に不格好です。よりスムーズな表示方法を探ってみましょう。

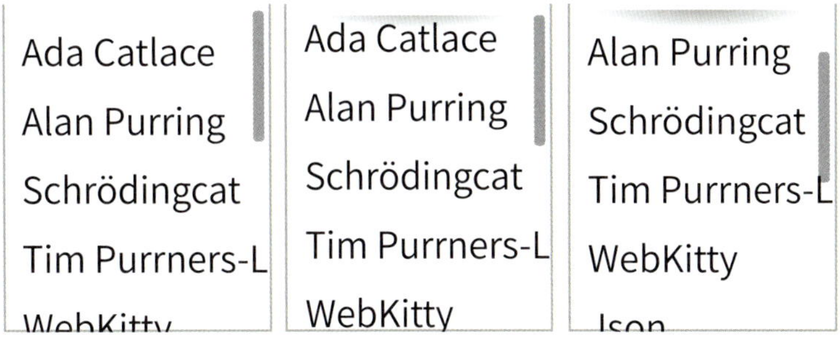

図 6.22
2つの背景を適用した結果の表示。
左：上端での表示
中：少しだけ下にスクロールした場合
右：十分に下方向にスクロールした場合

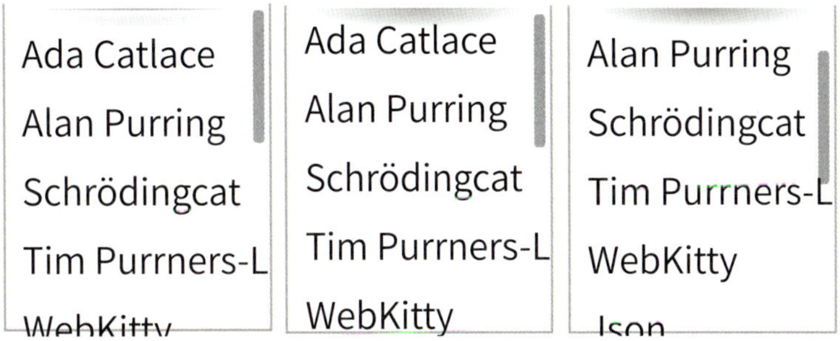

図 6.23
影をスムーズに隠すための最初の試み。白から半透明へのグラデーションを使用

シークレット34：スクロールを促すヒント

ここで、透明を表す transparent ではなく半透明の白を指定しているのには理由があります。transparent は rgba(0,0,0,0) つまり「透明な黒」を意味するため、不透明な白から transparent へと変化させると途中で半透明なグレーを経由してしまう可能性があります。ブラウザが仕様に正しく準拠しており、premultiplied RGBA space アルゴリズムを使ってグラデーションを生成している場合にはこのような問題は起こりません。色の生成に関するアルゴリズムの詳細については本書の対象外ですが、インターネット上にさまざまな資料が公開されています。

マスクはCSSグラデーションとして記述されています。これを、本当の意味でのグラデーションに書き換えます。白色から半透明の白色（`hsla(0,0%,100%,0)` または `rgba(255,255,255,0)`）へと色を変化させ、影がスムーズに隠れるようにします。

```
background: linear-gradient(white, hsla(0,0%,100%,0)),
            radial-gradient(at top, rgba(0,0,0,.2),
                            transparent 70%);
```

正しい方向に作業が進んでいるようです。図 6.23 のように、徐々に影が表示されるようになりました。しかし、まだ深刻な問題が残されています。上端までスクロールしても、影が完全には隠れないようになってしまいました。この問題に対処するには、白のカラーストップの位置を少し下（具体的には、影の高さと同じ `15px`）に移動します。こうすれば、徐々に影が隠されていく前に完全な白の領域を用意できます。さらに、グラデーションが表示されるようにマスクの高さを広げます。ここでの高さは、効果のスムーズさ（つまり、どの程度スクロールすると影が現れるか）に影響します。何度か試してみたところ、`50px` が最適のようです。最終的なコードは次のようになります（表示は図 6.24）。

図 6.24
最終的な表示

```
background: linear-gradient(white 30%, transparent),
            radial-gradient(at 50% 0, rgba(0,0,0,.2),
                            transparent 70%);
background-repeat: no-repeat;
background-size: 100% 50px, 100% 15px;
background-attachment: local, scroll;
```

もちろん、冒頭で紹介したものと同じ効果を得るには、あと**2つグラデーションが必要**です。これらはそれぞれ、下端の影とマスクに使われます。ロジックはまったく同じなので、興味を持った読者は自分で作成してみるとよいでしょう（または、以下のオンラインデモにアクセスしてみましょう）。

▶ **PLAY!** play.csssecrets.io/**scrolling-hints**

この**表示効果を最初に発表**（`kizu.ru/en/fun/shadowscroll`）したのは **Roman Komarov** です。彼のアイデアでは、`background-image` の代わりに位置指定された擬似要素が使われていました。場合によっては、この方法も興味深い代替として機能するでしょう。

HAT TIP

関連仕様
CSS Backgrounds & Borders w3.org/TR/css-backgrounds
CSS Image Values w3.org/TR/css-images

35 インタラクティブな画像比較

課題

2つの画像の違いを示したいことがあります。何らかの出来事の前後を比較するという利用例が一般的です。例えばフォトギャラリーで画像処理の結果を示したり、エステティックサロンでの施術の効果を紹介したり、災害の前後の航空写真を比較するなどの目的で使われています。

最もよく使われているのは、単に2つの画像を横に並べるやり方です。しかしこの方法には、人間の目はとても明白な違いにしか気づかず、細かな違いは見逃してしまう問題があります。比較が目的ではない場合や違いが明白な場合にはこれでもかまいませんが、その他の場合にはより効果的な方法が求められます。

ユーザーエクスペリエンスの観点からこの問題にアプローチした、さまざまな解決策が考えられています。アニメーションGIFやCSSアニメーションを使い、同じ位置に2つの画像を交互に表示するテクニックがよく使われます。画像を並べて表示するよりはずっと優れたアイデアですが、ユーザーの負担は高くなります。すべての違いに気づくためには、しばらく画像を見続けなければなりません。

これよりもさらにユーザビリティが高いのが、「画像比較のスライダー」と呼ばれるウィジェットを使った解決策です。ここでは両方の画像が同じ位置に表示され、分割位置を表すバーをドラッグすることによって画像の表示が切り替わります。もちろん、このようなウィジェットはHTMLには用意されていません。既存の要素を使い、同等の機能を実現する必要があります。近年ではさまざまな実装が登場していますが、JavaScriptのコード（フレームワークなど）が多量に必要とされるものばかりです。

このアイデアの変形として、ドラッグの必要がなくマウスを動かすだけで操作できるものがあります。ユーザーが気づきやすく操作も容易だというメリットがあるのですが、いら立ちを伴うユーザーエクスペリエンスになってしまう可能性もあります。

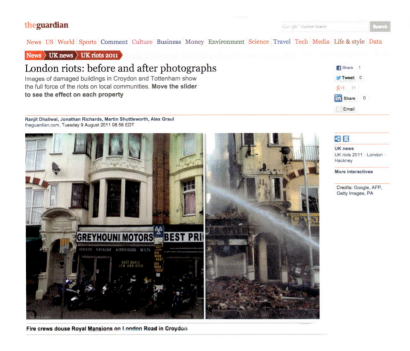

図 6.25

インタラクティブな画像比較のウィジェットの例。イギリスの大手ニュースサイトThe Guardianで、2011年にロンドンで発生した暴動による被害が示されている。2つの画像の間にある白いバーをドラッグする操作が想定されているが、ドラッグできることを示すアフォーダンスがない。そのため、Move the slider... というヘルプのテキストが必要になっている。このようなヘルプが必要ないような、学習の容易な優れたインタフェースが理想である

写真出典：`theguardian.com/uk/interactive/2011/aug/09/london-riots-before-after-photographs`

このようなウィジェットをシンプルに実装する方法を考えてみましょう。実は2つあります。

resizeを使った解決策

画像比較のスライダーについてよく考えると、ここで必要になるのは1つの画像と、もう1つの画像を表示するための左右に伸縮可能な要素です。要素を伸縮可能にするための処理で、JavaScriptのフレームワークがよく使われます。しかし、**CSS User Interface Level 3**（`w3.org/TR/css3-ui/#resize`）で、そのものずばりの`resize`プロパティが定義されたため、今日ではスクリプトは必要なくなっています。

このプロパティについて聞いたことがない読者も、`<textarea>`要素のリサイズに関連するふるまいは知っているのではないでしょうか。ここでは`resize`プロパティにデフォルト値の`both`がセットされており、縦横の両方向に伸縮が可能です。`overflow`プロパティの値が`visible`でない限り、`resize`は任意の要素に適用できます。ほとんどの要素では`resize`のデフォルト値は`none`で、リサイズは無効化されています。

`<textarea>`要素には、`resize: vertical`を指定するのがよいでしょう。縦方向の伸縮は可能なままで、レイアウトを崩すことが多い横方向の伸縮を無効化できます。

horizontal または vertical も定義されており、それぞれ横方向または縦方向にのみ伸縮できるようになります。

object-fit と object-position の各プロパティが多くのブラウザで実装されると、この問題は解消するでしょう。背景画像を扱う場合と同じ方法で、通常の画像の伸縮をコントロールできるようになります。

このプロパティを利用して、画像比較のスライダーを実装できないものでしょうか。あれこれ推測せずに、実際にやってみましょう。

まず、2つの `<img>` 要素だけを利用するシンプルなアイデアが思い浮かびます。しかし、`<img>` 要素に直接 resize プロパティを追加すると、画像がゆがんでしまうためうまくいきません。以下のようにコンテナ要素として `<div>` を用意し、ここで resize を指定するのがよいでしょう。

```html
<div class="image-slider">
    <div>
        <img src="adamcatlace-before.jpg" alt="Before" />
    </div>
    <img src="adamcatlace-after.jpg" alt="After" />
</div>
```

続いて、位置やサイズを指定するためのCSSを適用します。

```css
.image-slider {
    position:relative;
    display: inline-block;
}

.image-slider > div {
    position: absolute;
    top: 0; bottom: 0; left: 0;
    width: 50%; /* 初期の幅 */
    overflow: hidden; /* はみ出した画像を隠します */
}

.image-slider img { display: block; }
```

図 6.26
基本的なスタイル設定を追加するだけで、画像比較のスライダーに似た表示を得られた。ただし、インタラクティブな操作はまだ行えない

すると図 6.26 のように表示されますが、まだインタラクティブではありません。CSS上で幅を変更すると、それに合わせて要素の幅が伸縮します。ユーザーが幅を操作できるようにするには、下のように resize プロパティを追加します。

```
.image-slider > div {
    position: absolute;
    top: 0; bottom: 0; left: 0;
    width: 50%;
    overflow: hidden;
    resize: horizontal;
}
```

　表示上の変化は、加工前を表す画像の右下にリサイズハンドルが追加された点だけです（**図 6.27**）。これを使えば、ドラッグして表示の幅を自由に変更できます。ただし、このウィジェットを使ってみるといくつか問題点も明らかになります。

- 画像の幅以上に`<div>`要素の幅を広げられます。
- リサイズハンドルは目立たず、発見が容易ではありません。

　1つ目の問題は簡単に解決できます。`max-width`に`100%`と指定するだけです。一方、2つ目の問題はやや複雑です。残念ながら、リサイズハンドルにスタイルを設定するための標準化された方法はありません。一部の描画エンジンでは、プロプライエタリな擬似要素（`::-webkit-resizer`など）を通じてスタイルを指定できることもありますが、対応しているブラウザも設定できる項目も限られています。しかし、あきらめる必要はありません。リサイズハンドルの前面に擬似要素を重ねて表示しても、リサイズハンドルは正しく機能します。擬似要素に対して`pointer-events: none`を指定する必要もありません。つまり、以下のように擬似要素をオーバーレイ表示するのがクロスブラウザの解決策です。

図 **6.27**
画像比較のスライダーがきちんと機能するようになった。しかし、いくつか課題も残されている

図 **6.28**
リサイズハンドルの上に擬似要素を重ね、白い四角形として表示する

```
.image-slider > div::before {
    content: '';
    position: absolute;
    bottom: 0; right: 0;
    width: 12px; height: 12px;
    background: white;
    cursor: ew-resize;
}
```

図 6.29
リサイズハンドルの擬似要素を三角形として表示し、画像の縁から5px離す

ここでの cursor: ew-resize という指定は、この領域がリサイズハンドルであることを示す**アフォーダンス**です。しかし、**カーソルの変化だけがアフォーダンスであることは避けるべき**です。ユーザーが対象のウィジェットにマウスカーソルを置かないと、形状は変化しません。

現時点では、リサイズハンドルは **図 6.28** のように白い四角形として表示されています。もちろん、読者の好きなようにスタイルを指定してもかまいません。例えば**図 6.29**のように、画像の縁から **5px** 離して白い三角形を表示させたいなら次のようにします。

```css
padding: 5px;
background:
    linear-gradient(-45deg, white 50%, transparent 0);
background-clip: content-box;
```

さらに、それぞれの画像に user-select: none を指定します。こうすると、リサイズハンドルのドラッグに失敗した場合に画像を無意味に選択してしまうことを防げます。最終的なコードは以下のとおりです。

```css
.image-slider {
    position:relative;
    display: inline-block;
}

.image-slider > div {
    position: absolute;
    top: 0; bottom: 0; left: 0;
    width: 50%;
    max-width: 100%;
    overflow: hidden;
    resize: horizontal;
}

.image-slider > div::before {
    content: '';
    position: absolute;
    bottom: 0; right: 0;
    width: 12px; height: 12px;
```

```
        padding: 5px;
        background:
            linear-gradient(-45deg, white 50%, transparent 0);
        background-clip: content-box;
        cursor: ew-resize;
    }

    .image-slider img {
        display: block;
        user-select: none;
    }
```

▶ **PLAY!** play.csssecrets.io/**image-slider**

範囲指定のinput要素を使った解決策

　CSSの`resize`を使った解決策はきちんと機能しており、コードもほとんど必要ありません。しかし、欠点もあります。

- キーボードを使ったアクセスが行えません。
- 表示を変えるにはドラッグするしか方法がないため、画像が巨大な場合や運動機能に障害を持つユーザーが操作する場合に不都合です。よりよいエクスペリエンスを提供するには、例えば画像の上でクリックするとその位置まで境界が移動するといった機能が必要でしょう。
- リサイズハンドルのスタイルを変えたとしても、これを発見するのは依然として容易ではないかもしれません。

　少しのスクリプトが許されるなら、スライダーのウィジェット（HTMLの`input`要素で、`type`属性に`range`が指定されたもの）を使って上記の問題点をすべて解消できます。スライダーは画像に重ねて表示されます。スクリプトの中で必要に応じて要素を生成して追加することも可能なので、まずは次のようにクリーンなマークアップを元に作業を始めることにします。

```html
<div class="image-slider">
    <img src="adamcatlace-before.jpg" alt="Before" />
    <img src="adamcatlace-after.jpg" alt="After" />
</div>
```

このマークアップに対してJavaScriptを実行し、以下のように変換します。同時に、`<div>`要素の幅を変更するためのイベントハンドラをスライダーに追加します。

```html
<div class="image-slider">
    <div>
        <img src="adamcatlace-before.jpg" alt="Before" />
    </div>
    <img src="adamcatlace-after.jpg" alt="After" />
    <input type="range" />
</div>
```

このためのJavaScriptのコードは、以下のようにかなりシンプルです。

```js
$$('.image-slider').forEach(function(slider) {
    // div要素を生成し、1つ目の画像をラップします
    var div = document.createElement('div');
    var img = slider.querySelector('img');
    slider.insertBefore(img, div);
    div.appendChild(img);

    // スライダーを生成します
    var range = document.createElement('input');
    range.type = 'range';
    range.oninput = function() {
        div.style.width = this.value + '%';
    };
    slider.appendChild(range);
});
```

ここで使われるCSSは、リサイズハンドルを使う場合と基本的に同じです。以下の点についてのみ変更します。

- `resize`プロパティは必要ありません。
- リサイズハンドルは使われないため、`.image-slider > div::before`のようなルールは必要ありません。
- 上限値はスライダーで指定できるため、`max-width`プロパティも必要ありません。

これらの修正を行ったCSSは次のようになります。

図 6.30
スライダーは機能するが、スタイルの設定が必要だ

```css
.image-slider {
    position:relative;
    display: inline-block;
}

.image-slider > div {
    position: absolute;
    top: 0; bottom: 0; left: 0;
    width: 50%;
    overflow: hidden;
}

.image-slider img {
    display: block;
    user-select: none;
}
```

この状態のコードもそこそこ機能しますが、スライダーが画像から離れて表示されてしまっています（図 6.30）。スライダーの幅を画像と合わせ、画像の上に重ねて表示します。

```css
.image-slider input {
    position: absolute;
    left: 0;
    bottom: 10px;
    width: 100%;
```

> **TIP!** ここで単に`input`ではなく`input:in-range`と指定すると、範囲の指定が可能な`input`要素だけが選択されます。これを利用して、古いブラウザでスライダーを隠したり別のスタイルを指定したりできます。

```
        margin: 0;
}
```

図 6.31
スライダーを画像にオーバーレイ表示する

これだけのコードで、図 6.31のようにかなりの出来映えになりました。スライダーを好きなようにスタイル設定するための擬似要素として、プロプライエタリなものがいくつか用意されています（`::-moz-range-track`、`::-ms-track`、`::-webkit-slider-thumb`、`::-moz-range-thumb`、`::-ms-thumb`など）。しかし他のプロプライエタリな機能と同様に、これらも一貫性がなく不安定で予測できない処理結果しか得られません。これらの擬似要素については、**どうしても必要な場合を除いて利用しない**ことを強くおすすめします。これは警告です。

一方、スライダーと画像の一体感を高めたい場合には、ブレンドモードやフィルターを利用できます。ブレンドモードとしては`multiply`、`screen`、`luminosity`が適しているようです。また、`filter: contrast(4)`と指定するとスライダーは白黒になります。ここで1以下の値を指定すると、よりグレーに近い色になります。さまざまな指定が可能であり、どんな場合にも適した解決策はありません。次のように、**ブレンドモードとフィルターを併用**するのもよいでしょう。

```
filter: contrast(.5);
mix-blend-mode: luminosity;
```

図 6.32
ブレンドモードとフィルターを使って画像との一体感を高め、CSSトランスフォームを使ってスライダーを拡大する

フィッツの法則に従い、操作可能な領域を大きくするとユーザーエクスペリエンスを向上できます。いったん幅を小さくしてから、CSSトランスフォームを使って拡大します。コードは次のようになります。

```
width: 50%;
transform: scale(2);
transform-origin: left bottom;
```

以上の加工を経た表示が図 6.32です。ちなみにスライダーには、`resize`プロパティよりも幅広いブラウザでサポートされているというメリットが（少なくとも現時点では）あります。

Dudley Storeyは、このシークレットの元になるアイデアを考案（demosthenes.info/blog/819/A-Before-And-After-Image-Comparison-Slide-Control-in-HTML5）しました。

HAT TIP

関連仕様

- **CSS Basic User Interface**
  w3.org/TR/css3-ui
- **CSS Image Values**
  w3.org/TR/css-images
- **CSS Backgrounds & Borders**
  w3.org/TR/css-backgrounds
- **Filter Effects**
  w3.org/TR/filter-effects
- **Compositing and Blending**
  w3.org/TR/compositing
- **CSS Transforms**
  w3.org/TR/css-transforms

ページの構造と
レイアウト

7

36 内在的なサイズ設定

課題

ご存知のとおり、高さが指定されていない要素はコンテンツに合わせて上下方向に伸縮します。`width`についてもこのようなふるまいをさせることは可能かどうか、考えてみましょう。例として、下のようなマークアップを持つHTML5の`<figure>`要素を取り上げます。

```html
<p>Some text […]</p>
<figure>
    <img src="adamcatlace.jpg" />
    <figcaption>
        The great Sir Adam Catlace was named after
        Countess Ada Lovelace, the first programmer.
    </figcaption>
</figure>
<p>More text […].</p>
```

図 7.1
我々のマークアップでのデフォルトの描画（説明のためにボーダーやパディングを追加）

これに対して、画像周囲のボーダーなどの基本的なスタイルを設定することにします。デフォルトでは、図 7.1のように表示されます。`</figure>`要素の幅を画像（サイズはさまざまです）と揃え、横方向の中央に配置しようとしています。しかし、`</figcaption>`要素のテキストの幅が画像よりも大きく、現状の表示は期待からかけ離れています。親要素ではなく画像の幅にもとづいて、`</figure>`要素の幅が決まるようにしたいと思います*。このような目的のために、読者は今までに以下のようなスタイルを指定してきたのではないでしょうか。しかし、これらにはいずれも副作用が伴います。

- `<figure>`をフロート指定すれば、幅を指定できます。しかしこうすると、図 7.2 のようにレイアウトが大幅に変わってしまいます。
- `<figure>`に`display: inline-block`を指定すれば、コンテンツにもとづいてサイズが設定されます。しかし、これも我々の期待とは異なります（図 7.3）。また、たとえ幅がたまたま期待どおりになったとしても、この要素を中央に配置するのは大変です。親要素に`text-align: center;`を指定し、この親要素の子になるすべて要素（`p`、`ul`、`ol`、`dl`など）に`text-align: center`を指定しなければなりません。
- 最終手段として、`<figure>`に固定値の幅や`max-width`を指定し、`figure > img`に`max-width: 100%`を指定しようとするかもしれません。しかしこうしても、空いているスペースは十分に使われず、とても小さい画像ではうまく表示されず、レスポンシブでもありません。

`<figure>`の幅を動的に指定するようなスクリプトを書かなければならないのでしょうか。それとも、CSSだけでよい解決策を作れるのでしょうか。

図 7.2

`float`指定を使って幅の問題を解決しようとしても、別の問題が発生する

図 7.3

`display: inline-block`を指定しても、期待どおりの表示を得られない

解決策

CSS Intrinsic & Extrinsic Sizing Module Level 3（*w3.org/TR/css3-sizing*）という、比較的新しい仕様が定義されています。ここに含まれる幅や高さのキーワードの中で、きわめて便利なのが`min-content`です。このキーワードを指定すると、分割できない項目のうち最大のもの（最も幅が広い単語や画像、固定幅のボックスなど）にもとづいて幅が設定されます。これはまさに、我々が求めていたものです。`min-content`を使えば、下のようにたった2行のコードで幅の指定と中央揃えを行えます。

この仕様では`max-content`キーワードも定義されています。これを指定すると、先ほど`display: inline-block`を使った場合と同じ幅になります。また、`fit-content`を指定するとフロート指定の場合と同様にふるまいます（`min-content`と同じ効果になることがしばしばあります）。

```
figure {
    width: min-content;
    margin: auto;
}
```

* CSSの仕様での用語を使うと、我々は幅を内在的（intrinsically）に決定しようとしています。対義語は外的（extrinsically）です。

図 7.4
最終的な表示

このコードを適用すると、**図 7.4**のように表示されます。非対応のブラウザでも最低限の表示を得られるようにするには、次のように固定値の`max-width`と組み合わせます。

```css
figure {
    max-width: 300px;
    max-width: min-content;
    margin: auto;
}

figure > img { max-width: inherit; }
```

近年のブラウザでは、2つ目の`max-width`で1つ目が上書きされます。そして`<figure>`に内在的なサイズが指定されている場合、`max-width: inherit`には効果はありません。

▶ **PLAY!** play.csssecrets.io/**intrinsic-sizing**

HAT TIP

Dudley Storey（`demosthenes.info`）はこの**シークレットの利用例**（`demosthenes.info/blog/662/Design-From-the-Inside-Out-With-CSS-MinContent`）を発案しました。

▪ **CSS Intrinsic & Extrinsic Sizing**
`w3.org/TR/css3-sizing`   関連仕様

テーブルの列幅を自在に指定する

課題

　我々は遠い昔にテーブルを使ったレイアウトを放棄しましたが、テーブル自体は近年のWebサイトでも引き続き使われています。例えば統計データや電子メール、メタデータの一覧などでテーブルがしばしば見られます。`table`以外の要素も、`display`要素にテーブル関連のキーワードを指定するとテーブルのようにふるまうようになります。このやり方は便利なようにも思えますが、動的なコンテンツを含む場合に予期できないレイアウトが行われることがあります。ここでは、列の幅はコンテンツに応じて調整されます。幅を明示的に指定しても、単なるヒントとしてしか機能しません。表示の例を図7.5に示します。

　その結果、たとえ表形式のデータであっても別の要素を使うか、レイアウトの不安定さを受け入れるかという選択を我々は迫られています。テーブルを行儀よくふるまわせる方法はあるのでしょうか。

解決策

　ここでの解決策は、CSS2.1で導入されたほとんど知られていないプロパティにありました。それは`table-layout`プロパティです。デフォルト値は`auto`で、いわゆる自動的なレイアウトのアルゴリズムが適用されて図7.5のような表示になります。一方`fixed`を指定すると、より予測しやすいレイアウトが行われるようになります。描画エンジンが勝手にすべてを決定してしまうのではなく、ページの作成者つまり読者自身がさまざまな指定を行えます。指定されたスタイルは尊重されます。単なるヒント

もし…	セルの幅を指定しないと、多くのコンテンツを含む列が広くなる。

図 7.5
さまざまなコンテンツを含む、2列のテーブル。デフォルトのアルゴリズムを使ってレイアウトした結果。破線はこれらのテーブルのコンテナ要素を表す。

もし…	セルの幅を指定しないと、多くのコンテンツを含む列が広くなる。
複数の行を持つテーブルでは、すべての行のコンテンツを元に幅が算出される。	上の例と幅が異なる場合がある。

幅を指定してもそのとおりの表示になるとは限らない。列の幅として **1000px** と	**2000px** を指定した場合。コンテナ要素の幅は **3000px** より小さいので、この幅を 1:2 に分割した値がそれぞれの列の幅になる。

行の折り返しを禁止した場合、長いコンテンツはコンテナ要素からはみ出してしまう。	`text-overflow: ellipsis;` も残念ながら機能しない。

大きな画像や各行が長いコードでも同じ問題が生じる。	

シークレット37：テーブルの列幅を自在に指定する

として軽視されるようなことはありません。はみ出した部分の処理（`text-overflow`など）は他の要素と同じように行われ、テーブルのコンテンツは各行の高さにだけ影響するようになります。

予測可能で使いやすいというだけでなく、`fixed`が指定されたテーブルには**描画がかなり高速**であるというメリットもあります。テーブルのコンテンツがセルの幅に影響しないため、コンテンツのダウンロードの進行に伴ってテーブルを再描画することがなくなります。読者も、画像が1枚ダウンロードされるたびに再描画が発生するようなテーブルを目にしたことがあるはずです。`fixed`を指定すれば、このような再描画は不要になります。

このプロパティは、`<table>`や`display: table`が指定された要素に適用します。ここで紹介したようなレイアウトを行わせるには、たとえ**100%**であってもテーブルの幅を指定する必要があります。また、`text-overflow: ellipsis`を機能させるには、該当の列についても幅の指定が必要です。以上の変更を行うと、表示は**図 7.6**のようになります。

```
table {
    table-layout: fixed;
    width: 100%;
}
```

▶ **PLAY!**　play.csssecrets.io/**table-column-widths**

HAT TIP

Chris Coyier（`css-tricks.com`）が**このテクニックを考案**（`css-tricks.com/fixing-tables-long-strings`）しました。

もし...	セルの幅を指定しないと、多くのコンテンツを含む列が広くなる。	**図 7.6** **図 7.5** の表に対し、`table-layout: fixed` を指定した結果。以下のようなレイアウトが行われる。

- 幅が指定されていない場合、すべての列は同じ幅になる。
- 2行目のコンテンツも列の幅に影響しない。
- 幅の大きいセルも、縮小せず指定どおりに表示される。
- `overflow` や `ext-overflow` もそのまま解釈される。
- `overflow` に `visible` が指定されている場合、コンテンツがテーブルのセルからはみ出ることもある。

もし...	セルの幅を指定しないと、多くのコンテンツを含む列が広くなる。
複数の行を持つテーブルでは、すべての行のコンテンツを元に幅が算出される。	上の例と幅が異なる場合がある。

幅を指定してもそのとおりの表示になるとは限らない。列の幅として `1000px` と

行の折り返しを禁止した場合、長いコンテンツはコンテナ要素からはみ出てしまう。	`text-overflow: ellipsis;` も残念ながら...

大きな画像や各行が長いコードでも同じ問題が生じる。	

シークレット37：テーブルの列幅を自在に指定する　299

38 兄弟要素の個数にもとづくスタイル指定

課題

　兄弟要素の個数に応じて、異なるスタイルを指定したいケースは多数あります。主な利用例としては、長さが可変のリストが考えられます。リストが長くなった場合に、ウィジェットを非表示にしたりそれぞれの項目を小さくしたりして、表示領域を節約するとともにユーザーエクスペリエンスを向上できます。具体的をいくつか紹介します。

- 電子メールなどのテキストベースの項目からなるリスト。項目が少ない場合、各項目は大きなプレビュー領域とともに表示されます。項目が増えたら、プレビュー領域の行数を減らします。そしてリスト全体の高さがビューポートの高さを超えたら、プレビュー領域を非表示にし、ボタンを小さくします。こうすることによって、ユーザーがスクロールしなければならない量を削減します。

- To Doリストアプリケーション。項目が少ない間は大きなフォントで表示し、増えてきたら徐々にすべての項目を小さなフォントで表示するようにします。

- カラーパレットアプリケーション。それぞれの色はウィジェットとして表示されます。色数が増えるのに合わせてウィジェットを小さくし、占有するスペースを減らします（図 7.7）。

- 複数の `<textarea>` を持つアプリケーション。新しく追加されるたびに、すべての `<textarea>` の列数を少しずつ小さくします。bytesizematters.com などでこの手法が使われています。

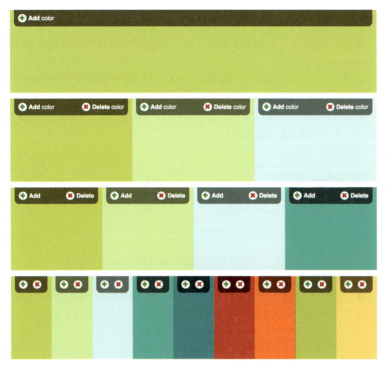

図 7.7
色数の増加に合わせて利用可能なスペースが減少するので、ウィジェットを徐々に小さく表示する。1色だけの場合には、削除ボタンを非表示にする追加の処理も行われている。
Adobe Color（*color.adobe.com*）で定義されている、以下の2種類のパレットを利用して配色した

- **Agave**（*color.adobe.com/agave-color-theme-387108*）
- **Sushi Maki**（*color.adobe.com/Sushi-Maki-color-theme-350205*）

しかしCSSのセレクタでは、兄弟要素の数にもとづいて要素を選択するのは容易ではありません。例えば、自身も含めた兄弟要素の総数が4個の要素に対してスタイルを設定したいとします。`li:nth-child(4)` を使えばリストの中で4番目の要素を選択できますが、我々が望む結果はこれではありません。総数が4個のリストについて、すべての項目を選択する必要があります。

一般兄弟セレクタ（generalized sibling combinator）の ~ と `:nth-child()` を組み合わせるアイデアも考えられます。例えば、`li:nth-child(4), li:nth-child(4) ~ li` のように指定できます。しかしこうすると**図 7.8**のように、項目の総数にかかわらず4つ目以降の項目が選択されてしまいます。後方参照を行って、以前の兄弟要素を選択できるようなセレクタはありません。CSSを使った解決をあきらめたくなりますが、もう少し頑張ってみましょう。

図 7.8
`li:nth-child(4), li:nth-child(4) ~ li` を指定した場合に選択される要素

解決策

項目の総数が1つだけの場合には、まさにこの目的で用意された `:only-child` を利用できます。このセレクタは単に作業の取りかかりとして適しているだけでなく、実際に利用例がいくつかあります（だからこそ、仕様の中で定義されているのです）。例えば**図 7.7** では、1色だけの場合には削除ボタンを非表示にしています。下のように、`:only-child` を使ってスタイルを指定できます。

このシークレットでは `:nth-child()` 系のセレクタを使っていますが、すべての例で `:nth-of-type()` 系のセレクタも利用できます。一般的には、兄弟要素のリストの中には複数の型の要素が混在しています。このような場合にも特定の型の要素だけを取り出せるため、`:nth-of-type()` のほうが適していることがよくあります。ここでは li 要素を使った箇条書きを題材にしていますが、テクニック自体は任意の要素に適用できます。

```css
li:only-child {
    /* 項目が1つだけの場合に適用されるスタイル */
}
```

明らかに、`:only-child` は `:first-child:last-child` と同義です。先頭の項目が同時に末尾の項目でもあるなら、当然それは唯一の項目です。一方、`:last-child` は `:nth-last-child(1)` と同義です。したがって、下のようにも記述できます。

```css
li:first-child:nth-last-child(1) {
    /* li:only-childと同義 */
}
```

図 7.9
項目数が異なるリストに対して、それぞれ `li:first-child:nth-last-child(4)` を適用した場合に選択される要素

ここでの1はパラメーターなので、さまざまな値を自由に指定できます。例えば、`li:first-child:nth-last-child(4)` と指定すると何が選択されるか考えてみましょう。これで項目数が4つの各要素がすべて選択されると思った読者は、（方向性は間違っていませんが）少し楽観的すぎるかもしれません。それぞれの擬似クラスを個別に考えてみましょう。つまり、`:first-child` でありかつ `:nth-last-child(4)` でもある要素とは何でしょうか。兄弟要素の中で先頭にあり、かつ末尾から4番目にあるという条件を満たす要素です。

答えは、**図 7.9** のように総数が4つのリストの中で先頭にある要素です。まだ我々の目標に到達してはいませんが、かなり近づいてきました。項目の総数を限定して、その先頭を選択できました。これと先ほどの~を組み合わせれば、先頭以降のすべての兄弟要素を選択できます。つまり、総数が4つのリストの項目をすべて選択できます。これで目標達成です。コードは以下のようになります。

```
li:first-child:nth-last-child(4),
li:first-child:nth-last-child(4) ~ li {
    /* 項目数が4つのリストで、各項目に適用されるスタイル */
}
```

項目数の指定を1回で済ませるようにするには、SCSSなどのプリプロセッサを利用できます。しかし、その構文は以下のようにかなり不格好です。

```scss
/* ミックスインの定義 */
@mixin n-items($n) {
    &:first-child:nth-last-child(#{$n}),
    &:first-child:nth-last-child(#{$n}) ~ & {
        @content;
    }
}

/* 利用例 */
li {
    @include n-items(4) {
        /* プロパティと値 */
    }
}
```

ここで紹介したテクニックは、**André Luís**（*andr3.net*）によるアイデア **andr3.net/blog/post/142** からヒントを得ています。

項目数の範囲を指定して選ぶ

実際のアプリケーションでは、個数として1つの値ではなく値の範囲を指定することがほとんどだと思われます。`:nth-child()`セレクタを使い、例えば4番目以降のすべての要素を選択するための便利な方法があります。パラメーターとして単に整数を指定するだけでなく、*an+b*という形式での指定（例えば`:nth-child(2n+1)`）も可能です。ここでのnは、

ゼロから（理論上は）正の無限大まで1つずつ増加していく変数を表します。ただし要素の数は有限であり、実際には末尾に達したらそれ以上加算されることはありません。*a*を1として、**n+b**でも指定できます。この計算結果は、**n**の値にかかわらず**b**より小さくなることはありません。言い換えるなら、**n+b**と指定すると**b**番目以降のすべての子要素が選択されることになります。例えば、`:nth-child(n+4)`は4つ目以降のすべての子要素に該当します（図 7.10）。

図 7.10
項目数が異なるリストに対して、それぞれ `li:nth-child(n+4)` を適用した場合に選択される要素

> **TIP!** `:nth-*` で始まるセレクタに頭が混乱してきた読者もいるかもしれません。セレクタを入力するとその適用結果を確認できるような、オンラインのアプリケーションがいくつか公開されています。筆者も、これらの1つとして lea.verou.me/demos/nth.html を作成しました。

これを利用して、項目の総数が4つ以上のリストの各項目を選択できます（図 7.11）。下のように、`:nth-last-child()`でのパラメーターとして**n+4**を指定します。

```
li:first-child:nth-last-child(n+4),
li:first-child:nth-last-child(n+4) ~ li {
    /* 項目数が4つ以上のリストで、各項目に適用されるスタイル */
}
```

同様に、**-n+b**と指定すると先頭から**b**個の項目を選択できます。つまり次のコードを使うと図 7.12のように、総数が4つ以下のリストの全項目を選択できます。

```
li:first-child:nth-last-child(-n+4),
li:first-child:nth-last-child(-n+4) ~ li {
    /* 項目数が4つ以下のリストで、各項目に適用されるスタイル */
}
```

もちろん、コードはさらに複雑化しますが両者を組み合わせることもできます。例えば項目数が2個から6個までのリストを対象にするには、以下のようにします。

```
li:first-child:nth-last-child(n+2):nth-last-child(-n+6),
li:first-child:nth-last-child(n+2):nth-last-child(-n+6) ~
li {
    /* 項目数が2つ以上6つ以下のリストで、各項目に適用される
       スタイル */
}
```

play.csssecrets.io/**styling-sibling-count**

Selectors
w3.org/TR/selectors
関連仕様

図 7.11

項目数が異なるリストに対して、それぞれ `li:first-child:nth-last-child(n+4)`, `li:first-child:nth-last-child(n+4) ~ li` を適用した場合に選択される要素

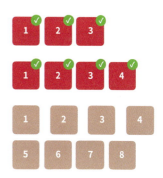

図 7.12

項目数が異なるリストに対して、それぞれ `li:first-child:nth-last-child(-n+4)`, `li:first-child:nth-last-child(-n+4) ~ li` を適用した場合に選択される要素

39 流動的な幅の背景と固定幅のコンテンツ

図 7.13
民泊支援サイト **Airbnb**（*airbnb. com*）。フッター領域にこのパターンが適用されている

課題

ここ数年の間に、Webデザインの世界で人気を得るようになってきたトレンドが1つあります。それは、筆者が「流動的（fluid）な幅の背景と、固定幅のコンテンツの組み合わせ」と呼んでいるものです。このパターンには、次のような特徴があります。

- ページには複数のセクションがあります。それぞれはビューポートの幅全体を占め、異なる背景が適用されます。
- コンテンツの幅は固定されています。メディアクエリによって、解像度ごとに異なる幅が適用されることもあります。セクションごとに幅が異なってもかまいません。

図 **7.15** や（若干わかりにくいですが）図 **7.14** のように、ページ全体でこのパターンが適用されることもあります。しかし図 **7.13** のように、一部のセクション（特に、フッター領域）だけにこのパターンを適用するのがより一般的です。

このような表示を得るために最もよく使われているのは、**セクションごとに要素を2つずつ用意する方法**です。1つは流動的な幅の背景に使われ、もう1つは固定幅のコンテンツに使われます。コンテンツの要素には `margin: auto` が指定され、横方向の中央に表示されます。例えばフッターでは、次のようなマークアップが記述されるでしょう。

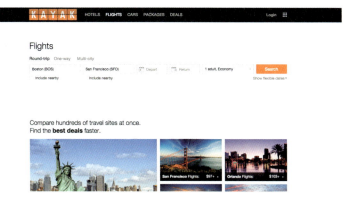

図 7.14
旅行予約サイト **KAYAK**（*kayak.com*）。わかりにくいが、ページ全体にこのパターンが適用されている

```html
<footer>
    <div class="wrapper">
    
    </div>
</footer>
```

このマークアップに対して、例えば以下のCSSが適用されます。

```css
footer {
    background: #333;
}
.wrapper {
    max-width: 900px;
    margin: 1em auto;
}
```

　見覚えがある読者も多いでしょう。WebデザイナーやWeb開発者のほとんどは、このようなコードを一度は書いたことがあると思われます。要素が1つ余計ですが、これは最新のCSSを使えば回避できるのでしょうか。それとも、避けられない必要悪なのでしょうか。

シークレット39：流動的な幅の背景と固定幅のコンテンツ

図 7.15
アイルランドの美しい Web サイト
Irish website of Cono Sur Vineyards and Winery（`conosur.ie`）。このパターンが全面的に適用されている

> ⚠ `calc()` で数式を記述する際には、`-` や `+` の前後に空白文字を含める必要があります。こうしないと、構文エラーになってしまいます。このルールは将来的な互換性のために用意されました。今後、`calc()` の中にハイフンを含む識別子を記述できるようになる可能性があります。

解決策

ここで、`margin: auto` のはたらきについて考えてみましょう。生成されるマージンの幅は、ビューポートの幅の半分からページの幅の半分を引いた値になります。ここでパーセンテージを指定すると、ビューポートの幅に対する割合を表します（幅を明示的に指定した要素が祖先にない場合）。一方、**CSS Values and Units Level 3**（`w3.org/TR/css-values-3/#calc`）で定義された `calc()` 関数を使うと、今回のような簡単な計算はスタイルシート上で行えます。`auto` の代わりに `calc()` を使うと、`.wrapper` のルールは次のようになります。

```css
.wrapper {
    max-width: 900px;
    margin: 1em calc(50% - 450px);
}
```

余分な要素が必要とされる唯一の理由は、マージンとして `auto` を利用するためでした。しかし、この魔法のような `auto` はもう使われておらず、代わりに `calc()` が記述されています。これは CSS での長さの値の 1 つであり、長さを指定できる箇所にならどこでも記述できます。つまり、この長さを親要素でのパディングとして記述してもかまいません。コードは次のようになります。

```css
footer {
    max-width: 900px;
    padding: 1em calc(50% - 450px);
    background: #333;
}
.wrapper {}
```

ここでは `.wrapper` のルールは空であり、`<div>` 要素自体不要になりました。つまり、望むスタイルを余計なマークアップなしに実現できました。このコードをさらに改善することは可能でしょうか。答えはもちろん Yes です。

上のコードから幅の宣言を取り除いてみましょう。表示はまったく変わりません。ビューポートの幅を変えても、同じふるまいが見られます。パディングとして**50% - 450px**と指定しているため、コンテンツの幅は**450px**の2倍つまり**900px**になります。幅が**900px**以外だと宣言されていたなら、この宣言を取り除くと別の表示になるでしょう。しかしここでは我々の望む幅**900px**の表示を得られているので、冗長な記述は削除してよりDRYなコードを目指すべきです。

後方互換性のために、もう少し改善を加えることも可能です。**calc()**がサポートされていないブラウザでも、代替としていくらかのパディングが表示されるようにします。

```
footer {
    padding: 1em;
    padding: 1em calc(50% - 450px);
    background: #333;
}
```

これで完成です。柔軟でDRYかつ後方互換性のある表示を達成できました。無駄なマークアップは必要なく、CSSのコードはわずか3行です。

▶ PLAY!　play.csssecrets.io/fluid-fixed

> CSS Values & Units
> w3.org/TR/css-values
> 　　　　　　　　　　　関連仕様

図 7.16
OS X向け生産性向上アプリケーション**Alfred**（`alfredapp.com`）のWebサイトでも、このスタイルが全体的に利用されている

> ! この方法では、画面の幅がコンテンツよりも狭い場合にパディングがなくなってしまいます。メディアクエリを使うとこの問題を解消できます。

シークレット39：流動的な幅の背景と固定幅のコンテンツ

40 縦方向の中央揃え

> ## 課題
>
> 人類が月面に到達したのは44年も前なのに、CSSではいまだに縦方向の中央揃えもできていません。
>
> — **James Anderson**（*twitter.com/jsa/status/358603820516917249*）

CCSSを使って要素を横方向に中央揃えするのはとても簡単です。インライン要素であればその親要素で`text-align: center;`を指定し、ブロック要素ならその要素自身に`margin: auto`を指定するだけです。一方、要素を縦方向に中央揃えしようとしたら、考えるだけで気分が悪くなってくるかもしれません。

数年にわたって、縦方向の中央揃えは手の届かない目標のひとつでした。フロントエンド開発者の間では、これを行おうとしてもただのジョークとしか扱われませんでした。以下のような事情も重なって、縦方向の中央揃えは特別扱いされています。

- とても頻繁に必要とされます。
- きわめて簡単かつシンプルに実現できそうに思えます。
- しかし実際には、信じられないほど達成が困難でした（特に、サイズが可変の場合）。

ここ数年の間、フロントエンド開発者たちは知恵を絞ってこの難問に取り組んできました。しかし、編み出された解決策のほとんどは、ハックとしか言いようのないものばかりでした。このシークレットでは、最新のテクニックにもとづいて汎用的な縦方向の中央揃えを実現します。以下のテクニックもよく使われますが、ここでは利用しません。

- テーブル形式のレイアウト（`display: table;`など）では、HTMLの要素が余分に必要になります。
- `inline-block`を使った手法は、ハックの度合いが強すぎると筆者は考えます。

　これら2つの手法にも興味がある読者は、Chris Coyierによる優れた記事『**Centering in the Unknown**』（`css-tricks.com/centering-in-the-unknown`）を読むとよいでしょう。

　特に明記された場合を除いて、ここでは body 要素の中に次のようなマークアップが記述されているものとします。しかし、これから紹介する解決策はコンテナ要素の有無にかかわらず正しく機能します。

```html
<main>
    <h1>Am I centered yet?</h1>
    <p>Center me, please!</p>
</main>
```

　また、表示をわかりやすくするために背景やパディングなどを設定しています（図 7.17）。

図 7.17
最初の表示

絶対位置指定を使った解決策

　最も古いテクニックは、以下のようなものです。ここでは、幅と高さが固定されている必要があります。

```
main {
    position: absolute;
    top: 50%;
    left: 50%;
    margin-top: -3em; /* 6/2 = 3 */
    margin-left: -9em; /* 18/2 = 9 */
    width: 18em;
    height: 6em;
}
```

上のコードでは、まず要素の左上の隅がビューポート（または、位置が指定されている直近の祖先要素。以下同）の中央に置かれます。そして、マージンとして幅や高さを半分にした負の値が指定されているため、**要素の中心がビューポートの中心に移動**します。`calc()`を使えば、下のように必要な宣言を減らせます。

```
main {
    position: absolute;
    top: calc(50% - 3em);
    left: calc(50% - 9em);
    width: 18em;
    height: 6em;
}
```

図 **7.18**
CSSトランスフォームのトリックを使い、サイズが不定の要素を中央揃えする

　明らかに、このテクニックにはサイズが固定されていなければならないという大きな問題点があります。多くの場合、サイズはコンテンツに応じて変化します。要素のサイズに対する割合を指定できればよいのですが、このような方法はありません。マージンも含めてCSSのプロパティのほとんどでは、パーセンテージを指定すると親要素に対する割合として解釈されます。

　CSSでは、ありそうにもないところから解決策が生まれることがあります。今回の例では、CSSトランスフォームが解決の鍵になります。`translate()`トランスフォームの中でパーセンテージを指定すると、要素自身の幅と高さにもとづいて要素を移動できます。これはまさに我々が求めていたことです。要素のサイズやオフセットの値をハードコードする必要はなくなり、以下のコードのようにパーセンテージだけを指定すればよくなりました。

```
main {
    position: absolute;
    top: 50%;
    left: 50%;
    transform: translate(-50%, -50%);
}
```

　表示は図 **7.18**のようになります。期待どおりに、`<main>`要素が中央揃えされています。

もちろん、このテクニックも完全ではありません。次のような問題もあります。

- レイアウト全体への影響が大きいため、位置を絶対指定できない場合がよくあります。
- 中央揃えしようとしている要素の高さがビューポートよりも大きい場合、上端が切り取られてしまいます（図 7.19）。この問題への回避策はありますが、信じられないほど醜悪です。
- 一部のブラウザでは、要素をピクセルとピクセルの間に移動しようとして表示がかすかにぼやけることがあります。`transform-style: preserve-3d` を指定するとこの問題を回避できることもありますが、将来にわたって有効とは限りません。

図 7.19
ビューポートよりも高さが大きい要素を中央揃えしようとすると、上端が欠ける

▶ **PLAY!**　play.csssecrets.io/vertical-centering-abs

この便利なトリックの考案者を突き止めるのはとても困難でした。公開されている情報の中で最も古いのは、**StackOverflow**（*stackoverflow.com*）で「Align vertically using CSS 3?」という質問に対してユーザーの **Charlie**（*stackoverflow.com/users/479836/charlie*）が投稿した回答（*stackoverflow.com/a/16026893/90826*、2013年4月16日）と思われます。

HAT TIP

ビューポート関連の単位を使った解決策

　位置の絶対指定を避けたい場合でも、`translate()` のトリックを使って高さや幅の半分だけ要素を移動させることは可能です。しかし、`left` や `top` がわからない状態では初期状態のオフセット値（コンテナ要素の左上から50％）を指定できません。

　まず思いつくのは、次のように `margin` プロパティの中でパーセンテージを指定する考え方です。

```
main {
    width: 18em;
    padding: 1em 1.5em;
    margin: 50% auto 0;
```

```
        transform: translateY(-50%);
}
```

しかし図 7.20のように、おかしな表示になってしまいました。なぜなら、ここでのパーセンテージは親要素の幅を基準として解釈されます。たとえ margin-top や margin-bottom であっても、width が使われます。

しかし、まだあきらめる必要はありません。**CSS Values and Units Level 3**（w3.org/TR/css-values-3/#viewport-relative-lengths）で、viewport-relative length と呼ばれる以下の新しい単位が導入されています。

図 7.20
ビューポートのサイズに対するパーセンテージとしてマージンを指定した結果。失敗

- ビューポートの幅を基準とした vw。1vw はビューポートの幅の 1%（ビューポート 1 つ分ではありません）を意味します。
- 同様に、1vh はビューポートの高さの 1% を表します。
- 1vmin は、ビューポートの幅が高さよりも小さい場合は 1vw と等しく、それ以外の場合は 1vh と等しくなります。
- 1vmax は、ビューポートの幅が高さよりも大きい場合は 1vw と等しく、それ以外の場合は 1vh と等しくなります。

これらの単位を使うと、スクリプトなしでもビューポート全体に広がるセクションを作成できます。詳しくは、Andrew Ckor による記事「**Make full screen sections with 1 line of CSS**（medium.com/@ckor/make-full-screen-sections-with-1-line-of-css-b82227c75cbd）」を参照してください。

今回の例では、次のように vh を使ってマージンを指定します。

```
main {
    width: 18em;
    padding: 1em 1.5em;
    margin: 50vh auto 0;
    transform: translateY(-50%);
}
```

図 7.21
上側のマージンとして 50vh を指定すると、ボックスが縦方向に中央揃えされた

図 7.21のように、上のコードは正しく機能します。もちろん、この方法には要素をビューポートの中央にしか配置できないというとても大きな制約があります。

▶ **PLAY!** play.csssecrets.io/**vertical-centering-vh**

Flexboxを使った解決策

Flexbox（`w3.org/TR/css-flexbox`）はまさにこのような問題のために作成されました。現在考えられる解決策の中では、Flexboxを使ったものが最善です。他の解決策も紹介したのは、Flexboxよりも幅広いブラウザでサポートされているからです。ただし、今日では十分に多くのブラウザでFlexboxを利用できるようになっています。

ここで必要になる宣言は2行だけです。中央揃えしたい要素の親要素（今回の例では`body`）に`display: flex`を指定し、中央揃えされる要素（同じく`main`）にはおなじみの`margin: auto`を指定します。具体的には次のようにします。

```css
body {
    display: flex;
    min-height: 100vh;
    margin: 0;
}

main {
    margin: auto;
}
```

Flexboxを使う場合、`margin: auto`を指定すると横方向だけでなく縦方向にも中央揃えが行われます。また、幅を指定する必要もありません（指定してもかまいません）。**P. 292の「内在的なサイズ設定」**で紹介した、`max-content`を指定した場合と同じ幅になります。

FUTURE より簡単な配置

将来的には、レイアウトモードを変更しなくても縦方向の中央揃えが可能になる予定です。**CSS Box Alignment Level 3**（`w3.org/TR/css-align-3`）が標準化されると、次のように指定するだけで済むようになるでしょう。

```css
align-self: center;
```

対象の要素に対して他に設定されているプロパティに関係なく、上のコードは正しく機能します。こんなに簡単すぎてよいのかと思われるかもしれませんが、未来はすぐそこにまで来ています。

Flexboxに対応していないブラウザでは、最初の状態つまり**図 7.17**と同じ表示になります（幅を指定している場合）。縦方向の中央揃えは行われませんが、問題のない表示です。
　Flexboxを使う場合、匿名のコンテナ（他の要素にラップされていないテキスト）も縦方向の中央揃えが可能です。例えば次のようなマークアップがあるとします。

```html
<main>Center me, please!</main>
```

　Flexboxとともに導入された`align-items`と`justify-content`を使えば、`<main>`要素に固定のサイズを指定し、その中のコンテンツを中央揃えできます（**図 7.22**）。コードは以下のとおりです。

```css
main {
    display: flex;
    align-items: center;
    justify-content: center;
    width: 18em;
    height: 10em;
}
```

図 7.22
Flexboxを使い、匿名のテキストを中央揃えする

body要素に同じプロパティを指定しても、`<main>`要素を中央揃えできます。しかし（**body**要素に指定するなら）`margin: auto`を使ったアプローチのほうがエレガントであり、非対応のブラウザでもよりよい表示を得られます。

▶ **PLAY!** play.csssecrets.io/vertical-centering

4.1 フッターをビューポート下部に表示する

知っておくべきポイント

viewport-relative length（P. 310 の「縦方向の中央揃え」参照）、
calc()

課題

Webデザインの世界で、フッターを下端に表示することはとても古くからある課題です。読者も一度はこの問題に遭遇したことがあるのではないでしょうか。ブロックレベルのスタイル（背景や影など）を持つフッターは、コンテンツが十分に長い場合には正しく表示されます。一方、エラーメッセージなどのようにコンテンツが短いページでは、フッターが正しく表示されません。フッターはビューポートの下端に表示されてほしいのですが、コンテンツの下端に表示されてしまいます。

この問題がよく知られている背景には、単に**しばしば見られる**というだけではなく、とても簡単に解決できそうに思えるという点もあげられます。この問題は、解決するのに予想を大幅に超える時間がかかる問題の典型的な例です。また、**CSS2.1 だけではこの問題は解決できません**。従来の解決策のほとんどでは、フッターの高さが固定されています。これはもろい解決策であり、受け入れられることはほとんどないでしょう。しか

> より正確には、ビューポートの高さからフッターの高さを引いたものがコンテンツの高さよりも大きい場合にフッターが正しく表示されなくなります。

も、この種の解決策は**過度に複雑で、ハック的なやり方であり、マークアップの種類についても制限を受けます**。CSS2.1の時代ではこれが最善でしたが、最新のCSSを活用してよりよい解決策を見いだすことはできないのでしょうか。

この問題について頭を悩ませたことがない読者のために、以下のリンクを紹介します。CSS3が生まれる前にはこのような解決策が広く使われており、多くのWeb開発者を救っていました。

- cssstickyfooter.com
- ryanfait.com/sticky-footer
- css-tricks.com/snippets/css/sticky-footer
- pixelsvsbytes.com/blog/2011/09/sticky-css-footers-the-flexible-way
- mystrd.at/modern-clean-css-sticky-footer

現状では最後の2つがとてもシンプルでよいのですが、いずれにしても何らかの制約は避けられません。

固定の高さを使った解決策

以下のような、骨組みだけのページに対して作業を行っていきます。このマークアップが**body**要素に記述されているものとします。

```html
<header>
    <h1>Site name</h1>
</header>
<main>
    <p>Bacon Ipsum dolor sit amet…
    <!-- Filler text from baconipsum.com --></p>
</main>
<footer>
    <p>© 2015 No rights reserved.</p>
    <p>Made with ♥ by an anonymous pastafarian.</p>
</footer>
```

このページに対して、フッターの背景などの基本的なスタイルを適用します。その結果が図 7.23 です。次に、コンテンツの量を減らしてみます。すると、表示は図 7.24 のようになります。フッターの固定表示の問題が、今まさに発生しました。さて、どのようにすればこの問題を解決できるのでしょうか。

フッターのテキストが必ず1行に収まると仮定できるなら、以下のようにしてフッターの高さを算出できます。

2×行の高さ+3×パラグラフ間のマージン+縦方向のパディング=

2 × **1.5em** + 3 × **1em** + **1em** = **7em**

同様に計算すると、ヘッダーの高さは **2.5em** になりました。viewport-relative length と `calc()` を組み合わせると、次のようなCSSだけでフッターの表示を下端に固定できます。

図 7.23
コンテンツが十分に長い場合のページ

図 7.24
コンテンツが短いと、固定表示のフッターの問題が現れる

```
main {
    min-height: calc(100vh - 2.5em - 7em);
    /* パディングやボーダーによって高さが増加するのを防ぎます */
    box-sizing: border-box;
}
```

あるいは、`<header>`と`<main>`の両要素をラップする要素を追加し、フッターの高さだけを計算すれば済むようにもできます。下のコードでは、`wrapper`というIDの要素でラップしています。

```
#wrapper {
    min-height: calc(100vh - 7em);
}
```

> `calc()`を使って加減算を行う場合には、＋や－の演算子の前後に必ず空白文字を記述する必要があります。奇妙なルールに思えますが、これは将来の互換性のために定められました。`calc()`の中でキーワードを指定できるようになった場合に、キーワードの中のハイフンとマイナスの演算子を区別するためです。

このコードは図 7.25のように正しく機能し、固定の高さを使った既存の解決策よりもシンプルです。しかし、きわめて単純なレイアウト以外ではこのコードはまったく現実的ではありません。まず、フッターのテキストが必ず1行に収まるという無理な仮定が必要です。フッターのサイズを変えるたびに`min-height`も修正しなければならず、DRYでもありません。ヘッダーとコンテンツをラップする要素を追加しない場合には、ヘッダーについても同様の計算や修正が必要になります。よりモダンな解決策がきっとあるはずです。

▶ PLAY! play.csssecrets.io/**sticky-footer-fixed**

図 7.25
CSSを使って下端に固定したフッター

より柔軟な解決策

　この種の課題には、Flexboxの利用が適しています。数行のCSSを加えるだけで、自在の柔軟性を得られます。面倒な計算も、余分なHTMLの要素も必要ありません。
まず、`body`要素に`display: flex`を指定します。これによって、子要素である`header`と`main`そして`footer`にFlexboxのレイアウトを適用できます。また、`flex-flow: column;`を指定します。こうしないと、

図 7.26 のようにそれぞれの項目が横に並んでしまいます。現時点のコードは以下のとおりです。

```
body {
    display: flex;
    flex-flow: column;
}
```

図 7.26
flex しか指定しない場合、子要素が横に並んでしまう

これだけでは、表示は Flexbox の適用前とほとんど変わりません。それぞれの要素はビューポートの幅いっぱいに広がり、高さはコンテンツに応じて決まります。つまり、Flexbox のメリットがまだ発揮されていません。

ここで、body の min-height に 100vh を指定し、body の高さが最低でもビューポート全体を占めるようになります。しかしこれだけでは、表示は図 7.24 とまったく変わりません。body の高さの最低値が指定されていても、それぞれの項目の高さは依然としてコンテンツを元に決まる（CSS 用語ではこれを「内在的なサイズ設定」と呼びます）ためです。

そこで、ヘッダーとフッターではサイズが内在的に定まるようにし、main については残りのスペース全体に広がるようにします。具体的には、次のように <main> 要素の flex プロパティにゼロ以上の値（例えば 1）を指定します。

```
body {
    display: flex;
    flex-flow: column;
    min-height: 100vh;
}

main { flex: 1; }
```

必要なコードはこれだけです。図 7.25 とまったく同じ表示を、わずか 4 行の CSS で実現できました。Flexbox の美しさを実感できたでしょうか。

TIP! flex プロパティは、flex-grow と flex-shrink そして flex-basis の短縮記法です。flex にゼロ以上の値が指定されている要素は flex アイテムと呼ばれ、この値は flex アイテムが複数ある場合のサイズの比を表します。例えば、仮に main で flex: 2 が指定され footer で flex: 1 が指定されている場合、main の高さは footer の 2 倍になります。これらの値は比なので、2 と 1 の代わりに 4 と 2 を指定しても表示は変わりません。

▶ **PLAY!** play.csssecrets.io/sticky-footer

HAT TIP

Philip Walton（philipwalton.com）がこのテクニックを発案（philipwalton.github.io/solved-by-flexbox/demos/sticky-footer）しました。

関連仕様

- **CSS Flexible Box Layout**
  w3.org/TR/css-flexbox

- **CSS Values & Units**
  w3.org/TR/css-values

トランジションと
アニメーション

8

42 弾むような動きのトランジション

知っておくべきポイント

基本的なCSSトランジション、基本的なCSSアニメーション

課題

　弾むようなトランジションやアニメーションは、楽しくかつリアルなインタフェースを作成するためにしばしば使われます。実世界の物体が速度を変えずに移動することはほとんどありません。

　技術的には、弾むような効果は以下のように説明できます。初回のトランジションが終点に達すると、逆方向へのトランジションが発生します。その後は移動量を少しずつ小さくしながらトランジションが繰り返され、最終的にはまったく移動しなくなります。例えば**図 8.1**の弾むボールのアニメーションでは、ゼロから`350px`へ`translateY()`トランスフォームが変化します。

　位置の移動以外にも、同様の弾むようなふるまいは見られます。以下の例をはじめとして、ほぼすべての種類のトランジションに適用できます。

ここでは`margin-top`などのプロパティは使っていません。これらはピクセル間の境界を飛び飛びに進むように表示されることがあります。トランスフォームを使うほうが、スムーズな表示を得られます。

- サイズの変化。ホバーされた要素を拡大したり、`transform: scale(0)`の状態からポップアップ表示を行ったり、棒グラフでそれぞれの棒をアニメーションとともに表示したりできます。
- 角度を使った動き。回転や、値がゼロから増えていく円グラフなど。

とても多くのJavaScriptライブラリに、弾むような動きのアニメーションが用意されています。しかし今日では、アニメーションやトランジションにスクリプトは必要ありません。CSSを使って弾む動きを記述するための、最善の方法を探ってみましょう。

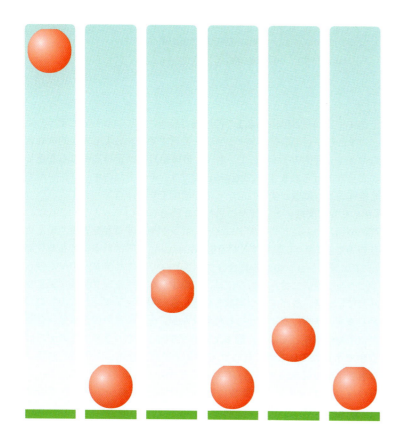

図 8.1
現実に即した弾む動き

弾むアニメーション

まずは、CSSアニメーションを使った解決策が考えられます。以下のようにキーフレームを定義し、アニメーションを実行します。

```
@keyframes bounce {
    60%, 80%, to { transform: translateY(350px); }
```

```
        70% { transform: translateY(250px); }
        90% { transform: translateY(300px); }
    }

    .ball {
        /* サイズや色を変化させてもかまいません */
        animation: bounce 3s;
    }
```

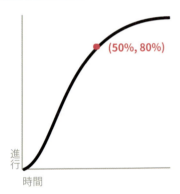

図 8.2

タイミング関数 ease のふるまい。すべてのトランジションやアニメーションで、これがデフォルトとして使われる

　上のキーフレームは、**図 8.1** の各段階で表示されているものとまったく同じです。しかしこのアニメーションを実行すると、とても人工的な動きになります。理由の1つとして、ボールの移動方向が変わる時にも加速している点があげられます。これは不自然です。それぞれのキーフレームで同じタイミング関数が使われているのが原因です。

　「タイミング関数」とは何かと思われた読者も多いでしょう。これは、時間の経過とともにどの程度アニメーションが進行するかを表現するための仕組みです（徐々に動かすという意味の easing と呼ばれることもあります）。アニメーションの進み具合はグラフとして表されます。すべてのトランジションやアニメーションには、このようなタイミング関数が関連づけられています。タイミング関数を指定しない場合、デフォルトのものが使われます。予想に反するかもしれませんが、デフォルトのタイミング関数では直線的な動きではなく **図 8.2** のような動きになります。この図のピンク色で示されている点を見ると、50％の時間が経過した時点でトランジションはすでに80％も進行していることがわかります。

　デフォルトのタイミング関数には **ease** という名前がつけられています。この値は、`animation-timing-function` や `transition-timing-function` プロパティ、あるいは短縮記法の `animation` や `transition` の各プロパティで指定できます。ただし、デフォルト値をわざわざ指定することにあまり意味はありません。組み込みのタイミング関数はあと4つ用意されており、それぞれ**図 8.3** のようにトランジションが進行します。

　ease-out は ease-in を反転させたものです。これらはまさに、我々が弾む効果のために必要としているものです。**動きの方向が変わるたびに、タイミング関数を切り替えます**。どちらかのタイミング関数を `animation` プロパティで指定し、キーフレームの中で必要に応じてこれを上書きします。次のコードのように、デフォルトでは減速するタイミング関数つまり **ease-out** を適用し、ボールが落ちる方向の動きでは加速するタイミング関数 **ease-in** で上書きすることにします。

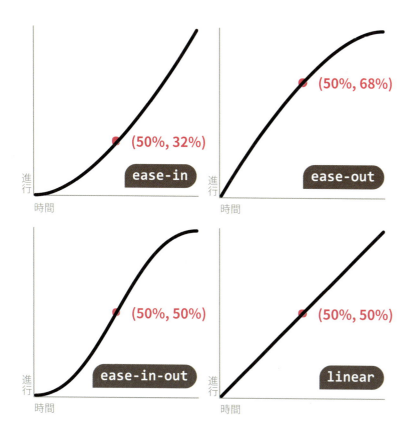

図 8.3
組み込みのタイミング関数と、それぞれの動き方

```
@keyframes bounce {
    60%, 80%, to {
        transform: translateY(400px);
        animation-timing-function: ease-out;
    }
    70% { transform: translateY(300px); }
    90% { transform: translateY(360px); }
}

.ball {
    /* 略 */
    animation: bounce 3s ease-in;
}
```

これを実行すると、はるかにリアルな弾む動きをシンプルなコードで実現できたことがわかります。一方、タイミング関数の選択肢が5つしかないのはあまりにも強い制約です。任意のタイミング関数を定義できたら、さらにリアルな動きを得られるでしょう。例えば下方向に落ちていく物体を表現するなら、**ease**を反転させたようなタイミング関数を使って急勾配に加速させるのがよいでしょう。このようなタイミング関数は組み込みでは用意されていないので、自分で定義する必要があります。

タイミング関数のグラフはいずれも、ベジェ曲線（正確には3次ベジェ曲線）として定義されます。ベクター画像を扱うアプリケーション（Adobe Illustratorなど）はいずれも、ベジェ曲線を利用しています。ベジェ曲線は複数のセグメントに分割できます。それぞれのセグメントの両端には、コントロールポイントと呼ばれる点が付属します。コントロールポイントの位置を通じて、曲線の曲がり具合が定義されます。複雑な曲線では、セグメントの数も多くなります。そして図8.4のように、それぞれのセグメントは両端で連結されます。CSSでのタイミング関数は、セグメントが1つだけのベジェ曲線として定義されます。つまり、ここではコントロールポイントは2つです。例えばデフォルトのタイミング関数**ease**では、図8.5のようなコントロールポイントが定義されています。

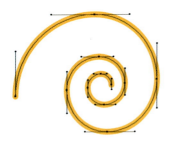

図 8.4
螺旋を表すベジェ曲線。セグメントの境界やコントロールポイントとともに表示

組み込みのもの以外のタイミング関数を定義するために、**cubic-bezier()**関数が用意されています。この関数では、2つのコントロールポイントの座標を表現するために合計4つのパラメーターを指定します。**cubic-bezier(x1, y1, x2, y2)**という形式で、**(x1, y1)**が1つ目のコントロールポイントを表し、**(x2, y2)**が2つ目を表します。セグメントの両端は、**(0,0)**つまりトランジションの開始時点と**(1,1)**つまり終了の時点に固定されています。

両端が固定されたセグメントを1つしか持てない点以外にも、制約はあります。それぞれのコントロールポイントでの**x**の値には、ゼロから1までの間の値しか定義できません。つまり、コントロールポイントがグラフの左右にはみ出すことはありません。しかし、この制約は必然的なものです。この制約が守られないトランジションでは、グラフの中に時間軸を逆方向にさかのぼる部分が発生してしまいます（例えば、トリガーが発生する前からトランジションが開始する、など）。タイムトラベルが可能になるまでは、このようなトランジションはあり得ません。したがって、事実上の制約はセグメントが1つである点だけです。これはかなり厳しいものですが、この制約があるおかげで**cubic-bezier()**関数が使いやすくなったというメリットもあります。セグメントが1つだけでも、**cubic-bezier()**を使えばさまざまなタイミング関数を定義できます。

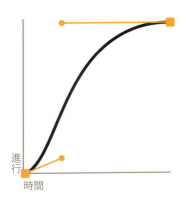

図 8.5
タイミング関数**ease**でのコントロールポイント。セグメントは1つだけである

それぞれのコントロールポイントで、**x**と**y**の値を交換するとタイミング関数の効果を反転できます。例えば**ease**は**cubic-bezier(.25,.1,**

.25,1) と等価なので、**cubic-bezier(.1,.25,1,.25)** と指定すると **ease** を反転させたトランジションを実行できます（図 8.6）。これと元の **ease** を組み合わせて以下のようにすると、さらにリアルな弾むアニメーションになります。

```
@keyframes bounce {
    60%, 80%, to {
        transform: translateY(400px);
        animation-timing-function: ease;
    }
    70% { transform: translateY(300px); }
    90% { transform: translateY(360px); }
}
.ball {
    /* 略 */
    animation: bounce 3s cubic-bezier(.1,.25,1,.25);
}
```

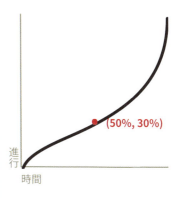

図 8.6
ease を反転させたタイミング関数

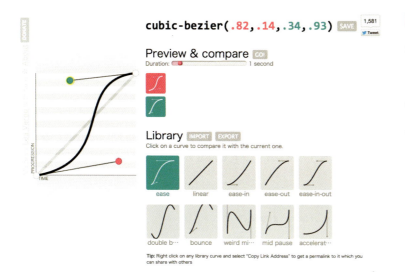

図 8.7
ビジュアライゼーションの助けを借りないと、ベジェ曲線を理解し記述できるようになるのは難しい。トランジションでのタイミング関数として利用する場合にはなおさらである。しかし好都合なことに、ビジュアライゼーションのためのオンラインツールは多数公開されている。例えば、筆者は **cubic-bezier.com** を公開している

シークレット42：弾むような動きのトランジション　　329

cubic-bezier.com（図8.7）などのツールを使うと、さまざまなベジェ曲線を作成できます。よりよいタイミング関数が見つかるかもしれません。

▶ PLAY! play.csssecrets.io/bounce

HAT TIP

Dan Eden（*daneden.me*）が作成したアニメーションライブラリanimate.cssでは、跳ね返りを表すタイミング関数としてcubic-bezier(.215,.61,.355,1) と cubic-bezier(.755,.05,.855,.06)が使われています。両者は反転の関係にはありませんが、鋭い傾斜を通じてさらに現実に近い跳ね返りが再現されています。

弾むようなトランジション

特定のテキストフィールドがフォーカスされた場合に、吹き出し（callout）を表示したいとします。入力可能な値のリストなど、追加的な情報をここに表示できます。マークアップは次のようになります。

```html
<label>
    Your username: <input id="username" />
    <span class="callout">Only letters, numbers,
    underscores (_) and hyphens (-) allowed!</span>
</label>
```

TIP! 吹き出しを表示させるトランジションで、トランスフォームを使わずに高さを直接指定している場合、height: 0（またはその他の値）からheight: autoへと変化させる方法はうまく機能しません。autoはキーワードであり、この値に向かって変化させることはできません。このような場合には、max-heightと十分に大きなheightを指定しましょう。

吹き出しの表示と非表示を切り替えるためのCSSは以下のようになります。単にスタイルやレイアウトを指定するための項目は省略しています。

```css
input:not(:focus) + .callout {
    transform: scale(0);
}

.callout {
    transition: .5s transform;
    transform-origin: 1.4em -.4em;
}
```

図 8.8
現時点でのトランジション

　このコードでは、ユーザーがテキストフィールドにフォーカスすると図 8.8 のような 0.5 秒間のトランジションが発生します。間違ってはいないのですが、終了時の値を少し通り過ぎてから戻る（例えば、いったん 110 ％のサイズまで拡大してから 100 ％に戻して終了する）ようにすると、より自然で楽しさもある表示にできます。そこで、まずはトランジションではなくアニメーションを利用してみましょう。先ほど紹介したタイミング関数を、次のようにして適用します。

```css
@keyframes elastic-grow {
    from { transform: scale(0); }
    70% {
        transform: scale(1.1);
        animation-timing-function:
            cubic-bezier(.1,.25,1,.25); /* easeの反転 */
    }
}

input:not(:focus) + .callout { transform: scale(0); }

input:focus + .callout { animation: elastic-grow .5s; }

.callout { transform-origin: 1.4em -.4em; }
```

　このコードは確かに機能します（図 8.9）。トランジションを使った場合と表示を比べてみましょう。ただし、本質的にはトランジションを使うべき箇所でアニメーションを使ってしまっている問題は残ります。アニメーションはとても強力ですが、トランジションに弾性を与えるためだけに利用するのは過剰です。あたかも、チェーンソーを使ってパンをスライ

シークレット42：弾むような動きのトランジション

スするようなものです。同等の表示を、トランジションだけを使って実現することにします。ここでも、`cubic-bezier()`を利用できます。

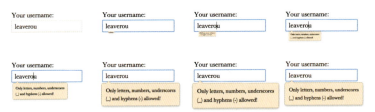

図 8.9
動きに弾性を与えたことにより、リアルで楽しさのある表示となった

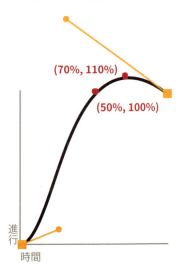

図 8.10
ここで使われるタイミング関数のグラフ。縦方向の座標値の1つが1を超えている

　`cubic-bezier()`を使えば、いったん大きくしてから元に戻すことも可能です。今までの例では、コントロールポイントの座標値はゼロから1までの範囲に収まっていました。繰り返しになりますが、少なくともタイムマシンが発明されるまでは、この範囲から横方向にはみ出ることは許されません。一方、縦方向に関してははみ出してもかまいません。終了時の状態を超えてトランジションを進めたり、逆に開始時の状態よりもさらに戻ったりできます。例えば`scale(0)`から`scale(1)`へと変化するトランジションで、その途中に`scale(1.1)`の状態を経てもよいという意味です。もちろん、さらに大きな倍率も指定できます。

　この例では、少しだけ弾性があればよいので、110％（つまり`scale(1.1)`）の状態まで進めて、その後で100パーセントに戻します。`ease`タイミング関数でも使われている`cubic-bezier(.25,.1,.25,1)`をベースにして、2つ目のコントロールポイントを上方向に移動して`cubic-bezier(.25,.1,.3,1.5)`のような曲線にします。図 8.10のように、このタイミング関数では50％程度の時間が経過した段階で終了時の状態に達しています。そしてその後もトランジションは進み、70％前後の時点で110％分の進み具合になります。残された約30％の時間で、最終的な状態へと戻っていきます。アニメーションを使う場合とほぼ同じ動きを、下のようにたった1行のトランジションで実現できました。

```
input:not(:focus) + .callout { transform: scale(0); }

.callout {
    transform-origin: 1.4em -.4em;
    transition: .5s cubic-bezier(.25,.1,.3,1.5);
}
```

このテキストフィールドがフォーカスされると、期待どおりのトランジションが発生します。しかし、フォーカスが失われた際にはやや想定外のことが起こります。吹き出しが小さくなって消えていく際に、奇妙な表示が現れます（**図 8.11**）。ただし、これはコードの中で指定されたとおりのふるまいです。テキストフィールドがフォーカスを失うと、**scale(1)**から**scale(0)**へのトランジションが発生します。タイミング関数は変わらないため、350ミリ秒前後の時点で約110パーセントの進み具合になります。ここでの110パーセントは**scale(1.1)**ではなく、終了時のゼロを通り越した**scale(-0.1)**を意味します。

　コードをもう1行追加するだけで、この問題は解決できます。フォーカスを失った際のルールに別のタイミング関数（ここでは**ease**を使うものとします）を指定し、フォーカスされた際と同じタイミング関数が使われるのを防ぎます。コードは以下のようになります。

```
input:not(:focus) + .callout {
    transform: scale(0);
    transition-timing-function: ease;
}

.callout {
    transform-origin: 1.4em -.4em;
    transition: .5s cubic-bezier(.25,.1,.3,1.5);
}
```

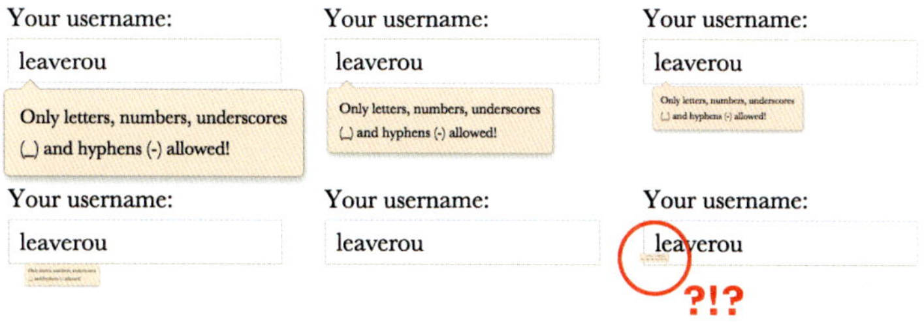

図 8.11
奇妙な表示

　このコードを実行すると、吹き出しを閉じる際には当初のコードと同様に表示され、開く際には弾性のある自然な表示になります。

　鋭い読者はここで、吹き出しを閉じるためのトランジションがとても遅いと感じたかもしれません。この理由を考えてみましょう。吹き出しが現

れる際には、50％の時間（250ミリ秒）が経過した時点で表示のサイズは100％に到達します。しかし消える際には、トランジション全体の時間（500ミリ秒）をかけて100％に到達します。このせいで、2倍の時間がかかっているように感じられます。

　この点を修正するのに必要な変更は、トランジションの継続時間を上書きすることだけです。`transition-duration`で時間だけを指定するか、短縮記法の`transition`を使ってすべてのパラメーターを記述します。後者の場合、`ease`はデフォルト値なので記述する必要はありません（下記コード参照）。

```css
input:not(:focus) + .callout {
    transform: scale(0);
    transition: .25s;
}

.callout {
    transform-origin: 1.4em -.4em;
    transition: .5s cubic-bezier(.25,.1,.3,1.5);
}
```

図 8.12
■ `rgb(100%, 0%, 40%)` から ■ gray（`rgb(50%, 50%, 50%)`）への、弾むようなトランジション。タイミング関数としては`cubic-bezier(.25,.1,.2,3)`を使用している。色を構成する3つの値について個別に補間が行われるため、■ `rgb(0%, 100%, 60%)` のようにグラデーションとして不自然な色が生成されることもある（`play.csssecrets.io/elastic-color` 参照）。

　弾むようなトランジションには、さまざまな適用例が考えられます。その一部については、このシークレットの冒頭でも紹介しました。しかし、このようなトランジションがまったく適していないケースもあります。例えば、色が変化するトランジションがこれに当てはまります。図 8.12 のように、色が弾性的に変化するのはとても面白いのですが、UIとしては一般的に望ましくありません。

誤って色に対してトランジションを適用してしまうのを防ぐために、トランジションの対象を限定することが可能です。短縮記法の`transition`で特に指定しなかった場合は、対象としてデフォルト値の`all`が指定されていると見なされます。そして、トランジションに対応しているすべてのプロパティでトランジションが発生することになります。つまり、吹き出しを表示するルールに後で背景の変更を追加したら、背景にも弾性のあるトランジションが適用されます。これを避けるための指定が追加された、最終的なコードは以下のようになります。

```css
input:not(:focus) + .callout {
    transform: scale(0);
    transition: .25s transform;
}

.callout {
    transform-origin: 1.4em -.4em;
    transition: .5s cubic-bezier(.25,.1,.3,1.5) transform;
}
```

> **TIP!** トランジションの発生を特定のプロパティに制限する方法に関連して、異なるプロパティへのトランジションを順に実行する方法についても紹介しておきましょう。`transition-delay`プロパティを使い、トランジションの開始を遅らせる時間を指定します。短縮記法の`transition`では、この時間の値は2つ目のパラメーターとして記述します。例えば幅と高さを変化させるトランジションで、幅より先に先に高さを変化させたい場合、`transition: .5s height, .8s .5s width;`のように指定します。すると、幅のトランジションが0.5秒後に開始します。高さのトランジションの継続時間も0.5秒なので、2つのトランジションが続けて発生することになります。

▶ **PLAY!** play.csssecrets.io/**elastic**

関連仕様
- CSS Transitions
  w3.org/TR/css-transitions
- CSS Animations
  w3.org/TR/css-animations

シークレット42：弾むような動きのトランジション

43 コマ送りのアニメーション

> **知っておくべきポイント**
> 基本的なCSSアニメーション、P. 324の「弾むような動きのトランジション」

課題

　CSSのプロパティに対してトランジションを適用し、値を徐々に変化させるだけでは不可能なアニメーションもあります。例えば、パラパラ漫画や複雑なプログレスインジケーターなどがあげられます。このような場合、フレーム（コマ）ごとに画像を用意してアニメーションを実行することが最適ですが、Web上でこれを柔軟な形で実現するのはとても困難です。
　「アニメーションGIFを使えばよいのではないか」と思われた読者もいることでしょう。確かに、多くの場合ではアニメーションGIFでも十分です。しかし以下のケースでは、アニメーションGIFは致命的な欠点を抱えています。

- 一般的には、すべてのフレームを通じて合計256色までしか利用できません。
- アルファ透明度を指定できません。背景の色を特定できない場合、この制約は大きな問題になります。例えば 図 8.13 のようなプログレスインジケーターはよく見られます。

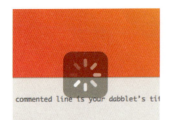

図 8.13
dabblet.com で使われている半透明のプログレスインジケーター。アニメーションGIFでは実現できない

- アニメーションの特性（継続時間、繰り返し、一時停止など）をCSSからコントロールできません。これらに関するすべてのデータがGIFファイルの中に固定的に書き込まれるため、変更したければ画像編集ソフトウェアを使って新しいファイルを作るしかありません。再利用の容易さという観点からは便利な性質ですが、**さまざまな変更を試してみたい場合には不便**です。

1つ目と2つ目の問題については、2004年という大昔からMozillaが解決に取り組んでいます。**コマ送りのアニメーションを、PNGデータとして保存**できるようになりました（静的なGIFとアニメーションGIFの関係に似ています）。このデータの形式はAPNGと呼ばれ、アニメーションに非対応のPNGビューアーとの互換性も考慮されています。先頭のフレームは従来のPNGファイルと同じ方法でエンコードされているため、古いビューアーでもこの先頭のフレームを表示できます。しかし、APNGは普及が期待されていたにもかかわらず広い支持を得られませんでした。APNGに対応しているブラウザや画像編集ソフトウェアはごく少数です。

このようなコマ送りのアニメーションを行うために、JavaScriptが使われることもあります。それぞれのコマを並べた大きな画像（スプライト）を使い、JavaScriptを使って1コマごとに`background-position`を切り替える方式がとられます。このための小さなライブラリも公開されています。一方、同じ機能を読みやすいCSSだけで実現する方法はないでしょうか。

APNGについて詳しくは**Wikipedia**（`ja.wikipedia.org/wiki/Animated_Portable_Network_Graphics`）などを参照してください。

解決策

ここではプログレスインジケーターを表示します。アニメーションで使われるすべてのフレームは、スプライトとして1つのPNG（**図 8.14**）に含まれているものとします。

図 8.14
プログレスインジケーターを構成する8つのフレーム（全体サイズ：800×100）

プログレスインジケーターを表示するための要素を用意し、アクセシビリティのためにテキストも表示します。この要素には、1コマ分のサイズが指定されています。

```html
<div class="loader">Loading…</div>
```

```css
.loader {
    width: 100px; height: 100px;

    background: url(img/loader.png) 0 0;

    /* テキストを隠します */
    text-indent: 200%;
    white-space: nowrap;
    overflow: hidden;
}
```

図 8.15
先頭のフレームだけがアニメーション
なしで表示されている

現時点での表示は図 8.15 のようになります。1フレーム目だけが表示され、アニメーションは行われません。ここで、 background-position の値を変えてみましょう。 -100px 0 を指定すると2フレーム目が表示され、 -200px 0 とすると3フレーム目が表示されます。そこで、次のようなアニメーションが考えられます。

```css
@keyframes loader {
    to { background-position: -800px 0; }
}

.loader {
    width: 100px; height: 100px;
    background: url(img/loader.png) 0 0;
    animation: loader 1s infinite linear;

    /* テキストを隠します */
    text-indent: 200%;
    white-space: nowrap;
    overflow: hidden;
}
```

しかし、図 8.16（167ミリ秒ごとのスクリーンショット）に示すように、このやり方はうまくいきません。

図 8.16
コマ送りのアニメーションの失敗例。フレームにまたがる画像が表示されてしまっている

見当違いのようにも思えますが、実はゴールはすぐ近くにあります。ここでのトリックは、ベジェ曲線に代わるタイミング関数 `steps()` です。

タイミング関数に何ができるのかと思われたかもしれません。前のシークレットでも解説したように、ベジェ曲線を使ったタイミング関数ではキーフレーム間が補間され、表示がスムーズに変化します。このスムーズさは我々がトランジション（あるいはアニメーション）を利用する大きな理由でもあるのですが、**今回の例ではまったく不要**です。

ベジェ曲線を使ったタイミング関数とは異なり、**`steps()` ではアニメーション全体が指定されたステップ数に分割**されます。補間は行われず、**各フレーム間で変化が急に発生**します。一般的にはこのような表示が必要になることはないため、`steps()` はあまり話題にも上りません。CSSのタイミング関数の中では、ベジェ曲線を使ったものばかりがもてはやされ、`steps()` はみにくいアヒルの子のようです。しかし我々の目標に関する限り、このタイミング関数はまさに我々が望んでいたものです。アニメーションの指定を次のように変更すれば、プログレスインジケーターは期待どおりに回転を始めます。

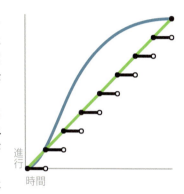

図 8.17
`steps(8)`、`linear` と `ease`（デフォルト）の比較

```
animation: loader 1s infinite steps(8);
```

`steps()` には２つ目のパラメーターも指定できます。値は `start` か `end`（デフォルト）のいずれかです。それぞれの分割された時点のどちらで変化が発生するかを指定できます。**図 8.17** は、`end` が指定された場合の変化の様子を他のタイミング関数と比較しています。ただし、このパラメーターはほとんど必要にならないでしょう。ステップ数が１つだけの場合のために、`step-start` と `step-end` という短縮記法も用意されていま

す。これらはそれぞれ、**steps(1, start)** と **steps(1, end)** を意味します。

▶ **PLAY!**　play.csssecrets.io/frame-by-frame

HAT TIP

Simurai（*simurai.com/*）は、スプライトと **steps()** を組み合わせた便利なテクニック（*simurai.com/blog/2012/12/03/step-animation*）を考案しました。

> **CSS Animations**　関連仕様
> *w3.org/TR/css-animations*

4.4 点滅

> **知っておくべきポイント**
> 基本的なCSSアニメーション、P. 336の「コマ送りのアニメーション」

課題

　`<blink>`というタグがよく使われていたのを覚えているでしょうか。このタグを使った点滅の表示は、Web文明を象徴しているようです。つつましく不器用に始まったかつてのWebを思い出させてくれるだけでなく、ベテランWeb開発者の内輪ネタにもなっています。しかし、今日ではこのタグは毛嫌いされています。構造とスタイルが分離されていない問題もありますが、最大の理由は多用によって1990年代後半のWebが見るに耐えないものになってしまったからです。このタグを定義したLou Montulliも、「`<blink>`は、私がインターネットのために行ってきたことの中で最悪の失敗だ」と述べています。

　`<blink>`がもたらした悪夢は消え去りましたが、点滅するアニメーションがまだ必要になることもあります。奇妙に思えるかもしれませんが、自分の中に秘められていた倒錯に目覚めたとでも思ってください。一方で、**点滅がユーザビリティを高めてくれるケースも確実にあります。**

　よくあるユーザーエクスペリエンスのパターンとして、UI上での変更点を示したり、ページの中で現在のURL（#以降のID）が指し示す部分を強調したりするために2回か3回点滅させる方法が考えられます。このような場合でも、4回以上の点滅は望ましくありません。限定されたケースではあるのですが、点滅によって効果的にユーザーの注意を引くことがで

きます。しかも、点滅の回数を制限できるため`<blink>`でのような不快感を与えることもありません。また、点滅のメリット（ユーザーの注目）を活かしてデメリット（気が散る、いらいらや発作の誘発）を防ぐために、スムーズに点滅させるための対策も可能です。表示と非表示の状態を単に繰り返すのではなく、両者の間を徐々に切り替えながら表示します。

さて、どのようにすればこのような点滅を表現できるでしょうか。`text-decoration: blink`と指定すれば`<blink>`タグと同等の表示にできますが、機能が乏しすぎます。しかも、対応しているブラウザは多くありません。CSSアニメーションを利用できるのでしょうか、それともJavaScriptの助けを借りなければならないでしょうか。

解決策

CSSアニメーションを通じてこのような点滅を表現する方法は複数あります。`opacity`を使って要素全体を点滅させたり、`color`を使ってテキストを点滅させたり、`border-color`を使ってボーダーだけを変化させることも可能です。ここでは、最もよく使われると思われるテキストの点滅を行うことにします。他の部分の点滅についても、方法は共通です。

実は、スムーズな点滅のほうが簡単です。手始めとして、以下のようなコードを記述してみます。

```css
@keyframes blink-smooth { to { color: transparent } }

.highlight { animation: 1s blink-smooth 3; }
```

かなりよい表示を得られています。テキストは当初の色から透明へと徐々に変化しますが、その後急に元の色に戻ってしまいます。時間の経過に伴う色の変化を図 8.18に示します。

図 8.18
3秒間（3回のアニメーション）での色の変化

このような表示を行いたかったのなら、作業はこれで終わりです。しかし、フェードアウトだけでなくフェードインも必要なら、もう少し作業が必要です。1つの方法として、キーフレームを変更して1回のアニメーションの中央でテキストを透明にするやり方が考えられます。

```css
@keyframes blink-smooth { 50% { color: transparent } }

.highlight {
    animation: 1s blink-smooth 3;
}
```

これで、望む表示になりました。ただし、今回の例では問題ありません（色や透明度が変化するトランジションでは、タイミング関数の違いを見分けるのは困難です）が、フェードインとフェードアウトの双方で変化が加速している点に注意が必要です。脈打つようなアニメーションが、不自然な表示に見えることもあります。この点への対策としては、**animation-direction**を使った別の指定が必要になります。

このプロパティの目的は、アニメーションの動きを反転させることです。偶数回目だけ反転させる（**alternate**）か、奇数回目（**alternate-reverse**）か、毎回（**reverse**）かを指定できます。デフォルト値は**normal**で、反転は発生しません。このプロパティが優れているのは、タイミング関数も反転することです。このおかげで、とてもリアルなアニメーションが可能になりました。さっそく、このプロパティを点滅する要素に適用してみましょう。

```css
@keyframes blink-smooth { to { color: transparent } }

.highlight {
    animation: .5s blink-smooth 6 alternate;
}
```

フェードインとフェードアウトがそれぞれ1回のアニメーションとして扱われるため、回数が2倍されて6回と指定されています。同じ理由で、アニメーションの継続時間は半分になっています。

図 8.19
アニメーションを3回繰り返す場合の、animation-direction の効果

スムーズな点滅はこれで完成です。一方、従来どおりの点滅を行いたい場合があるかもしれません。まずは、次のようなコードを記述してみます。

```
@keyframes blink { to { color: transparent } }

.highlight {
    animation: 1s blink 3 steps(1);
}
```

しかし、このコードは大失敗に終わります。なぜなら、**steps(1)** によるアニメーションの効果は **steps(1, end)** と同義だからです。現在の色から透明への変化が、終端でのみ発生します（**図 8.20**）。つまり、**当初の色がずっと表示され続け、最後のごく短い一瞬だけ透明**になります。コードを **steps(1, start)** に置き換えると、逆の効果が発生します。最初の一瞬だけテキストが表示され、以降はずっと透明なテキストのままです。

次に、**start** と **end** のそれぞれについて **steps(2)** を試してみましょう。すると点滅するようにはなりましたが、**start** では半透明と透明が切り替わり、**end** では半透明と通常の色が切り替わる点滅になってしまいました。中間で切り替えを行うような指定は **steps()** では行えないため、先ほどと同様にキーフレームを中間に配置します。コードは以下のようになります。

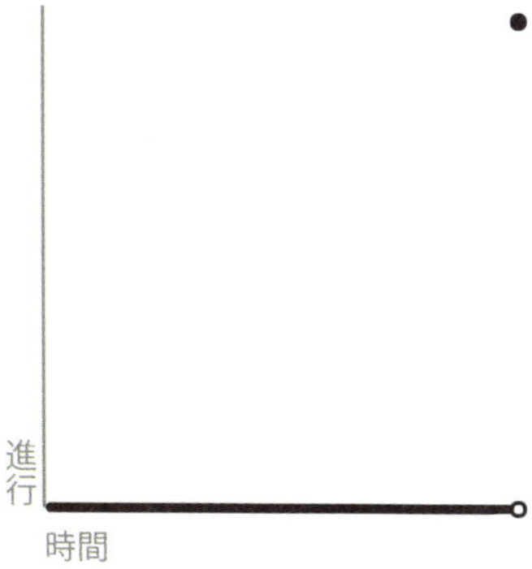

図 8.20
steps(1) によるアニメーションの効果

```
@keyframes blink { 50% { color: transparent } }

.highlight {
```

シークレット44：点滅　345

```
  animation: 1s blink 3 steps(1); /* またはstep-end */
}
```

これでついに出来上がりです。古めかしい急な点滅のほうが最新のスムーズな点滅より難しいとは、誰も予想できなかったのではないでしょうか。CSSは驚きの宝庫です。

▶ PLAY! play.csssecrets.io/**blink**

■ **CSS Animations**　　　　　　　　　　　　　関連仕様
w3.org/TR/css-animations

45 キー入力の アニメーション

知っておくべきポイント
基本的なCSSアニメーション、P. 336 の「コマ送りのアニメーション」、「P. 342 の「点滅」

課題

　キー入力を表現するために、テキストを1文字ずつ表示させたいとします。技術系のWebサイトでは、コマンドラインでの入力を再現するために等幅フォントとともにこのような効果がよく使われています。適切に利用すれば、デザインに大きく貢献できます。

　通常、このような表示効果は長くハックだらけで複雑なJavaScriptを使って実行されます。CSSだけでこれを実現するのは夢物語のようにも思えるかもしれませんが、実際のところはどうなのでしょうか。

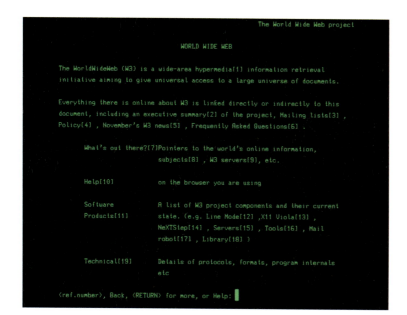

図 8.21
同様の効果を持ったアニメーションが、コマンドライン版の**初期のブラウザをWeb上で再現**（`line-mode.cern.ch`）する際に使われている

解決策

　メインとなるアイデアは、**アニメーションの中で要素の幅を変化させる**方法です。1文字分ずつ幅を広げて、最終的にテキスト全体を表示させます。明らかに、この方法では**複数行のテキストに対応できません**。しかし、このような表示は1行だけのテキスト（見出しなど）で使われることがほとんどであり、大きな問題にはならないでしょう。

　また、**長いアニメーションは逆効果**な点にも注意が必要です。短いアニメーションはインターフェースに洗練された印象を与えるだけでなく、ユーザビリティを向上させる効果もあります。一方、アニメーションの所要時間が長くなると、その分だけユーザーはいらいらし始めます。したがって、**複数行あるいは長いテキストへのこの効果の適用は（たとえ可能だとしても）避けるべき**です。

　作業に取りかかりましょう。下記のコードで、トップレベルの見出しの要素（`<h1>`）にはすでに等幅フォントのスタイルが適用されており、図 8.22のように表示されているとします。

技術的には、複数行のテキストにも対応できます。しかし、それぞれの行を個別の要素でラップしたり、2行目以降の表示を始めるタイミングを管理したりする必要があるため、事態は悪化する一方です。

`CSS is awesome!`

図 8.22
アニメーションの適用対象

```html
<h1>CSS is awesome!</h1>
```

幅がゼロから見出し全体にまで広がるアニメーションなら、次のように簡単に記述できます。

```
@keyframes typing {
    from { width: 0 }
}

h1 {
    width: 7.7em; /* テキストの幅 */
    animation: typing 8s;
}
```

CSS
is
awesome!

CSS is
awesome!

CSS is awesome!

図 8.23
最初の試みは悲惨な結果に終わった

CSS

CSS is awe

CSS is awesome

図 8.24
2回目の試みには大きな改善が見られるが、まだ目標は達成されていない

CSSとしては何も間違ってはいませんが、実行結果は図 8.23のようにまったくナンセンスなものになってしまいました。

問題点は明らかです。まず、テキストの折り返しを防ぐための`white-space: nowrap;`が指定されていません。このため、幅の変化に合わせて改行が行われてしまっていました。また、はみ出た部分を隠すための`overflow: hidden;`もありません。これらの問題を修正すると、図 8.24のように真の問題が姿を表しました。具体的には以下のとおりです。

- 1文字ずつ表示されるのではなく、スムーズに幅が広がってしまっています。
- 明らかな問題ではありませんが、CSSの中で幅が指定されています。ピクセル単位で指定されるよりはましですが、望ましい状態ではありません。そもそも、7.7という値はどのようにして導き出されたのでしょうか。

1つ目の問題は、P. 336の「コマ送りのアニメーション」やP. 342の「点滅」でも紹介した`steps()`を使えば解決できそうです。しかし面倒なことに、この関数へのパラメーターとしてテキストの文字数を指定しなければなりません。動的なテキストでは、文字数の管理は困難あるいは不可能です。ごく簡単なJavaScriptを使って文字数を自動的にセットする方法について、後ほど解説します。

2つ目の問題への部分的な対策として、`ch`という単位を使います。この`ch`は、CSS Values and Units Level 3（w3.org/TR/css3-values）で新たに定義されました。`1ch`は`0`という文字（グリフ）の幅を表します。このグリフの幅が重要な意味を持つことはほぼないため、`ch`はほとんど知られていません。しかし、等幅フォントではこの単位が大きな意味を持ちます。等幅フォントでの`0`の幅は、他のすべてのグリフの幅と一致しま

す。つまり、`ch`を使えば文字数をそのまま幅として表現できます。今回の例では、幅は`15ch`です。

以上の修正をまとめると、次のようになります。

```css
@keyframes typing {
    from { width: 0; }
}

h1 {
    width: 15ch; /* テキストの幅 */
    overflow: hidden;
    white-space: nowrap;
    animation: typing 6s steps(15);
}
```

これで、期待どおりに1文字ずつ表示されるようになりました（図 8.25）。しかし、なぜかあまりリアルには見えないことに読者のみなさんは気づいたでしょうか。

最後のひと工夫は、点滅するカーソルです。点滅のアニメーションについては、**P. 342**の「**点滅**」で解説しました。今回の例では、擬似要素を使ってカーソルを表し、`opacity`を使って点滅させる方法も考えられます。一方、別の用途のために擬似要素をとっておきたい場合には、下のようにボーダーを右側にだけ表示させます。

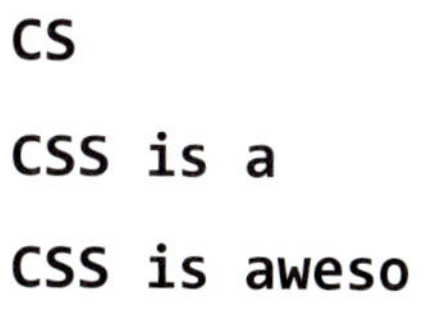

```
CS
CSS is a
CSS is aweso
```

図 8.25
1文字ずつ表示されるようになったが、何かが足りない

```css
@keyframes typing {
    from { width: 0 }
}
@keyframes caret {
    50% { border-color: transparent; }
}

h1 {
    width: 15ch; /* テキストの幅 */
    overflow: hidden;
    white-space: nowrap;
    border-right: .05em solid;
    animation: typing 6s steps(15),
```

シークレット45：キー入力のアニメーション

```
                       caret 1s steps(1) infinite;
}
```

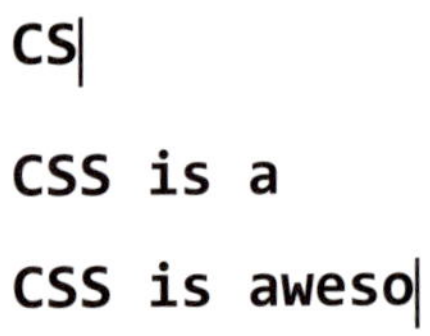

CS|

CSS is a

CSS is aweso|

図 8.26
本物のように見えるアニメーションの
完成

テキストを表示させるアニメーションとは異なり、カーソルはすべての文字が表示された後にも点滅し続けます。そのため、**infinite**キーワードが指定されています。ボーダーはテキストと同じ色になるため、自分で色を指定する必要はありません。図 8.26 が最終的な表示です。

アニメーションは完全に機能するようになりましたが、保守が面倒である問題は残されています。コンテンツの文字数に応じて、それぞれの見出しに別のルールを指定しなければなりません。また、コンテンツを修正するたびに文字数を数えてスタイルを更新する必要があります。このような作業には JavaScript が適しています。以下のようなコードを利用できます。

```js
$$('h1').forEach(function(h1) {
    var len = h1.textContent.length, s = h1.style;
    
    s.width = len + 'ch';
    s.animationTimingFunction = "steps("+len+"),steps(1)";
});
```

このわずか数行の JavaScript が、リアルなアニメーションと保守の容易さという一石二鳥の効果を発揮してくれます。

ここで、CSS アニメーションに非対応のブラウザでの表示についても検討してみましょう。このようなブラウザではアニメーション関連の設定が単に無視されるため、以下のような CSS が指定されているのと同じ状態になります。

```css
h1 {
    width: 15ch; /* テキストの幅 */
    overflow: hidden;
    white-space: nowrap;
    border-right: .05em solid;
}
```

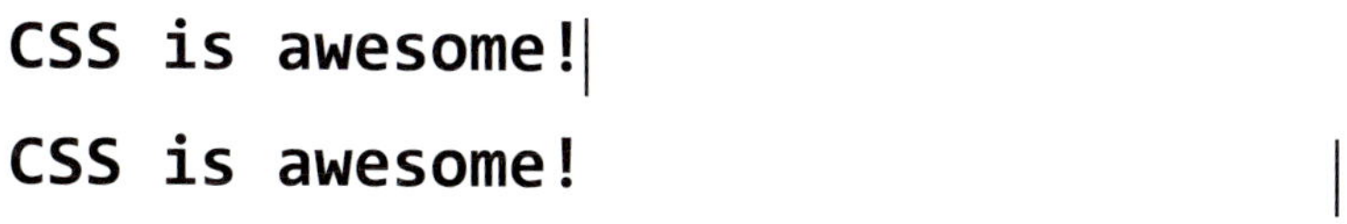

```
CSS is awesome!|
CSS is awesome!
```

図 8.27
CSS アニメーションに対応していないブラウザでの表示
上：ch に対応したブラウザ
下：ch にも非対応のブラウザ

　ch がサポートされているかどうかに応じて、表示は**図 8.27**のいずれかになります。2行目のような表示を避けるには、代替として **em** 単位での幅も指定するとよいでしょう。（点滅しない）カーソルはいらない場合には、カーソルのアニメーションで使われるキーフレームを変更します。キーフレームの中でボーダーを表示するようにすれば、非対応のブラウザではボーダーを透明のままにできます。コードは以下のとおりです。

```css
@keyframes caret {
    50% { border-color: currentColor; }
}

h1 {
    /* 略 */
    border-right: .05em solid transparent;
    animation: typing 6s steps(15),
               caret 1s steps(1) infinite;
}
```

　これが代替として最善の表示になります。古いブラウザではアニメーションは実行されませんが、表示が崩れることはなく、同じスタイルで描画されます。

▶ **PLAY!**　play.csssecrets.io/**typing**

- **CSS Animations**
  w3.org/TR/css-animations
- **CSS Values & Units**
  w3.org/TR/css-values

関連仕様

シークレット45：キー入力のアニメーション

4.6 アニメーションのスムーズな中断

> **知っておくべきポイント**
> 基本的なCSSアニメーション、**animation-direction**（P. 342 の「点滅」参照）

課題

アニメーションはページの読み込みと同時に始まるとは限りません。例えば要素へのホバーやマウスボタンの押下（**:active**）などの、ユーザーによる操作への応答としてアニメーションが始まることもあります。このような場合、我々はアニメーションの継続時間をコントロールできません。我々が定義した継続時間が経過する前に、ユーザーがアニメーションを中断してしまうかもしれないからです。ユーザーがマウスカーソルをホバーして凝ったアニメーションを開始しても、完了の前にマウスカーソルを離してしまう可能性があります。このような場合に、何が起こるか考えてみましょう。

「アニメーションは一時停止する」あるいは「元の状態へとスムーズに戻る」と思っていた読者は、驚くかもしれません。デフォルトでは、表示は元の状態へと急に戻ってしまいます。些細なアニメーションでは、このようなふるまいが許されることもあるでしょう。しかしほとんどの場合、ひどいユーザーエクスペリエンスがもたらされることになります。このふるまいを変える方法を紹介します。

トランジションの利用がすすめられる理由のひとつに、アニメーションが抱えるこのような問題もあげられます。トランジションでは開始前の状態へと急に戻ることはなく、逆方向のトランジションとともにスムーズな変化が発生します。

図 8.28
筆者がこの問題の解決に取り組むことを決意したのは、友人 **Julian**（*juliancheal.co.uk*）に誕生日プレゼントとして1ページのWebサイトを作成していた時のことだった。右側の円形の画像は、実際には横長である。初期状態では左端の部分が表示されているが、ユーザーがホバーするとゆっくりスクロールを開始して画像全体を表示する。デフォルトでは、ユーザーがカーソルを外に出すと画像は元の位置へと急に戻り、UIが壊れているという印象を与えてしまう。小さなWebサイトの中でこの画像は重要な役割を果たしていたため、筆者はこの問題を見逃すわけにはいかなかった

解決策

　図 8.29 のような横長の画像があるが、表示に使える領域は縦横150pxしかないとします。ここでアニメーションを使えば、画像全体を表示できます。例えば初期状態では画像の左端を表示し、ユーザーの操作（ホバーなど）に応じて画像をスクロールすることも可能です。下のように、画像を表す要素を1つ用意します。`background-position` を変更し、アニメーションを行います。

図 8.29
このシークレットでは画像ファイル（`naxos-greece.jpg`）を利用する
（写真提供：**Chris Hutchison**）

```
.panoramic {
    width: 150px; height: 150px;
    background: url("img/naxos-greece.jpg");
    background-size: auto 100%;
}
```

図 8.30
切り出された画像

現状では図 8.30 のように表示され、アニメーションやインタラクションには対応していません。いろいろ試していると、`background-position` をデフォルト値の `0 0` から `100% 0` へと変化させると画像全体を表示できることがわかりました。これをキーフレームとして利用できそうです。アニメーションを含むコードは次のようになります。

```
@keyframes panoramic {
    to { background-position: 100% 0; }
}

.panoramic {
    width: 150px; height: 150px;
    background: url("img/naxos-greece.jpg");
    background-size: auto 100%;
    animation: panoramic 10s linear infinite alternate;
}
```

このアニメーションはうまく機能します。現地にいて左右に見渡しているかのように、パノラマ表示が行われます。しかし、このアニメーションはページの読み込み時に開始します。ユーザーが画像の説明文を読もうと

しているのだとしたら、集中を妨げてしまうかもしれません。ユーザーがホバーしている間にだけ、アニメーションを行うようにするのがよいでしょう。まずは次のようなコードが考えられます。

```css
.panoramic {
    width: 150px; height: 150px;
    background: url("img/naxos-greece.jpg");
    background-size: auto 100%;
}

.panoramic:hover, .panoramic:focus {
    animation: panoramic 10s linear infinite alternate;
}
```

　この画像がホバーされている間は、このアニメーションは正しく動作します。初期状態では画像の左端が表示され、徐々にスクロールして右側の部分が表示されていきます。一方、ユーザーがホバーをやめると画像は瞬時に左端へと戻ってしまいます（図 8.31）。これが、このシークレットで解決しようとしている課題です。

図 8.31
ホバー時の動きはスムーズだが、ホバーを解除した際には急激な動きが発生し、壊れているような印象を与える

　この問題を解決するためには、逆転の発想が必要になります。ホバー時にアニメーションを実行するのでは、毎回最初からのやりなおしになってしまいます。そこで、ホバーが行われていない時にアニメーションを一時停止する手法を取り入れることにします。一時停止のために、`animation-play-state`プロパティが用意されています。
　`.panoramic`の要素に適用されるアニメーションは以前と変わりませんが、初期状態では一時停止しておきます。そして`:hover`が適用された場合に、アニメーションを再開します。このアニメーションでは、**開始と中止ではなく一時停止と再開の操作が行われます**。そのため、急な変化は発生しません。最終的なコードとその表示を、それぞれ下記と図 8.32 に示します。図 8.32

図 8.32
ホバーを解除してもアニメーションが一時停止するだけで、急な変化は発生しなくなった

```
@keyframes panoramic {
    to { background-position: 100% 0; }
}

.panoramic {
    width: 150px; height: 150px;
    background: url("img/naxos-greece.jpg");
    background-size: auto 100%;
    animation: panoramic 10s linear infinite alternate;
    animation-play-state: paused;
}

.panoramic:hover, .panoramic:focus {
    animation-play-state: running;
}
```

▶ PLAY! play.csssecrets.io/state-animations

■ CSS Animations
w3.org/TR/css-animations   関連仕様

4.7 円に沿って動くアニメーション

知っておくべきポイント

CSSアニメーション、CSSトランスフォーム、P.120の「平行四辺形」、P.124の「ひし形の画像」、P.342の「点滅」

図 8.33
Google+では新しいメンバーをサークルに追加する際に、円に沿って移動するアニメーションが発生する

課題

数年前にCSSアニメーションが生まれたばかりの頃、**Chris Coyier**（*css-tricks.com*）は円に沿って動くアニメーションをCSSだけで行えないかどうか筆者に尋ねました。当時はCSSを使った実験のようなものでしたが、その後実例を何度も目にすることになりました。例えばGoogle+では、サークルに12人目以降のメンバーを加えようとするとこのようなアニメーションが発生します。既存のメンバーのアバターが、新しいメンバーの居場所を空けるように円形のパスに沿って移動します。

もう1つの楽しい例が、ロシアの技術系Webサイト「***habrahabr.ru***」で見られます（図 8.34）。404のエラーページでは、サイト内の主要なページへのナビゲーションメニューを示すことが望まれます。このサイトでは、それぞれのメニュー項目が円軌道を周回する惑星として表現されており、上部には「どの惑星に移動しますか」と表示されています。周回はしていますが、自身が回転しているわけではありません。テキストが上下逆になったり、裏返ったりすることもありません。

図 8.34
ロシアの技術系 Web サイト
「habrahabr.ru」での404ページ

これらは数ある例のうちのごく一部ですが、一体どのような CSS アニメーションが使われているのでしょうか。

Google+ の例を簡略化したような、アバター画像が円に沿って移動するアニメーションを作成することにします。マークアップとしては以下のものを利用します。

CSS を使って円形を生成する方法については、P. 114 の「さまざまな楕円形」で解説しています。

```html
<div class="path">
    <img src="lea.jpg" class="avatar" />
</div>
```

アニメーションを適用する前に、サイズや背景あるいはマージンなどの基本的なスタイルを設定し、図 8.35 のような表示にします。とても簡単な設定なのでここでは省略しますが、不安に思った読者はライブデモのページで確認できます。円形のパスの直径は **300px** で、半径は **150px** だと覚えておいてください。

続いて、アニメーションに取りかかることにします。オレンジ色のパスに沿ってアバターを移動させます。これを CSS アニメーションとして表現するために、次のようなコードをさっと作成されたかもしれません。

図 8.35
作業の基礎。基本的なスタイルを指定済み。これに対して CSS アニメーションを適用していく

```css
@keyframes spin {
    to { transform: rotate(1turn); }
}
```

シークレット47：円に沿って動くアニメーション

```css
.avatar {
    animation: spin 3s infinite linear;
    transform-origin: 50% 150px; /* 150px = パスの半径 */
}
```

方向性は間違っていないのですが、表示は図 8.36 のようになります。アバターがパス上を移動するだけでなく、回転もしています。例えばアバターが下まで移動した時、表示は上下逆になっています。アバターとともにテキストも表示されていたなら、このテキストも逆に表示され、読みやすさが大きく損なわれてしまうでしょう。**画像自体は回転させずに、移動だけが発生する**ようにしなければなりません。

図 8.36

円形のパスに沿ったアニメーションの失敗例

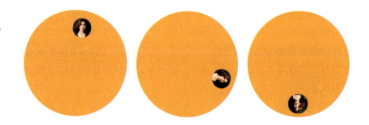

当時の Chris も筆者も、合理的な解決策を見つけられませんでした。円周上の多数の点をキーフレームとして指定する案もありましたが、どう考えてもひどいアイデアです。もっとよい方法があるはずです。

2つの要素を使った解決策

Chris からの問いがしばらく頭から離れませんでしたが、数ヶ月後にようやく筆者は解決策を見いだしました。背景にあるアイデアは、**P. 120 の「平行四辺形」**や **P. 124 の「ひし形の画像」**で紹介したものと同じです。すなわち、入れ子状のトランスフォームが互いを打ち消しあうというアイデアです。ただし、今回の例では静的にトランスフォームが行われるのではなく、アニメーションの1フレームごとにトランスフォームが発生します。また、上記のシークレットと同様に要素が2つ必要になります。下のように、元のクリーンなHTMLを余分な`<div>`要素でラップしなければならなくなります。

```html
<div class="path">
    <div class="avatar">
        <img src="lea.jpg" />
    </div>
</div>
```

先ほど記述したアニメーションを、上のコードでラップを行っている.avatarの要素に適用してみましょう。図8.36と同じように、アバターの要素自身も引き続き回転してしまっています。しかし、今度はこの要素に対して回転を打ち消すようなトランスフォームを追加できます。そうすれば、アバターは回転せずに移動だけしているように見えます。

まだ問題が1つ残されています。回転を打ち消すために必要な角度は、フレームごとに異なります。例えば回転の角度が60度で一定なら、マイナス60度または300度を指定すれば打ち消せます。70度ならば、マイナス70度または290度です。しかし今回の例では、角度はゼロ度から360度（あるいは、**0turn**から**1turn**）まで連続的に変化します。解決は難しそうにも思えますが、実は簡単です。下のように、360度からゼロ度まで変化するアニメーションを指定すればよいのです。

```css
@keyframes spin {
    to { transform: rotate(1turn); }
}
@keyframes spin-reverse {
    from { transform: rotate(1turn); }
}

.avatar {
    animation: spin 3s infinite linear;
    transform-origin: 50% 150px; /* 150px = パスの半径 */
}

.avatar > img {
    animation: spin-reverse 3s infinite linear;
}
```

こうすれば、1つ目のアニメーションが**x**度回転している時には必ず2つ目のアニメーションが**360 − x**度回転しているため、常に両者は打ち消し合います。

1つ目の角度が増えれば、その分だけ2つ目の角度が減少します。そして図 8.37のように、アバターの向きが常に変わらないアニメーションを実現できました。

図 8.37
コードは美しくないが、期待どおりのアニメーションが可能になった

ただし、コードにはまだ改善の余地があります。アニメーション関連のパラメーターが、それぞれ2回指定されています。例えば継続時間を変えたい場合に、コードを2か所修正する必要があり、DRYではありません。ただし、この問題は簡単に解消できます。子要素が親要素でのアニメーション関連のプロパティを継承し、アニメーションの名前だけを上書きするようにします。コードは以下のとおりです。

```css
@keyframes spin {
    to { transform: rotate(1turn); }
}
@keyframes spin-reverse {
    from { transform: rotate(1turn); }
}

.avatar {
    animation: spin 3s infinite linear;
    transform-origin: 50% 150px; /* 150px = パスの半径 */
}

.avatar > img {
    animation: inherit;
    animation-name: spin-reverse;
}
```

また、元のアニメーションを反転させるだけのために別のアニメーションを定義する必要はありません。P. 342 の「点滅」で紹介した、

`animation-direction` プロパティを思い出しましょう。そこでは2つの色の間を行き来するために `animation-direction` を利用しましたが、今回は単に `reverse` を指定してアニメーションを反転させます。下のコードのように、2つ目のアニメーションを定義しなくても済むようになります。

```css
@keyframes spin {
    to { transform: rotate(1turn); }
}

.avatar {
    animation: spin 3s infinite linear;
    transform-origin: 50% 150px; /* 150px = パスの半径 */
}

.avatar > img {
    animation: inherit;
    animation-direction: reverse;
}
```

これで完成です。余分な要素が必要になるため、この方法が完全だというわけではありません。しかし、かなり複雑なアニメーションが実質数行のCSSで実現できました。

▶ **PLAY!** play.csssecrets.io/**circular-2elements**

要素を1つしか使わない解決策

上の解決策はきちんと機能しますが、HTMLに対して変更が必要であるという本質的な問題を抱えています。このテクニックを思いついた時、筆者はCSS作業グループ（当時はまだメンバーではありませんでした）のメーリングリストに投稿し、1つの要素に複数の `transform-origin` を指定できるようにすることを提案しました。この指定が可能になると、上のようなアニメーションを1つの要素だけで実現できます。ぜひとも要求するべき事柄だと筆者は考えました。

「**Making transform-origin a list, converting transform to comma separated**（*lists.w3.org/Archives/Public/www-style/2012Feb/0201.html*）」で、この議論の内容が公開されています。

CSSトランスフォームの仕様を執筆した1人であるAryeh Gregorが以下のように発言し、議論は最高潮に達しました。この発言は混乱を招きそうにも思えました。

> `transform-origin`は単に、記述を容易にするための代替の構文にすぎません。必ず`translate()`に書き換え可能です。
>
> — Aryeh Gregor

しかし、すべての`transform-origin`は2つの`translate()`トランスフォームに書き換えられることがわかりました。例えば、以下の2つのコードは同じ効果を持ちます。

```
transform: rotate(30deg);
transform-origin: 200px 300px;
```

```
transform: translate(200px, 300px)
           rotate(30deg)
           translate(-200px, -300px);
transform-origin: 0 0;
```

一見したところ奇妙に思えますが、**トランスフォームの関数はそれぞれ独立しているわけではない**ことを念頭に置くと理解が進むでしょう。それぞれの**トランスフォームは、対象の要素を変換するだけでなく要素の座標系全体を変換**します。その結果、以降に行われるトランスフォームにも影響が及びます。トランスフォームの順序が変わると、変換の結果も変わります。上のコードでのトランスフォームを図解したのが**図 8.38**です。

したがって、アバターを回転させる例でも、2つのアニメーションで`transform-origin`を共通にできます。2つのキーフレームが反転の関係ではなくなるため、以下のように個別の定義に戻します。

図 8.38

2つの `translate()` トランスフォームへと変換された `transform-origin`。赤色の点は、それぞれの時点での `transform-origin` を表す。
上：`transform-origin` を使ったトランスフォームでの処理
下：2つの `translate()` での処理を順に示したもの

```
@keyframes spin {
    from {
        transform: translate(50%, 150px)
                   rotate(0turn)
                   translate(-50%, -150px);
    }
    to {
        transform: translate(50%, 150px)
                   rotate(1turn)
                   translate(-50%, -150px);
    }
}
@keyframes spin-reverse {
    from {
        transform: translate(50%,50%)
                   rotate(1turn)
                   translate(-50%,-50%);
    }
```

シークレット47：円に沿って動くアニメーション   367

```css
    to {
        transform: translate(50%,50%)
                   rotate(0turn)
                   translate(-50%, -50%);
    }
}

.avatar {
    animation: spin 3s infinite linear;
}

.avatar > img {
    animation: inherit;
    animation-name: spin-reverse;
}
```

とても汚いコードになってしまいましたが、これから整理していくので安心してください。2つのアニメーションで`transform-origin`を使い分けなくても済むようになったので、それぞれのために個別の要素を定義する必要もなくなりました。そこで、2つのアニメーションを1つにまとめ、`.avatar`にだけ適用するようにします。

```css
@keyframes spin {
    from {
        transform: translate(50%, 150px)
                   rotate(0turn)
                   translate(-50%, -150px)
                   translate(50%,50%)
                   rotate(1turn)
                   translate(-50%,-50%);
    }
    to {
        transform: translate(50%, 150px)
                   rotate(1turn)
                   translate(-50%, -150px)
                   translate(50%,50%)
```

```
            rotate(0turn)
            translate(-50%, -50%);
    }
}

.avatar { animation: spin 3s infinite linear; }
```

かなり改善はしましたが、依然として長く複雑なコードです。より簡潔にするための変更がいくつか考えられます。

まず思いつくのは、連続する `translate()` トランスフォーム（`translate(-50%, -150px)` と `translate(50%, 50%)`）を1つにまとめる変更です。ただし、パーセンテージと具体的な値とを単純に連結することはできません。`calc()` を使えば連結できますが、コードは煩雑なままです。一方、X軸方向のトランスフォームは打ち消しあうので、Y軸方向だけのトランスフォームを2つ（`translateY(-150px) translateY(50%)`）記述すればよいことがわかります。また、2つの回転も打ち消しあうため、先頭と末尾のトランスフォームについてもX軸方向の値を削除してY軸方向の移動だけを先頭にまとめられます。これらの変更の結果は以下のとおりです。

この時点で、HTMLの要素を2つ用意する必要はなくなりました。内側の `<div>` 要素は削除できます。そして、`img` 要素に対して直接 `avatar` クラスを適用できます。

```
@keyframes spin {
    from {
        transform: translateY(150px) translateY(-50%)
                   rotate(0turn)
                   translateY(-150px) translateY(50%)
                   rotate(1turn);

    }
    to {
        transform: translateY(150px) translateY(-50%)
                   rotate(1turn)
                   translateY(-150px) translateY(50%)
                   rotate(0turn);
    }
}
```

シークレット47：円に沿って動くアニメーション

```
.avatar { animation: spin 3s infinite linear; }
```

図 8.39
アバターが最初から中央に配置されているなら、キーフレームの定義を少し短くできる。なお、これはアニメーションがサポートされていないブラウザでの代替表示でもある。望ましい表示かどうか検討する必要がある

　少し短いコードになりましたが、まだ改善できそうです。図 8.39 のように初期状態でアバターが円の中央に置かれているなら、先頭の2つの **translateY()** は削除できます。これらのトランスフォームは、アバターを中央に配置するためのものだからです。削除の結果、コードは次のようになります。

```
@keyframes spin {
    from {
        transform: rotate(0turn)
                   translateY(-150px) translateY(50%)
                   rotate(1turn);
    }
    to {
        transform: rotate(1turn)
                   translateY(-150px) translateY(50%)
                   rotate(0turn);
    }
}

.avatar { animation: spin 3s infinite linear; }
```

　少なくとも今日では、これが行える変更のすべてです。最も DRY なわけではありませんが、かなり短いコードにできました。**繰り返しは最小限であり、余分な HTML の要素も必要ありません。**パスの半径を繰り返し指定しなくても済むような完全に DRY なコードにするには、プリプロセッサを利用する必要があります。このためのコードについては、読者への課題とします。

▶ PLAY!　play.csssecrets.io/circular

関連仕様

- **CSS Animations**
  w3.org/TR/css-animations
- **CSS Transforms**
  w3.org/TR/css-transforms

Index

数字・記号

&	220-224
­ (ソフトハイフン)	200
.avatar	363-365, 368
.lightbox	265
/	56, 116
3次元トランスフォーム	
台形	143
::backdrop	
背景を暗くする	268
:nth-child()	210
擬似要素	301-305
:nth-of-type()	210
:only-child	302
<blink>	342
<code>	214
<dd>	205-209
<dialog>	268
<dt>	205-209
<labels>	259
<main>	271
<path>	241
<pre>	214
<span>	241
<textPath>	241
@font-face	221

A

Alex Walker	100, 103
align-items	
縦方向の中央揃え	316
animation-direction	344, 364
animation-playstate	357
animation-timing-function	326
APNG	337
Aryeh Gregor	365
Atlas	24

B

background-attachment	276
background-blend-mode	175
background-clip	64, 108
background-image	
下線	227
background-origin	71
background-position	70, 338, 356
拡張	70
background-repeat	56
background-size	56
ストライプ	81
ほぼランダムな背景	100-103
Base64形式	97
Bert Bos	42
block要素	205
blur()	181
border-bottom	227
border-box	64

border-image
　曲線による角の切り落とし　135-138
　グラデーション　111
　制限　106
　内側のborder-radius　134
border-radius　68
　円グラフ　150
　角丸　117
　楕円形　114-118
box-shadow　66
　内側を丸めたボーダー　75
　クリック可能な範囲の拡大　256
　単方向の影　164
　背景を暗くする　266
　不規則なドロップシャドウ　168
　複数のボーダー　66
box-sizing　67
brightness()　272

C

calc()
　背景の位置指定　73
　フッター　319
「Centering in the Unknown」　311
ch　350
checked
　擬似クラス　259
Chris Coyier　311, 360
Chris Lilley　42
The Cicada Principle　100
　セミの原理　103
clip-path　127
　角の切り落とし　138-140
　ひし形の画像　127
color stops
　and striped backgrounds　81
contrast()　272
CSS
　recent growth and transformation of　19
　standards/specifications　40
CSS1　42
CSS2　42
CSS3　43
　モジュール　43

CSS開発者　27
CSS作業グループ　40
　メーリングリスト　40
CSSパーサー　56
cubic-bezier()　328-330, 332
currentColor　51

D

display: flex
　縦方向の中央揃え　315
　フッター　320
Drew McLellan　225
drop-shadow()　169
DRY　20, 47
Dudley Storey　177, 289, 294

E

ease　326
Eric Meyer　104

F

fill　136
fill: none　242
Fitts, Paul　254
flex-flow　320
Flexbox
　縦方向の中央揃え　315
Flexbox (Flexible Box Layout)　54
flexible subtle stripes　85
font-family　221

G

Gallagher, Nicolas　188
Google Reader　274
Google+　360
Greedyアルゴリズム　201

H

habrahabr.ru　360
Hakim El Hattab　273
HSLA　178
hsla()　62

I

Ian Jacobs	42
infinite	352
inherit	51

K

Knuth-Passアルゴリズム	201

L

LESS	45, 57
Lie, Håkon Wium	42
local()	222
Lou Montulli	342

M

marching ants border	110
Marcin Wichary	229
margin: auto	306, 315
Martijn Saly	138
max-width	294
min-content	293
mix-blend-mode	175
Mozilla	337

N

Nicolas Gallagher	123
not-allowed cursor	251

O

outline-offset	68
overflow: hidden	150

P

PNG	
スプライトアニメーション	337-340
polygon()	
ひし形の画像	127
position: absolute	122
position: relative	122
prime numbers, for (pseudo)random backgrounds	102

R

radial gradients	
for curved cutout corners	134
repeating-linear-gradient()	83-84
repeating-radial-gradient()	83
resize	281
resizeを使った画像比較	281-284
Responsive Web Design（RWD）	53
RGBA	178
rgba()	62
Roman Komarov	279
rotate()	
円グラフ	150
円に沿った動き	363-365
平行四辺形	123
rotate()トランスフォーム	
ひし形の画像	125
Ryan Seddon	261

S

Sass	57
Sass（Syntactically Awesome Stylesheets）	45
scale()	
ひし形の画像	126
scrolling	274-279
SCSS	133
Simurai	340
skew()	120
stroke-dasharray	156-160
SVG	96
市松模様	96
インライン	135-138
円グラフ	155-161

T

tab-size	215
table-layout	296
text-decoration: blink	343

text-shadow	232
下線	228
活版印刷風	232
飛び出すテキスト	236
発光するテキスト	234
不規則なドロップシャドウ	171
フチ付きのテキスト	232
transform-origin	194
translate()との違い	366
台形	144
transform-style	
縦方向の中央揃え	313
transition-duration	334
transition-property	335
transition-timing-function	326
translate()	
transform-originとの違い	366
円に沿った動き	369
縦方向の中央揃え	312
translateY()	324

U

Unicode	223
unicode-range	222
JavaScript	223

V

viewBox	241

W

W3C (World Wide Web Consortium)	40
Web標準	40
CSSの進化	42
標準化のプロセス	40-42
ベンダー接頭辞	44
WET	20, 96

Z

z-index	265

あ

アウトライン	
制約	68
複数のボーダー	68
アニメーション	324-370
bouncing	325-330
円グラフ	152-154
円に沿った動き	360-370
キー入力	348-353
効果的な長さ	349
コマ送り	336-340
スムーズな中断	354-357
点滅	342-346
点滅するカーソル	351
弾むようなトランジション	324-335
負の遅延	152
プログレスインジケーター	337
変化するトランジション	331
アニメーションGIF	
欠点	336
アニメーションの中断	354-357
animation-playstate	357
アフォーダンス	255, 284

い

位置指定	
背景	70-73
市松模様	93-97
入れ子の要素	
平行四辺形	121
色	49
currentColor	51
円グラフ	149
曲線による角の切り落とし	138
似た色のストライプ	85
弾むようなトランジション	334
色指定	178
インタラクティブな画像比較	280-288, 280-288
input	285-288
resize	281-284
インラインSVG	241

う

内側を丸める	
ボーダー	74-76

え

円グラフ	148-161
SVG	155-161
擬似要素	148
トランスフォーム	148
円錐形グラデーション	94
円に沿った動き	360-370
円に沿ったテキスト	240-244

か

カーソル	
隠す	251
組み込み	248-252
点滅	351
無効化された状態	251
カーソルの無効化状態	251
改行位置	201
改行の挿入	204-209
ガウスぼかし	165
拡散半径	66
影	
1辺	164
one-sided	164-167
ドロップシャドウ	168-171
向かい合う2辺	167
隣接する2辺	166
下線	226-229
background-image	227
text-shadow	228
画像のボーダー	106
活版印刷風の効果	231
角の折り返し	188-196
45度	189-191
45度以外	191-196
角の切り落とし	130-140
インラインのborder-image	135
インラインのSVG	135
曲線	134, 135
グラデーション	131
クリッピングパス	138-140
角の面取り	189-191
カラーストップ	79, 84
格子模様	90

き

キー入力のアニメーション	348-353
JavaScript	352
擬似クラス	
:nth-child()	210
:nth-of-type()	210
擬似要素	
:nth-child()	301
円グラフ	149, 150
台形	143
背景を暗くする	265
平行四辺形	122
境界値	53
兄弟要素	
個数	300
スタイル要素	300
兄弟要素の個数にもとづくスタイル設定	300-305
行末揃え	200
読みやすさ	200
距離の指定	
outline-offset	68
切り落とし	
角	131
曲線	134

く

曇りガラス	178-186
グラデーション	
角の切り落とし	131
グラデーションのボーダー	109
クリック可能な範囲の拡大	254-257
クリッピングパス	127

グリフ
  リガチャー　216

け
継承　51
形状　114-161
  円グラフ　148-161
  台形のタブ　142-146
  楕円形　114-118
  半楕円形　116-118
  ひし形の画像　124-128
  分割された楕円形　118
  平行四辺形　120-123
  角の切り落とし　130-140
結合子　259

こ
コーディングのコツ　47
  currentColor　51
  簡潔さ　50
  継承　51
  コードの重複　47
  最小限の重複　47
  短縮記法　55
  認識のずれ　52
  プリプロセッサ　57
  保守性　50
  レスポンシブWebデザイン　53
固定幅のコンテンツ
  流動的な幅の背景　306-309
コマ送りのアニメーション　336-340
  JavaScript　337
コントロールポイント　328

さ
最小公倍数　102
錯視　230
錯覚　53
三角形
  角の折り返し　188-196

し
視覚効果　164-196
  角の折り返し　188-196
  曇りガラス　178-186
  色調の調整　172-177
  単方向の影　164-167
  不規則なドロップシャドウ　168-171
色相環　94
色調の調整　172-177
  フィルター　173
  ブレンドモード　174-177
知っておくべきポイント　28
重要度を下げる
  背景を暗くする　264-268
  背景をぼかす　270-273
将来の解決策　31

す
スタイル要素
  兄弟要素の個数　300-305
ストライプ
  3色以上　80
  テキスト　210-213
ストライプの背景　78-86
  縦のストライプ　81
  斜めのストライプ　81-84
  似た色のストライプ　85
スプライトアニメーション　337-340
スプライト画像　337
スライダーのコントロール
  JavaScript　285-288

せ
絶対位置指定
  縦方向の中央揃え　311
ゼブラストライプ　210-213
  テキスト　210-213
線形グラデーション
  角の切り落とし　131
  格子模様　90
  ストライプの背景　78

そ

素数	102
ソフトハイフン (­)	200

た

台形のタブ	142-146
タイポグラフィー	200-244
&amp;	220-224
hyphenation	200-202
円に沿ったテキスト	240-244
改行の挿入	204-209
下線	226-229
活版印刷風	231
ゼブラストライプ	210-213
タブのインデント幅の調整	214
テキストの表示効果	230-238
飛び出すテキスト	236
発光するテキスト	234
フチ付きのテキスト	232
リガチャー	216-218
タイミング関数	326-330
cubic-bezier()	328
ease	326
steps()	339, 345, 350
加速度	326-330
ベジェ曲線	328
楕円形	
4分割	118
flexible	114-118
半楕円形	116-118
分割	118
互いに素	102
整数	102
縦のストライプ	81
縦方向の中央揃え	310-316, 310-316
Flexbox	315
transform-style	313
絶対位置指定	311
ビューポート	313
タブのインデント幅	
調整	214

短縮記法	55, 116, 335
background	56
プロパティ	56
短縮ではない記法	56
単方向の影	164-167

ち

チェックボックス	
カスタマイズ	258-262
トグルボタンとの違い	261
遅延	57
置換要素	54, 259
直角三角形	
市松模様	93

て

ティント	172-177
テーブル	
ゼブラストライプ	210-213
テーブル	
列幅	296-298
テーブルの列幅	296-298
てきすと	226-229
テキスト	200
オフセット値	233
行末揃え	200
ゼブラストライプ	210-213
テキストの表示効果	
円に沿ったテキスト	240-244
活版印刷風	231
キー入力のアニメーション	348-353
飛び出すテキスト	236
発光するテキスト	234
フチ付きのテキスト	232
リアルな表現	230-238
点滅	342-346
点滅するカーソル	351

と

トグルボタン	261
飛び出すテキスト	236
トランジション	
継続時間	334

トランジションとアニメーション	324-370
アニメーションからトランジションに変化	331
アニメーションの中断	354-357
円に沿った動き	360-370
キー入力のアニメーション	348-353
コマ送りのアニメーション	336-340
点滅	342-346
弾むようなトランジション	324-335
トランスフォーム	
rotate()	123
scale()	126
translateY()	324
skew()	120
入れ子状	362
円グラフ	148, 150
台形	143-146
独立したトランスフォーム関数	366
ひし形の画像	125
平行四辺形	122
ドロップシャドウ	
不規則	168-171

な

内在的なサイズ設定	292-294
斜めのストライプ	81

に

任意リガチャー	216
人間の眼	52

は

背景	
background-position	70
位置指定	70-73
市松模様	93-97
内側を丸めたボーダー	75
格子模様	90
固定幅のコンテンツ	306
ストライプ	78-86
ゼブラストライプ	212
縦のストライプ	81
斜めのストライプ	81
複雑な背景パターン	88-97
ほぼランダムな背景	100-103
水玉模様	91
流動的な幅の背景	306-309
背景の位置指定	
background-origin	71
calc()	73
背景を暗くする	
::backdrop	268
擬似要素	265
重要度を下げる	264-268
背景をぼかして重要度を下げる	270-273
ハイフネーション	
hyphens	201
ハイフネーション	200-202
弾むアニメーション	325-330
弾むような効果	324
弾むようなトランジション	324-335
弾むアニメーション	325-330
吹き出し	330-334
パターンのボーダー	106
発光するテキスト	234
半楕円形	116-118
半透明	62

ひ

ひし形の画像	124-128
ピタゴラスの定理	126, 192
内側を丸めたボーダー	76
曲線による角の切り落とし	136
ストライプの背景	82

ヒット領域	255
ビューポート	267
縦方向の中央揃え	313
広がりの半径	165

ふ

フィッツの法則	254
フィルター	
blur()	181
brightness()	272
contrast()	272
drop-shadow()	169
saturate()	173
sepia()	173
インタラクティブな画像比較	288
色調の調整	173
不規則なドロップシャドウ	169
ブレンドモードとの違い	176
フォント	
@font-face	221
font-family	221
local()	222
PostScript名	224
フォントサイズ	48
フォントスタック	221
不完全な抽象化の法則	58
吹き出し	
弾むようなトランジション	330-334
複雑な背景パターン	88-97
市松模様	93-97
格子模様	90
水玉模様	91
複数のボーダー	66-68
box-shadow	66
アウトライン	68
フチ付きのテキスト	232
フッター	318-322, 318-322
負の遅延	152-154
ブラウザの対応状況	32-36
プリプロセッサ	57, 303
角の折り返し	196
ブレンドモード	
luminosity	175
インタラクティブな画像比較	288
色調の調整	174-177
フィルターとの違い	176

へ

平行四辺形	120-123
ベジェ曲線	328
ベンダー接頭辞	44
ベンダープレフィックス	44

ほ

ボーダー	62
内側を丸める	74-76
エアメールの封筒風	109
脚注のボーダー	111
半透明	62-64
複数	66-68
連続する画像	106-111
保守のしやすさ	47
ボタン	48-50
トグルボタン	261
トグルボタンとの違い	262
平行四辺形	120
ほぼランダムな背景	100-103
最小公倍数	102

ま

マウスポインター	248

み

水玉模様の背景	91

め

メディアクエリ	53

も

モーダルダイアログ	268

ゆ

ユーザーエクスペリエンス	248-289
scrolling	274-279
インタラクティブな画像比較	280-288
カーソルの選択	248-252
クリック可能な範囲の拡大	254-257
チェックボックスのカスタマイズ	258-262
トグルボタン	261
背景を暗くして重要度を下げる	264-268
背景をぼかして重要度を下げる	270-273

ら

ランダムな背景	100-103

り

リガチャー	216-218
リキッドなレイアウト	55
リサイズハンドル	284
流動的な幅の背景	
固定幅のコンテンツ	306-309

れ

レイアウト	
自動的なレイアウトのアルゴリズム	296
予測可能なレイアウトのアルゴリズム	298
レイアウト	292-322
兄弟要素の個数	300-305
固定幅のコンテンツ	306-309
縦方向の中央揃え	310-316
テーブルの列幅	296-298
内在的なサイズ設定	292-294
フッター	318-322
流動的な幅の背景	306
連続する画像のボーダー	106-111

わ

ワードラップ	201

● 筆者紹介

Lea Verou（リア・ヴェルー）
W3CのCSS作業グループで、Invited Expertとして標準化に携わる（W3CはWebに関する主要な標準化団体で、CSS作業グループはCSSという言語の設計を受け持っている）。以前にはW3CのDeveloper Advocateも務めていた。マサチューセッツ工科大学（MIT）で人間とコンピューターのインタラクションについて研究を行う。ブログの執筆や国際会議での講演、著名なオープンソースプロジェクトへのコードの提供などを通じ、開発者たちの手助けになることをめざす。

● 訳者紹介

牧野 聡（まきの さとし）
ソフトウェアエンジニア。日本アイ・ビー・エム ソフトウェア開発研究所勤務。主な訳書に『Go言語によるWebアプリケーション開発』『実践JUnit ―達人プログラマーのユニットテスト技法』『CSS3開発者ガイド 第2版 ―モダンWebデザインのスタイル設計』（おもにオライリー・ジャパン）。

● 制作会社紹介

Vivliostyle（ビブリオスタイル）
株式会社ビブリオスタイル（Vivliostyle Inc.）は2014年創業の電子出版システム開発企業。ブラウザで紙の本のようにページをめくって読書ができ、かつ画面に表示されている本をそのまま印刷できる「Vivliostyle」を開発し、Webと紙の本の垣根を取り除くことを目指している。W3Cメンバー企業としてCSSワーキンググループでも活動中。社名の「Vivliostyle」はギリシャ語で「本」を表すvivlioとstyleの組み合わせたもので、本書の著者リア・ヴェルーが名付け親。
URL：http://vivliostyle.com

CSSシークレット
──47のテクニックでCSSを自在に操る

2016年7月25日　初版第1刷発行

著　　　者	Lea Verou（リア・ヴェルー）	
訳　　　者	牧野 聡（まきの さとし）	
発 行 人	ティム・オライリー	
制　　　作	株式会社ビブリオスタイル	
印　　　刷	日経印刷株式会社	
発 行 所	株式会社オライリー・ジャパン	
	〒160-0002　東京都新宿区四谷坂町12番22号	
	Tel（03）3356-5227	
	Fax（03）3356-5263	
	電子メール japan@oreilly.co.jp	
発 売 元	株式会社オーム社	
	〒101-8460 東京都千代田区神田錦町3-1	
	Tel（03）3233-0641（代表）	
	Fax（03）3233-3440	

Printed in Japan(ISBN 978-4-87311-766-9)
乱丁、落丁の際はお取り替え致します。

本書は著作権上の保護を受けています。本書の一部あるいは全部について、株式会社オライリー・ジャパンから文書による許諾を得ずに、いかなる方法においても無断で複写、複製することは禁じられています。